"深圳这十年"改革创新研究特辑

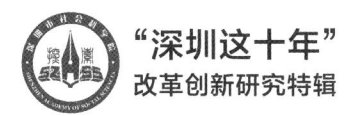

崔宏轶 著

新时代深圳全过程创新生态链构建理念与实践

中国社会科学出版社

图书在版编目（CIP）数据

新时代深圳全过程创新生态链构建理念与实践 / 崔宏轶著. —北京：中国社会科学出版社，2022.12

（"深圳这十年"改革创新研究特辑）

ISBN 978-7-5227-0949-9

Ⅰ.①新… Ⅱ.①崔… Ⅲ.①科技中心—建设—研究—深圳 Ⅳ.①G322.765.3

中国版本图书馆 CIP 数据核字（2022）第 195305 号

出 版 人	赵剑英
责任编辑	李斯佳
责任校对	郝阳洋
责任印制	王 超

出　　版	中国社会科学出版社
社　　址	北京鼓楼西大街甲 158 号
邮　　编	100720
网　　址	http://www.csspw.cn
发 行 部	010-84083685
门 市 部	010-84029450
经　　销	新华书店及其他书店
印　　刷	北京明恒达印务有限公司
装　　订	廊坊市广阳区广增装订厂
版　　次	2022 年 12 月第 1 版
印　　次	2022 年 12 月第 1 次印刷
开　　本	710×1000　1/16
印　　张	19.25
字　　数	290 千字
定　　价	108.00 元

凡购买中国社会科学出版社图书，如有质量问题请与本社营销中心联系调换
电话：010-84083683
版权所有　侵权必究

作者简介

崔宏轶，深圳大学马克思主义学院副教授，北京大学行政管理学博士，芝加哥大学政治科学系访问学者。中国科学学与科技政策研究会国际科创中心专委会秘书长，北京大学政府绩效评估中心研究员。围绕科技创新管理、科技创新人才政策、政府数据治理与特区创新发展史等主题开展了一系列研究。在《中国行政管理》《马克思主义理论与现实》和《科学学研究》等杂志发表论文20余篇，出版与参与学术著作5部。

内容简介

改革开放四十余年来,深圳以企业为科技创新主体,开辟了一种由市场终端向上游产业链递进的逆向创新模式,在应用型科技创新与成果转化方面成绩斐然,被誉为"科创之都"。但在部分产业技术进入无人系统创新引领区和国际技术封锁双重压力下,深圳原始创新力不足的短板凸显。因此,在新的历史节点上深圳提出构建"基础研究+技术攻关+成果产业化+科技金融+人才支撑"全过程创新生态链,这既是深圳实现经济高质量发展的内在要求,也是推进高水平科技自立自强的"深圳责任"。

全过程创新生态链的构建既是进行时又是未来时:本书首先通过梳理深圳在五个链环上的政策创新与要素优化,全景式展现党的十八大以来深圳"构建充满活力的创新生态链体系"的十年历程与经验;其次,本书以更加协同、有韧性和活力的生态链闭环为目标,探析当前各个创新链环上存在的不足、差距与挑战,为深圳建设具有全球影响力的科创中心提供路径指引;最后,从学理上对创新链与产业链、资金链、人才链深度融合的实现机制进行系统探讨,也是本书的核心要义。

面对世界百年未有之大变局,深圳通过对五个链环的提优补缺,有效提升了整体创新生态势能,并最终走向全球创新网络,这一历程及经验为我国"以科技自立自强塑造高质量发展新优势"提供了鲜活的"深圳样本"。

《深圳这十年》
编委会

顾　　问：王京生　李小甘　王　强

主　　任：张　玲　张　华

执行主任：陈金海　吴定海

主　　编：吴定海

总序一

突出改革创新的时代精神

在人类历史长河中,改革创新是社会发展和历史前进的一种基本方式,是一个国家和民族兴旺发达的决定性因素。古今中外,国运的兴衰、地域的起落,莫不与改革创新息息相关。无论是中国历史上的商鞅变法、王安石变法,还是西方历史上的文艺复兴、宗教改革,这些改革和创新都对当时的政治、经济、社会甚至人类文明产生了深远的影响。但在实际推进中,世界上各个国家和地区的改革创新都不是一帆风顺的,力量的博弈、利益的冲突、思想的碰撞往往伴随着改革创新的始终。就当事者而言,对改革创新的正误判断并不像后人在历史分析中提出的因果关系那样确定无疑。因此,透过复杂的枝蔓,洞察必然的主流,坚定必胜的信念,对一个国家和民族的改革创新来说就显得极其重要和难能可贵。

改革创新,是深圳的城市标识,是深圳的生命动力,是深圳迎接挑战、突破困局、实现飞跃的基本途径。不改革创新就无路可走、就无以召唤。作为中国特色社会主义先行示范区,深圳肩负着为改革开放探索道路的使命。改革开放以来,历届市委、市政府以挺立潮头、敢为人先的勇气,进行了一系列大胆的探索、改革和创新,不仅使深圳占得了发展先机,而且获得了强大的发展后劲,为今后的发展奠定了坚实的基础。深圳的每一步发展都源于改革创新的推动;改革创新不仅创造了深圳经济社会和文化发展的奇迹,而且使深圳成为"全国改革开放的一面旗帜"和引领全国社会主义现代化建设的"排头兵"。

从另一个角度来看,改革创新又是深圳矢志不渝、坚定不移的命运抉择。为什么一个最初基本以加工别人产品为生计的特区，变成了一个以高新技术产业安身立命的先锋城市？为什么一个最初大学稀缺、研究院所数量几乎是零的地方，因自主创新而名扬天下？原因很多，但极为重要的是深圳拥有以移民文化为基础，以制度文化为保障的优良文化生态，拥有崇尚改革创新的城市优良基因。来到这里的很多人，都有对过去的不满和对未来的梦想，他们骨子里流着创新的血液。许多个体汇聚起来，就会形成巨大的创新力量。可以说，深圳是一座以创新为灵魂的城市，正是移民文化造就了这座城市的创新基因。因此，在经济特区发展历史上，创新无所不在，打破陈规司空见惯。例如，特区初建时缺乏建设资金，就通过改革开放引来了大量外资；发展中遇到瓶颈压力，就向改革创新要空间、要资源、要动力。再比如，深圳作为改革开放的探索者、先行者，向前迈出的每一步都面临着处于十字路口的选择，不创新不突破就会迷失方向。从特区酝酿时的"建"与"不建"，到特区快速发展中的姓"社"姓"资"，从特区跨越中的"存"与"废"，到新世纪初的"特"与"不特"，每一次挑战都考验着深圳改革开放的成败进退，每一次挑战都把深圳改革创新的招牌擦得更亮。因此，多元包容的现代移民文化和敢闯敢试的城市创新氛围，成就了深圳改革开放以来最为独特的发展优势。

40多年来，深圳正是凭着坚持改革创新的赤胆忠心，在汹涌澎湃的历史潮头劈波斩浪、勇往向前，经受住了各种风浪的袭扰和摔打，闯过了一个又一个关口，成为锲而不舍的走向社会主义市场经济和中国特色社会主义的"闯将"。从这个意义上说，深圳的价值和生命就是改革创新，改革创新是深圳的根、深圳的魂，铸造了经济特区的品格秉性、价值内涵和运动程式，成为深圳成长和发展的常态。深圳特色的"创新型文化"，让创新成为城市生命力和活力的源泉。

我们党始终坚持深化改革、不断创新，对推动中国特色社会主义事业发展、实现中华民族伟大复兴的中国梦产生了重大而深远的影响。新时代，我国迈入高质量发展阶段，要求我们不断解放思想，坚持改革创新。深圳面临着改革创新的新使命和新征程，市委市政府推出全面深化改革、全面扩大开放综合措施，肩负起创建社会主义现代化强国的城市范例的历史重任。

如果说深圳前40年的创新，主要立足于"破"，可以视为打破旧规矩、挣脱旧藩篱，以破为先、破多于立，"摸着石头过河"，勇于冲破计划经济体制等束缚；那么今后深圳的改革创新，更应当着眼于"立"，"立"字为先、立法立规、守法守规，弘扬法治理念，发挥制度优势，通过立规矩、建制度，不断完善社会主义市场经济制度，推动全面深化改革、全面扩大开放，创造新的竞争优势。在"两个一百年"历史交汇点上，深圳充分发挥粤港澳大湾区、深圳先行示范区"双区"驱动优势和深圳经济特区、深圳先行示范区"双区"叠加效应，明确了"1+10+10"工作部署，瞄准高质量发展高地、法治城市示范、城市文明典范、民生幸福标杆、可持续发展先锋的战略定位持续奋斗，建成现代化国际化创新型城市，基本实现社会主义现代化。

如今，新时代的改革创新既展示了我们的理论自信、制度自信、道路自信，又要求我们承担起巨大的改革勇气、智慧和决心。在新的形势下，深圳如何通过改革创新实现更好更快的发展，继续当好全面深化改革的排头兵，为全国提供更多更有意义的示范和借鉴，为中国特色社会主义事业和实现民族伟大复兴的中国梦做出更大贡献，这是深圳当前和今后一段时期面临的重大理论和现实问题，需要各行业、各领域着眼于深圳改革创新的探索和实践，加大理论研究，强化改革思考，总结实践经验，作出科学回答，以进一步加强创新文化建设，唤起全社会推进改革的勇气、弘扬创新的精神和实现梦想的激情，形成深圳率先改革、主动改革的强大理论共识。比如，近些年深圳各行业、各领域应有什么重要的战略调整？各区、各单位在改革创新上取得什么样的成就？这些成就如何在理论上加以总结？形成怎样的制度成果？如何为未来提供一个更为明晰的思路和路径指引？等等，这些颇具现实意义的问题都需要在实践基础上进一步梳理和概括。

为了总结和推广深圳的重要改革创新探索成果，深圳社科理论界组织出版《深圳改革创新丛书》，通过汇集深圳各领域推动改革创新探索的最新总结成果，希冀助力推动形成深圳全面深化改革、全面扩大开放的新格局。其编撰要求主要包括：

首先，立足于创新实践。丛书的内容主要着眼于新近的改革思维与创新实践，既突出时代色彩，侧重于眼前的实践、当下的总结，同时也兼顾基于实践的推广性以及对未来的展望与构想。那些已经产生重要影响并广为人知的经验，不再作为深入研究的对象。这并不是说那些历史经验不值得再提，而是说那些经验已经沉淀，已经得到文化形态和实践成果的转化。比如说，某些观念已经转化成某种习惯和城市文化常识，成为深圳城市气质的内容，这些内容就可不必重复阐述。因此，这套丛书更注重的是目前行业一线的创新探索，或者过去未被发现、未充分发掘但有价值的创新实践。

其次，专注于前沿探讨。丛书的选题应当来自改革实践最前沿，不是纯粹的学理探讨。作者并不限于从事社科理论研究的专家学者，还包括各行业、各领域的实际工作者。撰文要求以事实为基础，以改革创新成果为主要内容，以平实说理为叙述风格。丛书的视野甚至还包括那些为改革创新做出了重要贡献的一些个人，集中展示和汇集他们对于前沿探索的思想创新和理念创新成果。

第三，着眼于解决问题。这套丛书虽然以实践为基础，但应当注重经验的总结和理论的提炼。入选的书稿要有基本的学术要求和深入的理论思考，而非一般性的工作总结、经验汇编和材料汇集。学术研究需强调问题意识。这套丛书的选择要求针对当前面临的较为急迫的现实问题，着眼于那些来自于经济社会发展第一线的群众关心关注的瓶颈问题的有效解决。

事实上，古今中外有不少来源于实践的著作，为后世提供着持久的思想能量。撰著《旧时代与大革命》的法国思想家托克维尔，正是基于其深入考察美国的民主制度的实践之后，写成名著《论美国的民主》，这可视为从实践到学术的一个范例。托克维尔不是美国民主制度设计的参与者，而是旁观者，但就是这样一位旁观者，为西方政治思想留下了一份经典文献。马克思的《法兰西内战》，也是一部来源于革命实践的作品，它基于巴黎公社革命的经验，既是那个时代的见证，也是马克思主义的重要文献。这些经典著作都是我们总结和提升实践经验的可资参照的榜样。

那些关注实践的大时代的大著作，至少可以给我们这样的启示：哪怕面对的是具体的问题，也不妨拥有大视野，从具体而微的实践探索中展现宏阔远大的社会背景，并形成进一步推进实践发展的真知灼见。《深圳改革创新丛书》虽然主要还是探讨深圳的政治、经济、社会、文化、生态文明建设和党的建设各个方面的实际问题，但其所体现的创新性、先进性与理论性，也能够充分反映深圳的主流价值观和城市文化精神，从而促进形成一种创新的时代气质。

王京生

写于 2016 年 3 月
改于 2021 年 12 月

总序二

中国式现代化道路的深圳探索

党的十八大以来,中国特色社会主义进入新时代。面对世界经济复苏乏力、局部冲突和动荡频发、新冠肺炎病毒世纪疫情肆虐、全球性问题加剧、我国经济发展进入新常态等一系列深刻变化,全国人民在中国共产党的坚强领导下,团结一心,迎难而上,踔厉奋发,取得了改革开放和社会主义现代化建设的历史性新成就。作为改革开放的先锋城市,深圳也迎来了建设粤港澳大湾区和中国特色社会主义先行示范区"双区驱动"的重大历史机遇,踏上了中国特色社会主义伟大实践的新征程。

面对新机遇和新挑战,深圳明确画出奋进的路线图——到2025年,建成现代化国际化创新型城市;到2035年,建成具有全球影响力的创新创业创意之都,成为我国建设社会主义现代化强国的城市范例;到21世纪中叶,成为竞争力、创新力、影响力卓著的全球标杆城市——吹响了新时代的冲锋号。

改革创新,是深圳的城市标识,是深圳的生命动力,是深圳迎接挑战、突破困局、实现飞跃的基本途径;而先行示范,是深圳在新发展阶段贯彻新发展理念、构建新发展格局的新使命、新任务,是深圳在中国式现代化道路上不懈探索的宏伟目标和强大动力。

在党的二十大胜利召开这个重要历史节点,在我国进入全面建设社会主义现代化国家新征程的关键时刻,深圳社科理论界围绕贯彻落实习近平新时代中国特色社会主义思想,植根于深圳经济特区的伟大实践,致力于在"全球视野、国家战略、广东大局、深圳担当"四维空间中找准工作定位,着力打造新时代研究阐释和学习宣传习近平新时代中国特色社会主义思想的典范、打造新时代国际传播典范、打造新时代"两个文明"全面协调发展典范、打造新时代文化高质量发展典范、打造新时代意识形态安全典范。为此，中共深圳市委宣传部与深圳市社会科学联合会（社会科学院）联合编纂《深圳这十年》，作为《深圳改革创新丛书》的特辑出版，这是深圳社科理论界努力以学术回答中国之问、世界之问、人民之问、时代之问，着力传播好中国理论，讲好中国故事，讲好深圳故事，为不断开辟马克思主义中国化时代化新境界做出的新的理论尝试。

伴随着新时代改革开放事业的深入推进，伴随着深圳经济特区学术建设的渐进发展，《深圳改革创新丛书》也走到了第十个年头，此前已经出版了九个专辑，在国内引起了一定的关注，被誉为迈出了"深圳学派"从理想走向现实的坚实一步。这套《深圳这十年》特辑由十本综合性、理论性著作构成，聚焦十年来深圳在中国式现代化道路上的探索和实践。《新时代深圳先行示范区综合改革探索》系统总结十年来深圳经济、文化、环境、法治、民生、党建等领域改革模式和治理思路，探寻先行示范区的中国式现代化深圳路径；《新时代深圳经济高质量发展研究》论述深圳始终坚持中国特色社会主义经济制度推动经济高质量发展的历程；《新时代数字经济高质量发展与深圳经验》构建深圳数字经济高质量发展的衡量指标体系并进行实证案例分析；《新时代深圳全过程创新生态链构建理念与实践》论证全过程创新生态链的构建如何赋能深圳新时代高质量发展；《新时代深圳法治先行示范城市建设的理念与实践》论述习近平法治思想在深圳法治先行示范城市建设过程中的具体实践；《新时代环境治理现代化的理论建构与深圳经验》从深圳环境治理的案例出发探索科技赋能下可复制推广的环境治理新模式和新路径；《新时代生态文明思想的深圳实践》研究新时代生态文明思想指导下实现生态与增长协同发展的深圳模式与路径；《新时代深圳民生幸福标杆城市建设研究》提出深圳民生幸福政策体系的分析框架，论述深圳"以人民幸福为中心"的理论构建与政策实践；《新时代深圳城市文明建设的理念与实践》阐述深圳"以文运城"的成效与经验，以期为未来建设全球标杆城市充分发挥文明伟力；《飞地经济实践论——新时代深汕特别合作区发展模式研究》以深汕合作区为研究样本在国内首次系统研究飞地经济发展。该特辑涵盖众多领域，鲜明地突出了时代特点和深圳特色，丰富了中国式现代化道路的理论建构和历史经验。

《深圳这十年》从社会科学研究者的视角观察社会、关注实践，既体现了把城市发展主动融入国家发展大局的大视野、大格局，也体现了把学问做在祖国大地上、实现继承与创新相结合的扎实努力。"十年磨一剑，霜刃未曾试"，这些成果，既是对深圳过去十年的总结与传承，更是对今天的推动和对明天的引领，希望这些成果为未来更深入的理论思考和实践探索，提供新的思想启示，开辟更广阔的理论视野和学术天地。

栉风沐雨砥砺行，春华秋实满庭芳，谨以此丛书，献给伟大的新时代！

2022 年 10 月

目 录

绪 论 …………………………………………………………（1）

第一章 全过程创新生态链的理论与实践根基 …………（6）
  第一节 全过程创新生态链相关理论综述 …………………（6）
    一 创新链理论概述 ………………………………………（6）
    二 创新生态相关理论综述 ………………………………（9）
    三 创新生态链理论的产生与发展 ………………………（14）
  第二节 深圳市全过程创新生态链提出的背景与历程 ……（17）
    一 自我革新意识下深圳对创新生态整体跃升的初探 …（17）
    二 深圳构建要素齐备且充满活力的创新生态体系 ……（19）
    三 深圳全过程创新生态链的正式提出 …………………（22）
  第三节 全过程创新生态链的意涵探析 ……………………（24）
    一 全过程创新生态链基本特征 …………………………（24）
    二 深圳构建全过程创新生态链的基本原则 ……………（27）

第二章 深圳全过程创新生态链的引领力
      ——基础研究 ………………………………………（35）
  第一节 基础研究链环的理论探讨与构成要素 ……………（36）
    一 基础研究的概念界定及其现实需求 …………………（36）
    二 基础研究生态链环的构成要素 ………………………（41）
  第二节 深圳基础研究的积累过程 …………………………（44）
    一 深圳建市初期基础研究的积贫积弱 …………………（44）
    二 深圳基础研究发展的爬坡过坎阶段 …………………（45）
    三 深圳基础研究生态链环形态初具 ……………………（47）

第三节 这十年来深圳基础研究链环的固本培元 ………… (48)
　　一　基础研究投入和资助项目数量持续增加………… (49)
　　二　人才制度体系和基础研究人才数量同向而行 …… (50)
　　三　高等学校数量和学科建设跑出"深圳速度" …… (52)
　　四　创新载体建设和基础研究成果量质齐升………… (54)
　　五　自然科学奖项和科研论文成果相继涌现………… (62)
第四节 建设原始创新策源地远景下深圳基础研究
　　　 存在的问题 …………………………………………… (67)
　　一　基础研究投入力度和精度亟须提升………………… (67)
　　二　基础研究的"硬条件"需要进一步夯实 ………… (71)
　　三　基础研究发展的软条件还需进一步优化…………… (75)
第五节 发达国家基础研究经验总结及现实启示 ………… (77)
　　一　美国基础研究经验总结 …………………………… (77)
　　二　日本基础研究经验借鉴 …………………………… (83)
　　三　基础研究经验借鉴 ………………………………… (87)
结　语 ……………………………………………………………… (89)

第三章　深圳全过程创新生态链的硬实力
　　　　　——技术攻关 …………………………………… (91)

第一节 技术攻关的链动过程与多元协同 ………………… (92)
　　一　技术攻关的相关概念厘定 ………………………… (92)
　　二　技术链、产业链与价值链的互动关系 …………… (96)
　　三　关键核心技术的多元协同攻关框架 ……………… (97)
第二节 深圳技术攻关的产业升级牵引与市场需求
　　　 驱动之路 …………………………………………… (99)
　　一　产业转型升级牵引下深圳技术生态的整体升级 … (100)
　　二　市场强竞争下企业技术创新能力的迭代提升 …… (102)
第三节 这十年深圳关键核心技术攻关的实践探索 …… (105)
　　一　拓展先进产业链以提升技术攻关能力 …………… (106)
　　二　继续加强企业为主体的技术创新体系建设 ……… (109)

三　技术攻关机制的创新带动重点项目形成
　　　　突破之势 ································· (114)
第四节　打造关键核心技术发源地目标下深圳困难
　　　　所在 ····································· (116)
　　一　技术脱钩下深圳关键核心技术突破的压力突出 ··· (117)
　　二　政产学研的组织协作紧致性仍需提升 ··········· (118)
　　三　企业组建技术联盟协同攻关的意识和能力不足 ··· (119)
第五节　技术联盟的国际经验借鉴：以半导体产业
　　　　为例 ····································· (121)
　　一　日本超大规模集成电路研发项目VLSI ·········· (122)
　　二　美国半导体制造技术研究联合体SEMATECH ······ (125)

第四章　深圳全过程创新生态链的驱动力
　　　　——成果产业化 ···························· (129)
第一节　科技成果产业化链环的构成主体及功能作用 ···· (130)
　　一　科技成果产业化的相关理论综述 ··············· (130)
　　二　科技成果产业化链条的过程、主体与特征 ······· (133)
　　三　成果产业化在全过程创新生态链中的关键作用 ··· (137)
第二节　深圳科技成果产业化的领先发展与明显优势 ···· (138)
　　一　科技成果转化政策体系支撑有力 ··············· (138)
　　二　成果转化的配套服务与机构建设完善 ··········· (141)
　　三　全国科技成果转化网络核心节点地位突出 ······· (142)
第三节　这十年来深圳科技成果产业化的效能跃迁 ······ (144)
　　一　加强本地科技成果池的建设 ··················· (145)
　　二　以制度建设助力科技成果产业化 ··············· (146)
　　三　科技成果转化中介生态愈发蓬勃 ··············· (147)
　　四　成果产业化的效益持续提高 ··················· (149)
第四节　建设科技成果产业化最佳地目标下深圳亟待
　　　　强化之处 ································· (151)
　　一　成果转化中介机构专业性仍需提升 ············· (151)
　　二　相关平台服务能力尚待加强 ··················· (153)

三　成果产业化的动力机制仍有优化空间 ……………（153）
　第五节　科技成果产业化的国际经验借鉴 ………………（154）
　　一　美国科技成果产业化经验探析 ………………………（155）
　　二　日本科技成果产业化经验探析 ………………………（159）
　　三　德国科技成果产业化经验探析 ………………………（162）

第五章　深圳全过程创新生态链的支撑力
　　　　　——科技金融 ……………………………………（169）
　第一节　科技金融链环的系统构成与催化效能 …………（170）
　　一　科技金融的相关理论综述 ……………………………（170）
　　二　科技金融的系统构成 …………………………………（171）
　　三　科技金融对创新生态链的催化作用 …………………（173）
　第二节　深圳科技金融的先行突破与转型规范 …………（174）
　　一　深圳科技金融的先行突破 ……………………………（174）
　　二　深圳科技金融的转型规范 ……………………………（175）
　第三节　这十年来深圳对科技金融链环的活化 …………（177）
　　一　多层次资本市场发展日趋完善 ………………………（178）
　　二　持续满足中小型科技创新企业金融需求 ……………（180）
　　三　政府财政资金投入机制持续创新 ……………………（187）
　　四　大数据赋能科技金融发展更加成熟 …………………（191）
　第四节　深圳打造科技金融深度融合地愿景的
　　　　　差距所在 ……………………………………………（192）
　　一　金融为"硬科技"服务的导向需更鲜明突出 ………（192）
　　二　无形资产的评估和交易体系亟待加强完善 …………（193）
　　三　风险投资对中小型科技创新企业支持力度
　　　　仍需适度增强 ………………………………………（194）
　　四　现行科技金融管理体制和运行机制仍需统筹
　　　　优化 …………………………………………………（195）
　第五节　科技金融的国际经验借鉴 ………………………（195）
　　一　美国——资本主导型科技金融模式 …………………（196）
　　二　日本——银行主导型科技金融模式 …………………（198）

三　以色列——政府主导型科技金融模式 …………… (199)

第六章　全过程创新生态链的原动力
　　　　——人才支撑 ………………………………………… (202)
第一节　科技人才理论研究与支撑作用 ………………… (203)
　　一　科技人才相关概念辨析 ……………………………… (203)
　　二　科技人才的发展生态相关理论梳理 ………………… (205)
　　三　创新生态中人才链与其他链的融合支撑 …………… (207)
第二节　深圳科技人才队伍的发展壮大与集聚融合 …… (209)
　　一　党的十八大之前深圳科技人才队伍建设历程 ……… (210)
　　二　深圳科技人才队伍集聚融合的总体态势 …………… (212)
第三节　这十年深圳科技人才发展生态的优化提升 …… (215)
　　一　科技人才引进力度加大为创新链注入持续动力 …… (215)
　　二　科技人才多元化培养体系下人才链环更具韧性 …… (219)
　　三　科技人才配套服务系统完善下人才发展生态
　　　　不断优化 …………………………………………… (224)
　　四　科技人才评价制度改革不断深化下人才活力
　　　　有效激发 …………………………………………… (225)
　　五　科技人才激励相容机制下创新效益日益明显 ……… (226)
第四节　深圳成为全球一流科创人才向往集聚地的
　　　　短板所在 …………………………………………… (229)
　　一　对科技人才的综合吸引力以及持续黏性有待
　　　　提升 ………………………………………………… (229)
　　二　科技人才发展体制机制中的一些固有难点仍待
　　　　突破 ………………………………………………… (232)
　　三　科技人才公共服务配套仍需进一步优化以提升
　　　　获得感 ……………………………………………… (235)
第五节　科技人才发展的国际经验借鉴 ………………… (238)
　　一　美国经验借鉴 ………………………………………… (239)
　　二　英国经验借鉴 ………………………………………… (243)
　　三　日本经验借鉴 ………………………………………… (247)

第七章　深圳科技创新走向全球创新网络的必然路径 ……（252）

第一节　全球创新网络理论研究与发展现状 ……………（253）
　　一　全球创新网络的内涵界定 ………………………（253）
　　二　全球创新网络的主要特征 ………………………（254）
　　三　全球创新网络的整体态势 ………………………（255）

第二节　深圳走向全球创新网络的优势与愿景 …………（257）
　　一　深圳走向全球创新网络的优势分析 ……………（257）
　　二　深圳走向全球创新网络的愿景 …………………（262）

第三节　当前深圳走向全球创新网络面临的挑战 ………（264）
　　一　逆全球化浪潮下面临的脱钩断链压力巨大 ……（264）
　　二　技术标准的主导能力亟待加强 …………………（268）
　　三　深圳高新技术企业在国际市场外扩空间较大 …（269）
　　四　深圳创新型人才的国际化水平较低 ……………（270）

第四节　深圳高水平走向全球创新网络的未来路径 ……（271）
　　一　以粤港澳大湾区城市群为主阵地建设更高水平
　　　　开放型创新体系 …………………………………（272）
　　二　以东盟为突破口逐渐引领科技产品全球市场 …（278）
　　三　以国际化视野开展高层次的科技合作 …………（280）
　　四　总结 ………………………………………………（282）

主要参考文献 …………………………………………………（283）

后　记 …………………………………………………………（288）

绪　　论

一

党的十八大以来，党中央不断推进创新驱动发展战略的深入实施，以科技创新促进社会生产力和综合国力的提高，被摆在治国理政的核心位置。这十年，科技创新不断赋能于经济发展、民生福祉与社会管理：从技术突破来看，高铁网络、特高压输变电与第五代移动通信技术诸多领域实现突破超越；从创新力来讲，我国在市场体量、原创专利、高技术出口和原创工业设计等创新指数上位列世界第一。中国已成为唯一一个与发达国家经济体创新差距不断缩小的中等收入国家，成功跻身全球创新领导者行列。科技创新，正以前所未有的速度和规模奔腾在中华民族伟大复兴的潮头。

在迎来中国近代以来最好发展时期的同时，当今世界也正经历百年未有之大变局。从内部来看，要切实解决好发展不平衡不充分的问题，真正实现高质量发展，需要更强的内生动力；从外部来看，新一轮科技革命和产业革命加快推进，谁率先在科技方面实现突破性创新，谁就能掌握未来发展的主动权。而与此同时，全球化进程遭遇逆流，新一轮地缘政治冲突加剧，大国博弈驶进未知领域，美国对我国高科技产业的封锁与打压愈演愈烈。在此历史节点，中央提出"把科技自立自强作为国家发展的战略支撑"的方针，为我国未来科技发展指明了方向，为建设科技强国提供了科学指导。

实现高水平科技自立自强是一个系统工程。其中，"自立"是科技自立自强的核心，它体现了自主创新的能力，强调实现创新链、产业链、供应链、人才链等各链条的独立自主、安全可控；"自强"是科技自立自强的关键，它强调科技创新质量与效能的提升，增强原始创新能力和科技引领能力，不断塑造国家发展的新优势。

谋划已定，改革先行。当前"如何推动各类创新要素高度集聚，促进人才链、创新链、产业链深度融合，突破关键核心技术，加快实现高水平自立自强"已成为学界与业界的重大课题。本书将以"深圳构建全过程创新生态链之路"为线索，对这十年深圳践行创新驱动发展战略、实现创新链各链环的协同交织与自主可控的历程及经验进行总结，为"科技自立自强推动高质量发展"提供"深圳样本"。

二

从默默无闻的边陲小镇到全球有影响力的"创新之都"，深圳在科技创新上一是"敢闯敢试"，二是"追求卓越"。

创新是要在本没有路的地方走出一条路来。第一个以政府名义组团"出海揽才"的是深圳，第一个举办高新技术成果交易会的是深圳，第一个开创"楼上楼下创新创业综合体"的是深圳，第一个推出知识产权证券化产品的是深圳，第一个提出"科技金融"概念的是深圳，第一个提出创建国家创新型城市的也是深圳。为推动各类创新要素在深圳的汇聚融合，深圳一向"敢为天下先"。

在"追求卓越"驱动下不断向技术产业链的高端攀升是深圳创新的另一特质。能够穿越低谷，历经"创新原始积累和需求形成""产业创新谋划与腾飞""实施自主创新发展""科技创新跨越提升走向全国引领""迈向前沿基础领域"各阶段，最终实现模仿创新向自主创新的跨越奇迹，其背后深圳颇具前瞻性的战略规划与执行定力居功至伟。

伴随着"创新之都"地位确立的是深圳科技创新生态的一步步成熟。20世纪80年代早中期，深圳的科技基础非常薄弱，创新人才、创新载体和创新产业等作为种群还尚未形成，但"三来一补"加工贸易积累的资本和工业基础，还是为深圳的二次创业奠定了坚实基础；80年代末期到90年代中后期，深圳建立起以工业为主的外向型经济，全面推进市场取向的经济体制改革，并不断推动向高新科技产业转型。以制度创新为导向、科技载体初步培育、金融体系初步形成的外向型、资本密集型产业的创新生态体系初步确立；21世纪以来，深圳大力推进现代化城市建设，继续向资本和技术密集型产业升级。深圳充分发挥"先行先试"的优势，全面建设和完善各种要素市场。在这一阶段，深圳大力推进科技载体、科技文化、科技企业、科技人才和科技金融发展，形成了比较完善的创新生态体系；进入21世纪第二个十年，经过2008年国际金融危机洗礼的深圳已经成为国内有名的科技创新城市，高新技术产业发展成为全国的一面旗帜，拥有相当一批经过市场历练的头部企业。至此成功走出了一条"以市场为主导，产业升级为牵引，企业为主载体的科创之路"。这也是深圳先行示范的核心所在。

三

党的十八大以来，深圳作为改革开放重要窗口，新时期又被赋予了新使命——以科技创新引领经济高质量发展。

这十年，创新在各个领域全面"开花"。深圳创设了全国首支规模达百亿元的天使投资引导基金，率先推出知识产权证券化产品。自2020年11月1日起施行的《深圳经济特区科技创新条例》，在全国率先以立法形式规定"市政府投入基础研究和应用基础研究的资金应当不低于市级科技研发资金的百分之三十"。当前，深圳全社会研发投入占地区生产总值的比重达4.93%，市级科研资金投入基础研究和应用基础研究的比重从12%提高到30%以上，PCT国际专利申请量20年居全国城市首位，在国家创新型城市创新能力排名中位居第一。华为、大疆、比亚迪等一批企业，在创新链与产业链的支撑下，找到了原始创新的突破模式，在5G、无人机、新能源汽车等领域的技术创新能力处于全球领先地位。

这十年，深圳创新体系实现了历史性变革、系统性重构，最具标志性的就是全过程创新生态链之构建。早在2012年深圳市政府就在工作报告中提出"构建充满活力的创新生态链体系"，积极促进创新要素的有效聚集和充分利用。在2013年的全国人大分组审议中，深圳代表提出更加注重构建"综合创新生态链体系"。在

2019年深圳市第六次党代会上,"全过程创新生态链"的完整概念被提出,即"基础研究+技术攻关+成果产业化+科技金融+人才支撑"。

深圳在芯片制造、工业设计软件等领域的核心关键技术受制于人,原有的逆向创新模式已不可持续。在必须找到激发原始创新新路径的大背景下,全过程创新生态链的提出是对深圳如何突破自身瓶颈以及如何应对外在冲击的务实回应。其实质是通过补链、强链、顺链、延链,保证各链环的自主可控,提升创新生态能级,从而更好地赋能深圳新时代的高质量发展。

潮平两岸阔,风正一帆悬。如果说特区前三十年,深圳依托邻居(中国香港)这个国际化窗口,靠自己的勇于拼搏和竞争,成为全球化和产业升级的受益者,创造了特区奇迹。那么这十年,全过程创新生态链的提出,代表着深圳的创新意识从"自发"走向了"自觉",是深圳应对新形势、新挑战的"华丽转身"。全过程创新生态链构建之路发轫于危机之下,锤炼于这十年的锐意探索之上,必将成就于未来的挑战之中。

四

站在新的历史方位,对深圳构建全过程创新生态链之路进行回望、守望与展望是本书的基本线索。这有助于我们更系统地把握深圳这十年在科技创新领域所发生的深刻变化,也有利于我们了解当前创新链的短板还有哪些;五个链环之间的协同还有哪些障碍;面对西方的各种"脱钩",我们如何增强创新生态链的强度和韧性等问题。

为了让读者能够对全过程创新生态链有更清晰的认识,本书在第一章对全过程创新生态链的相关理论、提出的历程和背景以及意涵三个方面进行了详细的论述,确定本书的理论基调。接下来五章则分别对基础研究、技术攻关、成果产业化、科技金融以及人才支撑五个链环展开详细探讨。一方面通过梳理深圳在这五个链环上的政策创新与要素优化,全景式展现党的十八大以来深圳"构建充满活力的创新生态链体系"历程与经验;另一方面,以更加协同、有韧性和活力的生态链闭环为目标,探析当前各个创新链环上存在的不足、差距与挑战，为深圳建设具有全球影响力的科技创新中心提供路径指引，为科技自立自强提供更有力的支撑。

本书除了对全过程创新生态链如何协同融合进行论证阐释，也不回避深圳当前在各个链环所遇到的重大障碍与挑战。当前留给我们的一些重要思考是：深圳在基础研究、技术攻关和人才支撑的链环上还相对较弱，要如何补齐基础研究的短板，攻克关键核心技术领域"卡脖子"问题，提高科技人才的核心竞争力？深圳在成果转化和科技金融链环上已经具备一定的竞争力，问题是要如何挖掘其中更大的进步空间？这些都是深圳在构建全过程创新生态链过程中亟待解决的问题，也是本书希望深入探讨的问题。

同时，我们要清醒地认识到，自立自强、自主创新不是闭门造车，不是独自创新。发达国家的创新经验表明，深圳要想打造高质量的全过程创新生态链，就必须坚持以全球化视野谋求发展。越是面临封锁打压，越不能搞自我封闭，而是要以更加开放包容的态度参与并融合到全球创新网络中去。因此本书在最后的章节专门讨论了深圳走向全球创新网络的前景、挑战与路径，结合前面各章梳理的国外经验，希望能够对深圳打造国际化的科技创新中心提供更多的参考借鉴。

全过程创新生态链作为深圳地方上的实践探索与模式创新，近几年才开始频繁出现在大家的视野，相关研究并不算多。本书将党的十八大以来的"创新驱动"发展视作深圳"市场改革驱动"与"产业升级驱动"之后的又一飞跃阶段，并进行系统梳理回顾，希望能够对丰富深圳创新发展史的相关研究做出贡献。

如何保持深圳科技创新动力的持续性，学界研究视角多元。本书以创新管理与政策为主视角，综合运用公共管理、经济学、科学学和历史学等学科理论，客观展示全过程创新生态链构建所涵盖的政治、经济、科技等多重动因，兼顾理论性和应用性。但正由于讨论主体涉及面广，资料掌握不全，加之作者力有不逮，研究多有不够深入之处。希望能够以不成熟的思考，为该领域进一步的深入研究做些基础性工作，衷心希望有兴趣的读者提出宝贵的意见，共同为未来深圳的创新发展献计出力。

第一章 全过程创新生态链的理论与实践根基

第一节 全过程创新生态链相关理论综述

一 创新链理论概述

创新链理论的提出源于学术界对创新过程的循序渐进的思考。1911年,经济学家约瑟夫·熊彼特(Joseph Schumpeter)于《经济发展理论》中首次提出"创新"这一概念,将其定义为生产要素和生产条件前所未有的重新组合。此后"创新"(Innovation)成为一个专门术语和专业理论在学术界广泛使用。创新不仅是单纯的技术范畴,更是一个经济范畴,它不仅是指科学技术上的发明和创造,更是强调把科学技术的发明创造和科技成果应用到企业生产当中去,形成新的生产能力。[1] 到了20世纪70年代中后期,"创新链"的概念被明确提出,主要强调创新的过程性。这个阶段创新链的内涵还比较偏向于商业模式创新,如1992年,马歇尔(Marshall)基于市场化发展模式提出了创新链的概念,他指出创新链是原材料供应商、产品制造商、产品销售商等多主体互动的过程,可以分为若干阶段。[2] 1999年,蒂莫斯(Timmers)提出了真正意义上与创新活动相关的创新链概念,他认为,创新链包括基础研究、技术开发、

---

[1] Joseph Schumpeter, *The Theory of Economic Development: An Inquiry into Profits, Capital, Credit, Interest, and the Business Cycle*, Cambridge, Mass: Harvard University Press, 1934.

[2] Judith J. Marshall and Harrie Vredenburg, "An Empirical Study of Factors Influencing Innovation Implementation in Industrial Sales Organizations", *Journal of the Academy of Marketing Science*, Vol. 20, No. 3, 1992, pp. 205–215.

应用部署等一系列过程，每一个过程都有一个集中和相对独立的工作区间，而通过创新链分析能使这一系列过程的不同职能井然有序。[1]

通过对国外创新链相关文献的检索与梳理可知，对于创新链的阶段划分主要分为两种：第一种是基础研究、技术开发、应用和部署的三阶段划分，如特肯伯格（Turkenburg）在《能源可持续发展》中检视了创新链的三个不同阶段：研究与开发、示范、扩散[2]。类似地，2002年Johansson也研究了能源产业的发展，指出创新链是包含研究和开发、建立示范项目，以及技术扩散三个阶段。[3] 第二种是五阶段划分，如班菲尔德（Bamfield）在其2004年出版的著作中指出创新链由试探研究、工艺开发、试制、市场启动、生产和销售五个阶段构成（见图1-1），其出发点在于商界。[4] 该理论认为，创新链是从前端基础研发到后端产业化扩散的全过程，这一过程的核心环节是科技成果的转移转化。

图1-1 创新链的五阶段划分

国内学者对创新链的研究成果也颇丰，尝试从过程、知识创新与价值实现等视角对其进行探讨。如林森、吴晓波等基于过程视角对创新链的定义，强调创新链是科技成果转化的全过程。该部分学

---

[1] Timmers P., "Building Effective Public R&D Programs", *Portland International Conference on Management of Engineering and Technology*, 1999.

[2] Turkenburg W. C., *The Innovation Chain*: *Policies to Promote Energy Innovations. Energy for Sustainable Development*, New York: The UN Publications, 2002, pp. 137-172.

[3] Johansson T. B. and Goldembery, J., "Energy for Sustainable Development: A Policy Agenda for Biomass", *General Information*, 2002, pp. 17-21.

[4] Bamfield P., *The Innovation Chain*, *Research and Development Management in the Chemical and Pharmaceutical Industry*, 2004, pp. 225-244.

者从技术与产业的关系出发，把科技成果产业化的全过程定义为技术创新链。[①] 以蔡翔为代表的学者则基于知识创新视角对创新链的界定，即把创新链与知识供应链统一起来，认为创新链是通过技术创新实现从科学技术知识到产业化的过程，是以市场需求为导向，以知识创新活动为核心，以知识经济化和创新体系优化为目的，将相关创新主体联系起来的功能链节结构模式。这一定义更强调创新链是知识的创造、转移与扩散载体。代明等从价值实现视角出发，认为创新链（Innovation Chain）是从创新源头出发，经过多级环节、使用多类要素、囊括多个部门、跨越多重时空，一直延伸到取得最终成果并实现其经济价值的总过程。[②] 它围绕一个或多个核心主体开展，以创新为枢纽，对接具有创新互补性的各个节点，通过分工协作和互联互动，合力实现知识的经济化与创新系统的优化。

还有一些学者结合我国的创新实践，运用创新链理论对我国创新所存在的短板与不足进行分析研究，取得一些深入的成果。如张凡勇等发现，在我国的技术进步过程中，创新链结构失衡是我国经济发展中"科技成果转化不足"和"科技经济两张皮"问题的根源所在。因此，从创新链理论视角考虑我国整体创新体系的短板，构建相对完善的创新链对于促进我国科技成果的转化和创新能力的提升具有重要意义。[③]

综合学者们的观点可知，创新链是通过多元主体协同配合，以满足市场需求需要为导向，从基础研究到产业化的创新过程的集合，本质是创新供给与生产需求的关系。创新之所以要形成链环模式，是因为创新本身不是静态的，不是无关主体之间的互动，而是上下游环节之间的紧密相连和各个链环之间的有机互动的动态过程。创新链内涵盖了科研链、技术链、产业链、价值链、金融链、人才链、文化链等各类与创新相关的链条。各类链条相互交融，形

---

① 林森、苏竣、张雅娴、陈玲：《技术链、产业链和技术创新链：理论分析与政策含义》，《科学学研究》2001年第4期。
② 代明、梁意敏、戴毅：《创新链解构研究》，《科技进步与对策》2009年第3期。
③ 张凡勇、杜跃平：《创新链的概念、内涵与政策含义》，《商业经济研究》2020年第22期。

成了创新链的内部韧性、包容性和内生动力性。综上，一条完整创新链条一般可分为五个主要环节（见图1-2）：一是基础研究，研究和探索新技术的原理；二是应用开发，在实验室制作出样机或样品；三是中间试验（简称中试），主要是验证和改进实验室技术，按照规模生产的要求解决标准、工艺和原料等问题；四是商品化，企业首先整合技术、资本、人力资源等各种要素，面对市场开展小规模生产，并在过程中不断完善产品，寻找市场；五是产业化，企业开展大规模、批量化生产，获取创新活动的回报。

图1-2 创新链条五个主要环节

二 创新生态相关理论综述

20世纪后期，学者们也尝试从生态学视角对创新的发生与动力进行阐释。与创新链理论更侧重于各要素的链动关系相比，创新生态则相对强调要素与环境的互动关系。

20世纪80年代后期，Frosch和Gallopoulos将创新生态系统与产业生态系统进行对比研究，提出了产业生态系统概念。[①] 与从产业的角度出发不同，1985年，Lundvall首次从创新系统的角度定义了

---

① Frosch R. A. and Gallopoulos N. E., *Towards An Industrial Ecology in Treatment and Handling of Wastes*, 1992, pp. 269-292.

创新系统的概念，将创新系统定义为一个以社会性和互动学习为核心的动态系统。[1] 90 年代，经济学家 Dvir R. 借鉴生态学原理创造了创新生态学（Innovative Ecology），为研究创新生态系统提供了理论基础。[2] 1999 年，Moore 首次借鉴商业生态理论将整个企业生态系统描述为一个经济联合体，认为该系统是基于组织互动的经济联合体，包括客户、供应商、生产商、投资商等众多利益相关者。[3] 进入 21 世纪，对创新生态系统的研究越来越微观具体，不仅包括对其要素构成、运行机制和功能作用等问题的详细探讨，而且基于企业和案例研究视角的成果越来越丰富[4][5]。MarcoIansiti 和 Levien R. 基于网络视角构建了一个全新的企业创新生态系统理论[6]，认为企业创新生态系统是一个由企业和影响企业发展的个人、组织组成的松散、开放性的网络系统，通过引入创新生态系统的"健康度"概念，揭示了创新生态系统中个人的健康发展与他人整体健康、系统之间的辩证关系。达特茅斯大学塔克商学院战略教授 Adner R. 认为企业需要通过与其他企业进行互补性的合作来促进技术创新并提供有价值的产品和服务，而在这种过程中形成的互补性组织就是企业创新生态系统。[7] Hirvikoski 则将创新系统分为微观、中观和宏观三个层次，微观层次是组织个体和环境，中观层次是区域环境，宏观层次包括国家和全球的经济、政治、文化

---

[1] Lundvall, *Product Innovation and User-Producer Interaction*, Aalborg: Aalborg University Press, 1985.

[2] Divr R., "Innovation Engines for Knowledge Cities: An Innovation Ecology Perspective", *Journal of Knowledge Management*, Vol. 8, No. 5, 2004, pp. 16 – 27.

[3] Cohen M. J., "Ecological Modernization and its Discontents: The American Environment Movement's Resistance to an Innovation-driven Future", *Futures*, Vol. 38, No. 5, 2006, pp. 528 – 547.

[4] 刘洪久、胡彦蓉、马卫民：《区域创新生态系统适宜度与经济发展的关系研究》，《中国管理科学》2013 年第 S2 期。

[5] 梅亮、陈劲、刘洋：《创新生态系统：源起、知识演进和理论框架》，《科学学研究》2014 年第 12 期。

[6] Iansiti M. and Levien R., "The Keystone Advantage: What the New Dynamics of Business Ecosystems Mean for Strategy, Innovation and Sustainability", *Harvard Business Review*, Vol. 3, 2004, pp. 51 – 62.

[7] Adner R., "Match Your Innovation Strategy to Your Innovation Ecosystem", *Harvard Business Review*, Vol. 84, No. 4, 2006, pp. 98 – 107.

环境。①

综上,"创新生态系统"的概念引起了学者们的广泛重视和密集研究,成为创新研究中的一个持久热点。学者们普遍认为创新的生态系统就像生物系统一样,从随机选择的各种元素逐渐演变成结构化的群落。这也反映了相关研究范式的转变:从注重系统中的要素构成转向注重要素、系统和环境之间的动态过程。

同样,在实务界,"创新生态系统"概念也得了到广泛的认可和应用。2003年年初,美国总统科技顾问委员会(PCAST)正式提出了创新生态系统的概念。② 同年9月,"创新生态系统"被写入美国《国家中长期科学与技术发展规划纲要》中。2004年美国竞争力委员会认为,要提高美国的创新能力,必须在企业、政府、教育家和工人之间建立创新生态系统。2005年,美国联邦政府出台《联邦创新战略》,将"创新生态系统"作为未来10年的重点研发领域。

特别是硅谷地区的崛起和持续发展,给创新产出与创新环境之间的互动提供了很好的研究观察样本,相关研究影响力深远。《区域优势:硅谷和128号公路的文化和竞争》③ 和《硅谷优势:创新和创业精神的栖息地》④ 是两部研究硅谷的著作。前者认为硅谷拥有鼓励合作和竞争的基于地区网络的工业体系的优势;后者则强调硅谷最大的特点是"高科技创业精神的栖息地","需要从生态学的角度来思考",如果想建立一个强大的知识经济,那就必须学会如何建立一个强大的知识生态体系,而不仅仅是模仿。

国内学者对于创新生态系统的研究内容与国外大体相同,主要包括创新生态系统内涵、特征、结构、要素等方面。袁智德和宣国良首先提出了"创新生态"的概念,分析了创新生态组成的七个要素及它们之间的相互作用关系,并在此基础上讨论了"创新簇"的

---

① Hirvikoski, T. H., *A System Theoretical Approach to the Characteristics of a Successful Future Innovation Ecosystem*, 2009.
② Council on Competitiveness, *Innovate America: Thriving in a World of Challenge and Change*, National Innovation Initiative Interim Report, 2004.
③ [美]安纳利·萨克森宁等:《硅谷优势》,上海远东出版社2000年版。
④ 李钟文:《硅谷优势创新与创业精神的栖息地》,人民出版社2002年版,第462页。

生成原因、成长要素及增强机制。他们把市场、要素条件、相关的支撑条件、政府、机会、文化、技术平台七个要素称为环境因素，而把创新比喻为生命体。① 黄鲁成最先提出了区域技术创新生态系统的概念，并将其定义为某一区域内由技术创新组织和技术创新环境复合而成，并开展创新资源、信息交流的有机系统②；在 Gawer 等人的基础上，王娜等认为区域创新生态系统主要包括环境因素、产业体系、软硬件设施和人才等要素③。李万等学者指出近年来创新已进入 3.0 阶段，其核心要义是创新生态系统。创新 3.0，或者说嵌入/共生式创新，进一步体现在产学研用的共生性上，还反映在政府、企业、大学院所和用户的"四螺旋"之中（见表 1-1）。从本质上看，创新生态系统就是由众多相互联系的主体（包括大学、科研机构、中小企业等）构成的一种有机整体，而其核心在于实现知识资源在各成员间的高效流动与共享。创新生态系统是一个开放而复杂的系统，通过不同创新群落之间的物质流、能量流和信息流的连接和传导，与创新环境在一定时间内共生竞争、动态演化。总之，创新生态系统具有多样性共生、自组织演化和开放式协同的特征。④

表 1-1　　　　　　　　　创新范式的演变

	创新范式 1.0	创新范式 2.0	创新范式 3.0
理论基础	新古典经济理论和内生增长理论	国家创新体系	演化经济学及其新发展
创新主体关系	强调企业单体内部	产学研协同	产学研用"共生"
创新战略重点	自主研发	合作研发	创意设计与用户关系
价值实现载体	产品	服务+产品	体验+服务+产品

---

① 袁智德、宣国良：《技术创新生态的组成要素及作用》，《经济问题探索》2000 年第 12 期。
② 黄鲁成：《关于区域创新系统研究内容的探讨》，《科研管理》2000 年第 2 期。
③ 王娜、王毅：《产业创新生态系统组成要素及内部一致模型研究》，《中国科技论坛》2013 年第 5 期。
④ 李万等：《创新 3.0 与创新生态系统》，《科学学研究》2014 年第 12 期。

续表

	创新范式 1.0	创新范式 2.0	创新范式 3.0
创新驱动模式	需求＋科研 "双螺旋"	需求＋科研＋竞争 "三螺旋"	需求＋科研＋竞争＋共生 "四螺旋"

资料来源：参见李万等《创新 3.0 与创新生态系统》。

国内学者还结合本土创新土壤特质，在地方（区域）创新生态评价与优化等方面深入探讨，如吴兰波等将城市创新生态分成政府服务生态、法制生态、社会生态、市场生态、技术生态、知识生态、创业生态、生活生态、交流生态以及区位生态10个组成成分，通过数据分析后指出深圳的优势在于法制生态、知识生态、创业生态及区位生态，但在政府服务生态、社会生态、市场生态、技术生态、交流生态及生活生态方面仍有待加强。[1] 刘美玲认为深圳作为我国城市创新驱动发展的排头兵，在建设创新生态中采取的构建鼓励创业创新的制度体系、营造尊重市场规律的创新环境、培育分层分类多元化的创新人才梯队等一系列成功举措都值得其他城市学习和借鉴。[2] 刘刚等对深圳创新生态系统的基本构成和运行机制进行了深入详细的分析，认为"四创联动"和"四链融合"是对深圳创新生态系统和治理体系运行机制的概括。其中"四创联动"是指创新、创业、创投和创客的联动发展，"四链融合"是指围绕产业链布局创新链，围绕创新链完善资金链，通过政策链实现创新生态系统的融合与统筹协同。[3]

综合上述学者的观点可以看出，创新生态系统的定义侧重于强调三个方面：第一是创新环境，它与自然生态系统中的阳光、水、土壤一样，是创新生态系统的基础条件和必备环境。第二是各类要素、资源和信息的自由流动，这是创新主体相互联系、互动的必要

---

[1] 吴兰波、吕拉昌、许慧：《城市创新生态指标体系构建及广州—深圳比较研究》，《特区经济》2010年第9期。

[2] 刘美玲、孟祥霞：《深圳打造创新生态环境的举措及对宁波的启示》，《宁波经济（三江论坛）》2017年第10期。

[3] 刘刚、王宁：《突破创新的"达尔文海"——基于深圳创新型城市建设的经验》，《南开学报》（哲学社会科学版）2018年第6期。

前提。第三是系统的三个特性，即开放性、动态性、自组织性，这些特性使创新生态系统能够动态适应环境和内生动态演化，这与自然生态系统的长期演化是一致的。当前学术界对创新生态系统的构成的看法基本上是一致的，主要由创新主体和创新环境两部分组成。具体来看，如图1-3所示，创新主体可以分为以企业、高校、科研机构为代表的主体性要素和由政府、协会、平台和各类中介机构组成的服务性要素，而创新环境就包括经济环境、政策环境、文化教育环境、金融财政环境、基础设施环境等环境性要素。

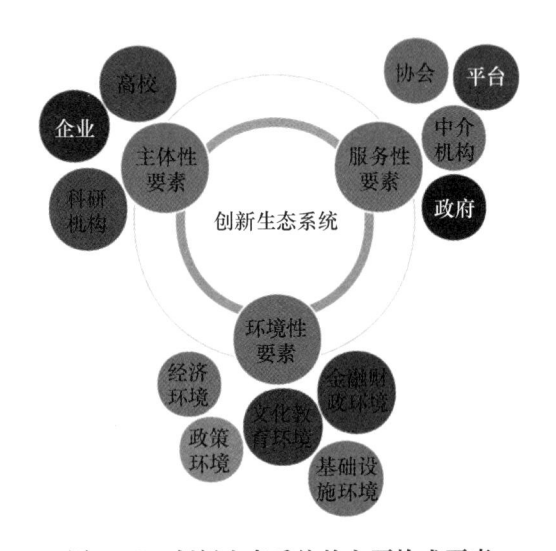

图1-3 创新生态系统的主要构成要素

三 创新生态链理论的产生与发展

随着理论的发展、认识的加深，创新链与创新生态概念在近些年的融合趋势明显。如姚娟等就认为创新链借鉴的"生态链"一词来源于生物学，创新要素之间如生物一样环环相连、相互依存，形成了不可截断的链条，是创新活动的主干逻辑。但必须保持整个生态的多样性和平衡性，才能实现整个链条的健康、协调与可持续。[1] 代明从生态的视角观察创新链，认为创新链本质是一种

---

[1] 姚娟、李雪琪：《常州创新生态链构建的现状和优化对策》，《中国市场》2021年第24期。

创新网络，其形成机制主要包括三个方面：第一，分工体系；第二，合作关系；第三，竞争关系。这三者之间构成了一条完整的创新链。在创新链的视域中，任何创新主体都不是孤立的、封闭的，任何创新活动都有上下游环节，任何创新成果都是多节点、多主体协作的产物，个体创新力在越来越大的程度上取决于整个链条的创新力。创新链本质上是一种基于分工协作与合作的生态图谱，就像生物界中的生存生态图谱——生物链。[1]

近些年创新生态链的概念越来越多见于区域创新体系建设方面的文献中，强调创新生态链的构建有利于对该城市各创新资源要素的最有效聚集和最充分利用（见图1-4）。从区域或城市的角度出发，欧盟早在2006年就发布了以优化创新生态链、打造创新型欧洲为目的的政策性文件。陈建勋认为研究上海各区在科创中心建设中优势互补、错位竞合，实际上是研究在市域范围内如何打造创新生态链、构建具有上海特色的创新生态链的问题。上海各区必须根植于区域的自然特征、产业特征、文化特征、社会特征，必须以自然生态、产业生态、人文生态、社会生态的大生态体系为依托，建设好区域创新生态链。[2] 薛楠指出雄安新区要打造领军企业—创业企业、高校/科研机构—企业、风险投资/金融机构—企业三大创新生态链，促进创新主体之间实现角色转换，促进创新要素自由流动和协同发展。[3] 余祥在总结成都规划建设产业功能区的经验时指出，成都以建设产业生态圈和创新生态链提升产业发展能级。成都十分注重创新生态链建设，打造"政产学研用"融合创新体系，增强产业发展动能。[4]

从城市区域之间互动的角度出发，赵亮指出城市发展面临区域发展不平衡、要素资源错配不合理等严峻问题，因此，实现跨区域协同是高效生产力发展的必由之路。创新要素整合已进入跨区域协

---

[1] 代明、梁意敏、戴毅：《创新链解构研究》，《科技进步与对策》2009年第3期。
[2] 陈建勋：《上海各区在科创中心建设中应发挥各自优势错位竞合》，《科学发展》2018年第9期。
[3] 薛楠、齐严：《雄安新区创新生态系统构建》，《中国流通经济》2019年第7期。
[4] 余祥、庹旭：《成都市规划建设产业功能区的主要探索和经验启示》，《四川文理学院学报》2020年第3期。

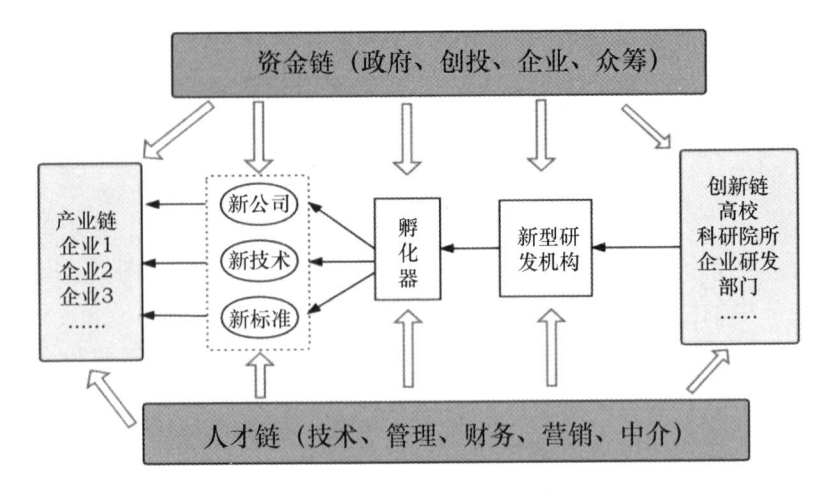

图 1-4 城市创新生态链构建

调联动时代,以西安和深圳为例,开展双城共建、双城双创,共同构建跨区域一体化、全链条的综合创新创业生态体系,促进两地要素融合、功能互补、创孵联动、园区支撑、产业协同,将更好地助力两地科技创新和经济发展。①

综合而言,创新生态链较好地综合了创新链和创新生态两个理论的优点,既能够突出创新是一个内在的多元协同过程,又强调要素与环境的互动支撑。创新生态链的含义是通过优胜劣汰机制,最大限度地积累和利用创新资源要素,在创新主体之间形成适当的互联互通和竞争效应,产生合理的外溢和扩散效应,从而极大地实现创新生态的生命力和创新力。其实质是在政府、科研机构、高校、企业等技术创新复合主体的特定空间范围内,运用各种现代科学技术手段,在政策、文化、生态和基础设施等环境中,通过创新物质、能量和信息流动而相互影响与依赖,围绕平台和载体进行技术合作、知识协同、系统开放式创新及价值创造等方面技术和能力的互补集合,最终实现共同的科技创新目标。创新生态链不是各类链条的简单相加,而是创新链、技术链、知识链、数据链、供应链、产业链、转化链、资金链、金融链、价值链、服务链、人才链、政

---

① 赵亮:《双城双创共建区域创新生态链》,《创新科技》2017年第6期。

策链等各类链条的有机咬合,共同发力。

当前经济社会的可持续发展依赖于高水平、高质量的创新活动,而此类创新活动的有效开展需要创新服务体系的有力支撑、创新资源要素的综合利用和创新环境的坚强保障,这正是构建全过程创新生态链的意义所在。创新生态链通过协同、组织、整合各类创新要素,吸纳各种满足创新需要的服务,不仅可以实现以更低的成本和更好的质量获得科技创新资源,而且可以以更优的效率和更高的水平利用资源开展科技创新活动。当前逆全球化抬头,国际政治经济环境不稳,我们必须要对开放式的创新生态链有更高水平的认识和研究,才能在各国的创新竞赛中赢得先机。当各地越来越面临资源环境超载、资源要素错配、创新后继乏力等问题时,构建自立可控的创新生态链既是区域发展的途径之一,也是提高生产力的必由之路。

第二节 深圳市全过程创新生态链提出的背景与历程

2019年年初,深圳立足新发展阶段,为补足短板,不断增强自主创新"硬核"能力,提出构建和不断完善主环节为"基础研究+技术攻关+成果产业化+科技金融+人才支撑"的全过程创新生态链。一方面这是响应国家实现高水平科技自立自强与高质量发展号召的深圳行动方案,另一方面它绝不是求大求全的口号,而是党的十八大以来深圳创新驱动实践的有机延伸,是深圳根据自身发展的需求和短板,有针对性地提出的目标规划,具有坚实的经验支撑和酝酿历程。

一 自我革新意识下深圳对创新生态整体跃升的初探

深圳在创新上的自觉性很大程度来源于一种高度的危机意识。如对"特区不特后怎么办?"的思考,促使深圳向高科技产业转型,2008年的国际金融危机及当时经济发展遭遇的瓶颈,实际上正是深圳谋求创新生态整体性跃迁的发轫所在。

作为引领改革开放潮流的深圳,其市场化程度相对较高,外向型经济特征明显，这是其实现经济快速腾飞的优势和基础条件。2008年国际金融危机爆发后，深圳也成为受冲击最严重的城市之一。其间，深圳企业出口增速明显放缓，很多见证深圳经济腾飞的标志性指标急转而下，短期内关停迁转企业高达上千家。可以说，这场危机使深圳经历了改革开放后最困难的一段时期。在带来冲击的同时，危机也给深圳带来了一次全面深入反思的机遇。这种普遍的反思使政府和企业家在整体上初步达成了一种共识，那就是过去基于资源、劳动力等要素驱动经济发展方式的老路已经走到了尽头，原来的跟踪模仿的技术产业发展模式是不可持续的。深圳不能再依靠简单的要素堆积，而是要提升整体创新生态，支撑企业有能力向技术溢价更高的环节发展。因为只有新产品中能包含更多知识和科技因素，产品才会更能激发消费群体需求，获得更高的竞争力和利润率。深圳要想继续站在改革开放的风口，就必须走向创新驱动，经济增长的主动力就不能依赖于要素的投入，而是来源于创新。2008年6月12日，国家发改委把深圳列为全国首个创建国家创新型城市试点，要求"深圳把自主创新作为深圳城市发展的主导战略，鼓励深圳继续夯实创新基础，探索完善政策环境，不断增强创新能力，健全创新体系、集聚创新要素、提高创新效率、创造更好的经济社会效益"。在这样一个特殊的时期，能得到中央层面的政策支持，对深圳而言，既是自身成长过程中必须肩负的使命，也为接下来进行一场更加深入、广泛的创新体制机制变革找到了政策方向。

事实上，深圳在这场危机中受到的冲击巨大，但恢复得也相对较快，这和深圳在20世纪90年代中后期就开始的向高科技产业升级密切相关。2008年11月，时任国务院总理温家宝在深圳考察时指出："面对当前这场金融危机的冲击，在整个珠江三角洲企业生产经营普遍比较困难的时候，深圳为什么相对要好一些？就是因为产业升级抓得早，自主创新抓得早。因此，应对金融危机就有了准备，也有了能力。这是一条极为重要的经验。一个地方资源是有限的，但是人的创新能力是无限的。深圳发展的基本经验就是解放思想，调动人的积极性，发挥人的创造能力。"这在肯定前期经验的基础上，也为深圳自主创新提出了更高的要求。①

在国际金融危机爆发后，深圳没有沉沦，而是客观看待自身的不足与短板，抓住经济的调整期，积极创建更加适应创新的市场和政策机制，包括人才吸引及培育与激励政策、培育创新型企业阵容、搭建研发设计平台、补贴研发投入、扩大专利申请及授权、引导形成创新型金融环境等，以创新推进经济转型升级，推动新技术、新产品、新产业和新商业模式蓬勃发展，最终走出了国际金融危机的泥沼。值得一提的是，大疆等一批创新型企业就是在那段时期落户于深圳，穿越低谷，并伴随深圳的创新驱动战略，十年后纷纷成长为"硬核"创新的代表。这一时期的危机自救和自我革新，引领深圳向一个更具自我创新能力的生态链积极探索，其可看作深圳构建全过程创新生态链的发轫期。

二 深圳构建要素齐备且充满活力的创新生态体系

随着党的十八以来国家创新驱动发展战略的实施，以及自身发展的内在需要，深圳对"优化创新生态体系以促进发展方式的根本转变"达成空前共识。这一时期围绕着"更加有活力"与"科学体系"的目标做出多重努力，为后来"全过程创新生态链"的提出和构建奠定坚实基础。

2012年1月，深圳围绕科学发展主题和加快转变经济发展方式的主线，在《政府工作报告》中提出，要"构建充满活力的创新生态链体系"，积极推动各类创新要素的有效集聚和充分利用。在土地、能源、劳动力等资源趋紧的约束下，深圳继续贯彻从"速度深圳"到"效益深圳"的重大战略决策，布局战略性新兴产业，逐渐从全球产业链的中低端向中高端转型，实现由要素驱动向创新驱动的转变。2012年，深圳研究与开发投入占GDP的比重达3.8%，高于美国的2.8%、日本的3.3%和韩国的3.7%，约是全国平均水平的2倍，直接反映了深圳对自主创新的重视程度越来越高。2012年7月，深圳向全国科技创新大会提呈了"营造创新生态加快建设国

---

① 新华社：《温家宝在广东调研时强调要大力支持中小企业发展》，http://www.gov.cn/ldhd/2008-11/15/lontent_1150179.htm。

家创新型城市"的典型发言。

2013年的全国人大分组审议中,深圳提出更加注重构建"综合创新生态链体系"。2014年,深圳市政府率先提出打造"综合创新生态体系"战略。2015年,深圳市第六次党代会首次提出建设现代化国际化创新型城市。深圳积极构建世界一流城市创新体系,提前出台先行先试政策,实现了创新生态系统的成功实践,并以优越的创新生态环境吸引全球各地的优质资源。[①] 同年,深圳获批首个以城市为基本单元的国家自主创新示范区,全面打造创新型城市。深圳以供给侧结构性改革作为发展主线,积极推动"创新、创业、创投、创客"联动,以全面创新,打造"深圳质量"。上海市科学研究所与施普林格·自然集团2021年发布的调查结果指出:2012—2020年,深圳青年科学家流入比例在国内城市排名第一,流出比例则低于5%,在全球20座科技创新中心城市中最低。由此可知,深圳作为创新之城,通过提供的优质人才服务和高端科学创新平台,正越来越吸引人才、培育人才、留住人才。

这一时期围绕着构建综合完善且更具活力的创新生态体系,从各类促进科创研发的直接奖励措施,到宏观的未来产业政策,深圳出台了一系列政策条例(见表1-2),有力地促进了深圳高科技产业进一步发展。正是这一时期,华为、大疆等企业厚积薄发,取得5G等关键性技术突破,成为本土培育的具有国际影响力的科技创新企业代表,为深圳创新生态质的提升提供有力佐证。

表1-2　　　　2001—2018年深圳创新相关的政策条例

2001年	《深圳经济特区高新技术产业园区条例》 第四条　高新区的发展目标应当是:建设成为高效益的高新技术产业基地、科技成果孵化和辐射基地、创新人才的培养教育基地 第十三条　市政府鼓励企业、高等院校、科研机构在高新区创办从事技术创新的企业和机构,或者从事技术创新的研究开发活动,并可对其创新活动给予资金支持

[①] 毛冠凤、陈建安、殷伟斌:《综合创新生态系统下"创新、创业、创投和创客"联动发展研究:来自深圳龙岗区的经验》,《科技进步与对策》2018年第1期。

续表

2006年	《深圳经济特区改革创新促进条例》 为了促进深圳经济特区（以下简称特区）改革创新工作，保障经济社会全面协调可持续发展，率先基本实现社会主义现代化，制定本条例 特区的经济体制、行政管理体制、文化体制和社会管理体制等方面的改革创新，司法工作的改革创新，以及国家机关、公立非营利机构和人民团体管理、服务等方面的改革创新，适用本条例 第三十二条　深圳经济特区法规、深圳市法规、市政府规章、规范性文件制定机关应当根据改革创新的需要，及时制定、修改或者废止法规、规章、规范性文件，巩固改革创新成果，保障改革创新顺利进行 第三十五条　国家机关、公立非营利机构和人民团体应当加强改革创新工作研究，积极推广改革创新成果
2006年	《深圳经济特区循环经济促进条例》 第三十五条　市、区政府应当加强技术开发和创新体系建设，推动循环经济技术创新和技术进步
2010年	《深圳经济特区加快经济发展方式转变促进条例》 第一条　（三）自主创新与结构优化相结合，把自主创新能力和创新型城市建设作为经济发展的主要驱动力，把加快经济结构调整作为战略重点 实施自主创新主导战略，把增强自主创新能力作为转变经济发展方式的中心环节，推动经济发展从要素驱动向创新驱动转变，以科技创新为核心，以提升国际竞争力为目标，以聚集创新人才为关键，以产业创新为重点，推动国家创新型城市建设 第十条　增强核心技术自主创新能力，推动科技创新从技术开发、应用技术研究向应用基础研究延伸，从集成创新和引进消化吸收，市政府应当利用高交会平台，鼓励和资助在深企业、科研单位参展参会，实现科技引领转型、创新驱动发展
2013年	《深圳经济特区技术转移条例》 第一条　为了促进技术转移，推动技术创新，提高城市核心竞争力，根据法律、行政法规的基本原则，结合深圳经济特区（以下简称特区）实际，制定本条例

续表

2018年	《深圳经济特区国家自主创新示范区条例》 第三条 以科技创新为核心，加快建设创新驱动发展示范区、科技体制改革先行区、战略性新兴产业集聚区、开放创新引领区和创新创业生态区，发挥自主创新引领辐射带动作用 第八条 坚持以科技创新为核心，加强科学探索和技术攻关，突出关键共性技术、前沿引领技术、现代工程技术、颠覆性技术创新，形成持续创新的系统能力

三 深圳全过程创新生态链的正式提出

当深圳在移动通信、智能硬件与无人机等多个产业形成技术与市场双突破之势时，美国从2016年首度制裁中兴开始，对中国的技术打压和封锁愈演愈烈，深圳作为创新之都，首当其冲，深受其扰。在此背景下，2018年1月14日，深圳市委六届九次全会首次提出构建"全过程的创新生态链"——基础研究+技术攻关+成果产业化+科技金融（"四链"），相比之前的创新生态链构建，突出了"自主可控"的意涵。

2018年3月开始，中美贸易摩擦升级，美国采取一系列措施对中国封锁核心技术，意图阻止中国科技进步，阻碍中国经济社会发展。党中央针对国际形势的突变和我国面临关键核心技术被"卡脖子"的风险，发出了"坚持创新在我国现代化建设全局中的核心地位，把科技自立自强作为国家发展的战略支撑"的号召。基于此，2019年1月深圳市委六届十一次全会上，深圳市政府正式提出了完善后的全过程创新生态链——基础研究+技术攻关+成果产业化+科技金融+人才支撑。

全过程创新生态链的构建一方面可看作"以科技自立自强支撑高质量发展"的深圳行动方案，另一方面，它也是基于党的十八大以来深圳科技创新生态体系构建之路在新形势下的延续。其标志着深圳决心对各类创新要素提优补缺，促进各类创新链条的有机融合，迈向全球产业链和价值链的最高端。

全过程创新生态链的第一要义是发挥其整体效应，即通过强化创新链路与优化创新环境提升深圳科技创新自主能力，实现深圳高质量可持续性发展。在汇聚大量相关创新主体（包括企业、政府、高等院校、科研机构、科技中介、科技人才等）基础上，通过知识、技术、政策、资金、人才等创新要素的多重配合，实现五个链环的协同，以不断提高深圳的创新适宜度与创新生态位（见图1-5）。

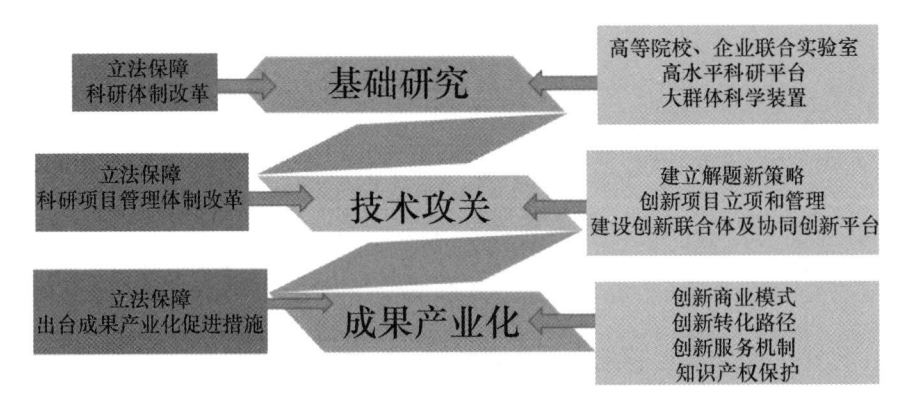

图1-5 全过程创新生态链的主体链

从创新形态来看，全过程创新生态链体现为多重网络共生式发展。其成败关键在于如何打通各类创新相关链路（如创新链、科研链、技术链、产业链、供应链、数据链、价值链、资金链、金融链、技术链、服务链、人才链、文化链等），其目标在于五大关键链环既形成闭环，实现自主创新；又具有较强的延展外拓性，实现引领创新。

通过以上梳理可知，全过程创新生态链构建之路的本质是深圳探索经济发展的"创新驱动"之路，是继"市场改革驱动"与"产业升级驱"之后的又一次飞跃。虽然不同时期，深圳创新生态构建的侧重点略有不同，但以强化创新链关键节点提升整体创新生态位，以优化创新生态促进创新效益的逻辑不变。因此，全过程创新链的提出具有坚实的实践基础，其构建之路发轫于危机之下，锤炼于这十年的锐意探索之上，必将成就于未来的挑战之中。

第三节 全过程创新生态链的意涵探析

深圳全过程创新生态链，是深圳过去几十年的创新经验、创新模式的集大成与升级，更是深圳应对新形势、新挑战的"利器"。从根本特征来看，全过程创新生态链既充满活力又自主可控，具体体现为链环完备性下创新生态的可持续、链环韧性下创新生态的强竞争力、链环平顺性下创新生态的功耗降低、链环可延性下创新生态的外拓兼容。从基本原则来看，深圳构建全过程创新生态链应遵循"市场有效"与"政府有为"并重原则、"创新链"与"产业链"并行发展原则、"自立自强"与"开放合作"并举原则。

一 全过程创新生态链基本特征

（一）链环完备性下创新生态的可持续

创新生态的可持续在很大程度上依赖于生态链的完整性。生态链内的各个链环都至关重要，缺一不可，这种重要性不仅体现在自身的不可替代性方面，也体现在该链环对其他链环所具有的关键支撑作用方面。链环完备的真正意义在于各要素以一定的方式和规律组织成一个内部相互联系、相互制约的有机系统，并且该系统发挥出来的整体功能要远大于各要素机械相加的总和。在全过程创新生态链中，创新活动不是由单一的要素或单一的独立链环进行的，而是整条创新链内部不同链环、不同主体、不同环境等宏观或微观的各类要素之间的相互协作。创新生态链环彼此之间通过信息流、资金流和物质流等互相作用，推动知识进化、技术进化、产品进化，最终推动区域整体创新能力的提升。这里也要强调，全过程创新生态链中的"全"并不意味着深圳应当事无巨细地掌握所有大小环节，而是要抓住和把握关键的、主要的环节。因为"链"的概念本身就是强调创新过程存在关键节点的含义，所以必须首先对这些重要抓手查缺补齐。

我们以基础研究为例，基础研究被放在深圳全过程创新生态链的首位，正是因为深圳在基础研究这一链环起步较晚，早期投入不够，存在明显缺失，以至于原始创新后劲乏力。深圳当前面临的诸多"卡脖子"问题，究其根本，还是"卡"在了基础研究上。因此，深圳在相当一个时期内，都要认真补齐基础研究这一短板，只有夯实全过程创新生态链的源头节点，才能为整体创新生态带来持久动力。

(二) 链环韧性下创新生态的强竞争力

全过程创新生态链的各个链环不仅要完备，还要有韧性，只有各个链环自身强壮并紧密连接，才能提高整体的竞争力。每一个链环都应当有冗余设计，有底线思维，能承受相当大的外来压力与冲击，进而保持整条链的稳定、平衡与持续发展。一条完整的全过程创新生态链，首先是一个自发组织的生态体系，其自组织性与耦合性保证了基本的生态强韧性。但当创新生态链在外界环境发生改变，甚至遭到冲击时，系统会产生过载或断链的风险，这就需要有针对性地对薄弱环节注入额外资源进行强化，以避免系统崩塌。一个创新生态链是否有竞争力，除了内部活力与产出效益，最重要的就是能否具有足够的韧性对抗外界风险扰动，否则很难穿越系统间的长程博弈。

具体到深圳当前的创新生态，在基础研究方面，深圳需加强系统部署与前瞻布局，加大投入力度，加快载体建设，固本培元，为原始创新力的提高筑牢根基；在技术攻关方面，深圳需依托于产业链的升级，以及创新主体的协同攻关机制优化，凝神聚力，早日在关键核心技术方面形成更多突破；在成果产业化方面，深圳需继续探索高等院校、科研机构、企业组成的新型转化平台模式，为实现阶段性的科技成果提供技术概念验证、商业化开发等服务，畅通其转化渠道；在科技金融方面，必须承认与发达国家有不小差距。既要充分发挥其催化杠杆的作用，又要避免投机过度、风险放大，在活性与安全性间找到平衡点是金融链环韧性的保证。在人才支撑方面，深圳需创新引才方式，在加速高层次科技人才汇聚于深圳的基础上，有效增强对科创人才的"黏着力"，从而加强人才链环的韧性。

只有各个链环在增强自身"硬核"实力的基础上，才能提高整体创新链条的韧性,并带来规模效应。加强韧性,避免各链环被"卡脖子"或产生系统性风险,将是未来一个时期深圳构建全过程创新生态链的主要任务。

(三)链环平顺性下创新生态功耗降低

创新生态链的功耗高低主要取决于链环间的要素流动与协同机制是否顺畅。简要来讲,通过顶层设计、系统规划与机制优化,各链环协同共生、连接平顺,技术、资金与人才等要素在生态链上流转顺畅、损耗降低。相关研究表明,要素流动水平对区域经济增长具有显著的正向影响效应。

深圳全过程创新生态链的五个链环是按照功能进行划分的,而技术、信息、资金与人才这些创新要素往往是流动贯穿于各个链环中的。比如科技人才在高校做科研,属于基础研究链环;但科技人才与企业联合做技术攻关,如出来创业,就有可能涉及成果转化与科技金融链环了。与人才要素类似,知识、信息、技术与资金要素都是在创新生态链内流动激荡,总体来讲,这些要素越是流动无碍,就越有机会融合化反,跨界裂变,释放创新能量。因此,链接机制是否平顺,要素流动成本是否适当,是一个创新生态链能否实现协同创新效应的关键。

以深圳成果产业化链环为例,其基本功能就是实现科研技术产出与商业应用场景的有效对接,其重点就在于如何将技术要素与信息要素、资金要素更快捷高效地结合在一起。循此思路,在实践中,无论是鼓励高校建设转化平台,还是打造综合转化基地;无论是壮大成果转化中介规模,还是设立科技成果交易平台,其本质都是减少要素流动的中间环节,是降低要素结合的中间成本。对于整个创新生态链发展也是如此,只有"平顺畅通",才能促进创新。

(四)链环可延性下创新生态的外拓兼容

外拓兼容即强调整体创新生态的开放包容性,各链环有与其他生态的对接,吸纳整合外界资源的强大能力。任何一个封闭的系统都难以持续,创新生态系统更需要开放[1]。创新生态内外必须进行

---

[1] 李万等:《创新3.0与创新生态系统》,《科学学研究》2014年第12期。

信息、物质、资金、人才和知识的交流与分享，才能不断提升其整体创新能力。一个封闭的链条必然会丧失对外部环境的感知能力，也必然会导致内部系统活力的逐渐丧失，最终使整个体系僵化落后。

在产业链、创新链全球配置的当下，深圳的全过程创新生态链不可能孤立存在。全过程创新生态链既是一个闭环，链条完整，能够自主创新；同时，它又是一个开放的生态，外拓兼容，能够辐射引领。创新链的延展性，一是表现在能够不断吸纳整合国内外创新要素，强化自身的基础研究与技术开发等能力；二是可向外拓展市场、提供服务与推广标准等，发挥开放引领与辐射带动作用。

在实践中，无论是基础研究还是技术攻关环节，深圳都需要充分利用新型举国体制，借助综合性国家科学中心等大型平台建设，聚合顶尖科研资源，凝神聚力，攻坚克难。在成果产业化链环方面，深圳一方面加强本土科技成果的产出；另一方面充分利用深圳成果转化市场活跃的优势，将产业化链环的后端延伸至其他城市，甚至海外。对于科技金融与人才支撑链环而言，更是应该抓住资金与人才的高流动性，加强对国际金融与人才市场的参与、合作与开发能力。简言之，全过程创新生态链的构建不仅要求对本地资源进行协同开发，更需要链条外拓、资源广纳与破界融合，最终实现本土创新生态链的能级跃升。

二 深圳构建全过程创新生态链的基本原则

（一）有效市场与有为政府并重原则

乔治·戴、保罗·休梅克曾提出，科学是"知道什么"，技术是"知道如何做"，市场和商业则是"知道在哪里""知道什么人"。市场在创新中的主导作用主要表现在价格引导资源配置和竞争激发创新突破。科技创新需要充分借助市场内在的责权利界定、分工合作和竞争互促的机制去更有效地利用资源和更好地配置风险。在经济全球化和市场经济时代，市场有着冲出本企业界限、本行业界限、本地区界限以及本国界限的天然本能，所以市场机制有利于各创新要素最大限度跨时间和跨空间地聚集起来并作用于全过程创新生态链的打造和完善。

创新还需要现代型企业发挥巨大作用，需要规模化的经济发展循环做支撑，需要大量组织与个人的合作、协调、竞争，而且往往涉及资本和金融的深度介入。企业的科技创新与成果产业化是一种市场导向的盈利行为，科研机构和大学无疑是科学技术知识创新的主力军，但企业较之科研院所有更强的市场敏感性和盈利动机去发现新技术的商业用途。企业通过"产品创新"、生产工艺和生产流程的"过程创新"和"商业模式创新"来实现科技成果的最终转化。企业在创新网络中扮演着核心节点的角色并成为推动科技成果转化的主导力量，产学研相结合就是指企业作为贯穿创新生态链的核心在创新的发展过程中与大学、科研机构等链接成为一个互补性的全过程创新生态链。这个链当中的链环或者子链节越多，越有利于实现创新的开发、互补与扩散。

因此，建立以企业为主体、市场为导向、产学研深度融合的技术创新体系是构建全过程创新生态链的首要原则。但市场也不是万能的，在提供公共产品时也经常会出现市场失灵现象，而科技创新对于经济社会发展的正外部性突出，因此恰当发挥政府在创新中托底、组织与补充的作用也非常关键。政府并非创新主体，但却是推动全过程创新生态链的重要力量。

首先，政府通过规则、规范、信念和组织等制度要素的结构化建立与完善科技创新的制度体系，营造一个尊重知识产权和鼓励创新的社会制度环境。我国正处于百年未有之大变局时期，政府在体制改革和制度建设方面具有不可替代的作用。深圳全过程创新生态链的构建和完善，离不开深圳的整体社会制度环境的支持。其次，政府对科技创新活动进行直接或间接的资金支持，实行"政策性金融"，支持创新活动。直接金融配置，即财政资金通过国家科技计划、知识创新工程和自然科学基金项目等支持科研院所的基础研究、前沿技术研究、社会公益研究、重大共性关键技术研究等；间接金融配置则是指财政资金与市场基础性作用结合起来支持科技成果转化。深圳应在外部性和社会效益较大的创新领域，如基础研究、前沿技术、社会公益研究、重大共性关键技术研究等领域适当加大投入。最后，政府可通过加强创新基础设施建设，发挥全过程创新生态链中的基台作用。政府支持的创新基础设施有科技基础设施、信息基础设施、公共服务平台等，如建设孵化园、科技金融服务中心等，可扩大企业的创新融资渠道，扶持中小型企业创新创业，为企业创新提供技术、标准和质量检测等各方面的服务，促进多元创新主体的协同对接。

综上，鉴于现代科技创新活动的要素需求密集性与协同复杂性，只有有效市场与有为政府并重，才能保证创新的不竭动力与持久活力。当然，如何处理好创新中的政府与市场关系，是个需要不断在实践中调适与检验的问题，以下结合深圳全过程创新生态链具体链环建设中二者的协作进行简单解析。

基础研究作为全过程创新生态链的第一环，投入大，周期长，高层次人才密集，市场驱动属性较弱。而且深圳基础研究领域起步较晚，底子单薄，虽经近十几年发力追赶，在高校、科研院所与重大科研基础设施方面有所突破，但与"原始创新策源地"的定位有相当距离。因此，未来一个时期，深圳政府仍需在基础研究凝神静气，持续发力。需要强调的是，这并不意味着基础研究链环完全排除市场机制，事实是，政府对基础研究起到主投资人的作用后，在具体的项目、资金与人才管理方面还需善用市场激励评价机制，取得效率与效益的平衡。

由于全球科技竞争激烈，关键核心技术攻关的"高壁垒、跨领域、长周期"特征愈加凸显，对其进行战略干预，已成为各个国家科技战略制定和科技政策执行的默认共识。例如美国政府就通过"曼哈顿计划""半导体联盟战略""信息高速公路规划""人工智能战略"等项目实施，获得技术优势。因此，在当前部分核心技术被"卡脖子"的困境下，如何更好地发挥新型举国体制优势，多元主体协同攻关，成为突破的关键。同样需要强调的是，技术攻关链环是以高科技企业为创新主体的，虽然需要政府起到组织、引导与"托底"等作用，帮助企业穿越谷底，但政府不能替代企业，无论是攻关方向、技术路线还是伙伴关系都还是要由企业决定。例如，在政府的牵头下，"头部企业组建技术联盟，分工合作，联合攻关"是一个被国际经验证明的有效模式，但需谨记的是，联盟内的资金投入、技术共享与利益分配都应该遵循市场机制，协商制定，合理安排，这样才能充分激发每个企业的创新潜能。也只有保证企业的主体性，才能避免市场信号失真和资源要素错配。

成果产业化、科技金融与人才支撑三个链环运转流畅的关键就是技术、资金与人才要素的流动与融合，市场在其配置中应起到决定性作用。深圳作为经济特区，在市场化改革中有先发优势，未来这三个链环仍需革新体制机制，以市场效益为指挥棒，促使技术、资金与人才融合激荡，迸发出更强的创新能力。同样，三个链环作为创新公地时，也会出现市场失灵现象。例如，深圳被誉为创业者的乐土，但一些有核心技术的创新创业者，由于自身获得资源加持能力弱，而企业初创阶段的风险又是如此之高。对此，政府可主导设立一些类天使母基金平台，对一些"高精尖缺"的新型企业进行孵化培育，起到"有为政府"的作用。

综上，以"政府有为"带动"市场有效"是构建全过程创新生态链的首要原则，深圳作为经济特区，也理应在"建立以企业为主体、市场为导向、产学研深度融合的科技创新体系中，如何处理好政府和市场的关系"这一课题上，发挥好先行示范作用。

（二）创新链与产业链并行发展原则

深圳的创新链是牢牢根植于产业链基础上的。特别是从20世纪90年代中期开始，深圳不断向产业高端冲击，大力发展技术密集型产业，驱动科技创新能力快速提升。可以说深圳"创新之都"地位正是由"电子之都""手机之都""通信之都"托举奠定，因此，在全过程创新生态链构建过程中，"创新链与产业链深度融合"的原则不能丢。

全过程创新生态链必须以原始创新力全面提升为目标，为深圳产业链安全与升级提供持久动力。当前我国正由要素驱动的制造业大国向由创新驱动的科技强国转变，核心特征是从依靠土地、劳动、资本等"有型要素"转向依靠自主创新能力的提升。改革开放40多年来，深圳的经济发展潜能得到空前释放，但也面临土地、空间、人口承载力不足，发展瓶颈突出的问题，必须依靠科技创新提高生产效率和经济效益。但问题的关键在于，之前行之有效的跟随性创新战略难以为继。一方面是美国不惜制造全球供应链危机，也要截断中国的技术进阶之路；另一方面，中国部分产业已处于全球领先地位，如5G领域，只能自我超越。所以，原始创新能力提升注定是一条艰辛之路，但深圳必须坚持创新链与产业链深度融合，基础研究与应用型基础研究都必须要嵌入产业发展中去，守正笃实，久久为功。唯有如此，深圳经济的高质量发展才能建立在长期稳定的基础之上。

全过程创新生态链的完善也必须以产业结构的进一步优化升级为依托。深圳前期的产业结构升级较为成功，高科技产业已成为深圳支柱型产业，但也存在着部分关键产业薄弱、容易断链的风险。以集成电路产业链为例，其上游有EDA/IP（电子设计自动化）、装备、材料，中游有设计、制造、封测，下游有整机生产、分销、终端应用。其中，设计、制造、封测为产业链核心环节。作为我国半导体与集成电路产业重要的设计中心、应用中心和集散中心，深圳集成电路产业长期以来在封测、制造环节相对薄弱，成为制约产业整体向前发展的短板。2022年6月，深圳市政府正式发布了《深圳市人民政府关于发展壮大战略性新兴产业集群和培育发展未来产业的意见》，其中就提出要将半导体与集成电路作为重点产业集群。新政策的发布与实施正是要弥补深圳集成电路产业链的薄弱环节，促进设计、制造、封测均衡发展的全新发展阶段，加强集成电路产业链相关企业的集聚，完善全产业链生态体系，抢占产业制高点。除了加强关键产业的薄弱链条，深圳还需针对部分产业较为低端的问题，向价值链"微笑曲线"两端发力，从加工制造向服务营销和研发设计两个价值链高点移动，从模仿型的低成本优势向高盈利、高附加值的质量优势转变，构筑自身在全球竞争中的新优势。一方面，深圳要通过对传统产业的改造升级实现产业结构的"突围"，加快培育高科技新兴产业。经济新动能的形成，既体现在以全要素生产率提升为标志的传统制造业转型升级上，也体现在以打造自主创新能力体系为主导的战略性新兴产业的培育壮大上。深圳应瞄准技术前沿，加快集聚一批高能级创新要素，沿着价值链进行产业转型升级，加速新旧动能接续转换，推动产业层级迈向更高端。另一方面，深圳还应推动制造业的数字化和服务化转型。深圳运用数字技术改造传统制造业，打造协同制造平台，通过产业链集聚、网络化协作，有力地提升数字制造和智能制造水平，弥补单一企业的资源短板，实现数据信息畅通、供需产能对接、生产过程协同。这也有利于打通全过程创新生态链的各个环节，强化五大链环间的合作，推动各大链条间的深度融合，提升全过程创新生态链的整体水平。

总之，以原始创新能力赋能产业链向高端进阶，以整体产业结构转型升级支撑创新链优化完善，并行驱动，是深圳实现高质量发展的必由之路。

（三）自立自强与开放合作并举原则

习近平总书记强调中国高度重视科技创新，致力于推动全球科技创新协作，将以更加开放的态度加强国际科技交流，积极参与全球创新网络，共同推进基础研究，推动科技成果转化，培育经济发展新动能，完善全球科技治理。这为深圳积极参与全球创新网络、营造一流创新生态、通过科技创新应对时代挑战提供了根本遵循。必须强调，深圳打造全过程创新生态链并不是闭门造车，而是积极"走出去"，深度参与和融入全球创新网络（见图1－6）。深圳可通过搭建世界级先进技术应用推广平台等切实举措，吸引国内外前沿技术创新成果和高端创新要素汇聚于深圳，从而进一步改善生产要素质量和配置水平，持续增强深圳在全球产业链、供应链、创新链上的影响力和话语权，进而推动整个粤港澳大湾区在国家科技自立自强方面发挥更突出的作用。

改革开放是深圳这座城市的基因。事实上，深圳在全过程创新生态链的构建中，从不敢忘记以高水平对外开放促进国内市场持续强大的使命责任。深圳提出以"五力"（创新引领力、创新应试力、创新驱动力、创新支撑力、创新原动力）打造"五地"（原始创新策源地、关键核心技术发源地、科技成果产业化最佳地、科技金融深度融合地、全球一流科技创新人才向往集聚地）正是以"建设具有全球影响力的科技和产业创新高地"为终极目标。

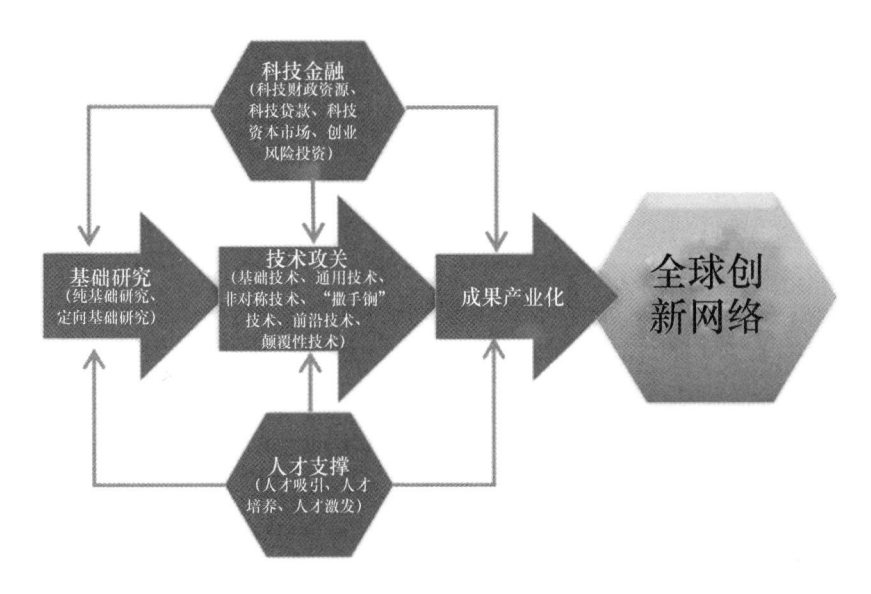

图 1-6　融入全球创新网络的全过程创新生态链

"科技自立自强"是在"双循环"发展新格局下采取的一种自主创新发展新战略。深圳要想在科技自立自强的背景下构建全过程创新生态链，就必须把实现科技自立自强与对外开放合作结合起来，将深度融入全球创新网络作为巩固和提升国际竞争主动权、话语权的重要战略途径。深圳应该顺应经济科技全球化发展的大趋势，充分发挥粤港澳大湾区在"一带一路"建设中的战略地位和港澳"超级联系人"的独特功能，打造国家开放创新的战略支点。只有这样，深圳才能有效应对国际科技封锁，深度融入全球创新治理，提升全球创新资源配置能力，提高创新合作层次和水平，增强国际科技话语权。深圳需要世界，而世界也需要深圳。为提升在全球创新网络中的关键纽带地位和实现国际创新中心的宏伟目标，深圳必须强化自身的原创力和引领力，提升对外辐射能力，向世界输出技术标准，进一步探索科技开放合作新模式和新途径，积极参与国际经济、产业竞争与合作，主动对接国际高端人才、先进技术、资本和研发资源，打造基础研究、应用基础研究、成果产业化等领域的全球创新共同体与发展高地，成为我国参与国际竞争的"先锋队"。

总之，科技自立自强与开放合作创新是辩证统一的关系，实现科技自立自强，必须汲取开放合作之力；在百年未有之大变局下，也只有在原始创新力支撑下，才能形成更高水平对外开放格局。

第二章 深圳全过程创新生态链的引领力
——基础研究

基础研究是整个现代创新体系的源头，是一切技术问题的总开关，关乎一个国家或城市的源头创新能力和科技自立自强根基。深圳作为全球创新版图上的重要一极，打造全球标杆创新城市的前提即拥有世界一流的基础研究水平，这也是深圳有力应对"重大战略机遇期"和"重大风险叠加期"的必然选择。基础研究作为深圳全过程创新生态链的第一环，是打开整体创新链条的密码。通过夯实基础研究之根，把源头和底层的问题搞清楚，"卡脖子"或"掉链子"的风险才会逐渐消失，潜在的技术创新才可能"枝繁叶茂"，全过程创新生态链的引领力才能不断提升。同时，通过加大应用基础研究的力度来疏通"科研—产业—转化"这条可持续发展的创新生态链，形成科研攻关"一盘棋"格局，求得全过程创新链的最优解。事实证明，只有解决了基础研究这一"从0到1"的根本问题，才能产生"一生二，二生三，三生万物"的连锁反应。

本章将首先厘清基础研究的内涵与特征，指出其在全过程创新生态链上的引领作用，对所涉构成要素进行解析，为进一步的探讨提供概念共识和理论基础。改革开放以来，深圳一直遵循市场导向性的科技创新发展模式，企业在科技创新方面扮演着重要的角色，而基础研究作为全过程创新生态链的第一环，在过去相对薄弱。因此，深圳在基础研究方面经历了从积贫积弱到发力追赶再到重点推进的不断进阶过程，为今后的基础研究工作积蓄了现实力量。从现实意义来看，加强基础研究对于深圳实现经济高质量发展、打造全球标杆创新城市、有效应对全球科技创新竞争"极化"问题起到至关重要的作用。尤其是近十年来，由于内外部双重压力的推动，深圳在基础研究方面奋力直追，在资金投入、载体建设、体制变革、人才集聚方面付出了巨大努力，致力于筑牢基础研究这一链环的底座，为全过程创新生态链提供引领作用。需要强调的是，与"打造原始创新策源地"的远景目标对照来看，基础研究的投入力度和精度仍然不足，基础研究的"硬条件"需进一步夯实，"软环境"也需进一步优化，其整体水平与基础研究发达国家相比还有较大差距。因此，本章最后一节对美、日、德三国发展基础研究的经验进行总结，为深圳对基础研究工作进一步做出系统性谋划提供经验借鉴。

第一节 基础研究链环的理论探讨与构成要素

一 基础研究的概念界定及其现实需求

基础研究的相关理论探讨主要集中在基础研究的内涵与特征，基础研究在整体创新生态链中的引领作用，基础研究的构成要素等方面。

（一）基础研究的内涵与特征

一方面，基础研究的内涵。追溯历史可知，基础研究是第二次世界大战之后逐渐强化的一个概念。第二次世界大战后，美国等西方国家进一步认识到基础科学研究对于一个国家的国防安全和经济社会发展的重要作用。1945年，万尼瓦尔·布什发布《科学——没有止境的前沿》，这一报告直接促使美国成立国家科学基金会（NSF）来支持美国的基础研究工作。此后，世界各国纷纷加强对基础研究的投入与探索，并对基础研究的内涵与外延展开持续性讨论。中国国家统计局、经济合作与发展组织（OECD）的《弗拉斯卡蒂手册》和联合国教科文组织（UNESCO）的《科学技术统计指南》对基础研究做出的定义基本一致（见表2-1）。研究与试验发展活动一般分为三类，分别为基础研究、应用研究和试验发展。其中，基础研究是为获得关于客观现象和可观察事实的基本原理所进行的实验性或理论性工作，不以任何专门的或具体的应用或使用为目的。应用研究是为获得新知识而开展的独创性研究，主要是为了达到某一特定的实际目标。试验发展是运用基础研究和应用研究及实验的知识，为了推广新材料、新产品、新设计、新工艺和新方法，或为了对现有样机和中间生产进行重大改进的系统的创造性活动。[1][2] 包云岗认为过去十几年国外理论界对基础研究的定义主要分两种，其一是 Vannevar Bush 线性模型下基础研究的作用是产生知识，不需要考虑和具体技术的关系；其二是 Donald E. Stokes 通过四个象限来定义不同的研究类型，把基础研究分为纯粹基础研究（玻尔象限）与"由应用驱动的"基础研究（巴斯德象限）。[3] Aghion 等基于研发驱动增长理论，将研发活动划分为基础研究和应用研究两种。[4]

表2-1　　　　　　　　　　基础研究定义

来源	定义	分类
《弗拉斯卡蒂手册》	研究与试验发展（R&D）是指为增加知识存量（也包括有关人类、文化和社会的知识）以及设计已有知识的新应用而进行的创造性、系统性工作	基础研究是指一种不预设任何特定应用或使用目的的实验性或理论性工作，其主要目的是为获得（已发生）现象和可观察实施的基本原理、规律和新知识
		应用研究是指为获取新知识，达到某一特定的实际目的或目标而开展的初始性研究。应用研究是为了确定基础研究成果的可能用途，或确定实现特定和预定目标的新方法
		试验发展指利用从科学研究、实际经验中获取的知识和研究过程中产生的其他知识，开发新的产品、工艺或改进现有产品、工艺而进行的系统性研究

---

[1] 李静海：《抓住机遇推进基础研究高质量发展》，http://www.npc.gov.cn/npc/c35574/201904/efe09bfd916b4452ae6ce60741be41f1.shtml，2022年1月20日。

[2] 综合开发研究院：《"持之以恒加强基础研究"深圳怎么做？》，https://baijiahao.baidu.com/s?id=1677783027731018123&wfr=spider&for=pc，2022年1月20日。

[3] 包云岗：《"把问题底层原理搞清楚"就是基础研究》，《中国科学报》2021年10月25日第2版。

[4] Aghion P., Howitt P., "Research and Development in the Growth Process", *Journal of Economic Growth*, No.1, 1996, pp.49-73.

续表

来源	定义	分类
《科学技术统计指南》	研究与试验发展（R&D）是指为了增加知识储量而在系统的基础上进行的创造性工作，包括有关人类、文化和社会的知识，以及利用这些知识储备来设计新的应用	基础研究是一种实验性或理论性的工作，主要是为了获取关于现象和可观察实施的基本原理的新知识，它不以任何特定的应用或使用为目的
		应用研究是为了获取新知识而进行的创造性研究，但它主要针对某一特定的实际目的或目标
		试验发展是利用从科学研究和实际经验中获得的现有知识，为生产新的材料、产品和设备，建立新的工艺、系统和服务，或为对已产生和已建立的上述各项进行实质性改进，而进行的系统性工作

另一方面，基础研究的特点。吕红星认为新工业革命的发展催生了基础研究，基础研究呈现五个不同于以往历史发展的新特点：跨学科创新空前重要，"第四范式"数据驱动的科学研究兴起，重大科技基础设施的支持作用突出，政府、产业、大学和研究机构的加速整合，以及在一些基础科学问题上实现重大突破。[①] 施嵘等认为基础研究的突出特征即开拓性、探索性和当代性。[②] 张景勇认为随着科学技术的飞速发展，当代基础研究不仅具有探索性、创造性和继承性的基本特征，而且呈现鲜明的时代特征：不同学科之间的交叉、渗透和融合的趋势越来越大。[③] 叶玉江则认为基础研究具有灵感瞬间性、方式随意性、路径不确定性等特点。[④]

(二) 深圳发展基础研究的现实要求

1. 深圳实现经济高质量发展需要原创性基础研究的有力支撑

实践过程证明，高质量发展离不开科技和产业的联动作用。但

---

① 吕红星：《中国科学院副院长、中国科学院院士高鸿钧：新工业革命推动基础研究呈现五个新特征》，《中国经济时报》2021年9月28日第1版。
② 施嵘、姜田、徐夕生：《关于"基础研究"的探讨》，《中国高校科技》2017年第8期。
③ 张景勇：《基础研究及其特点》，http://www.sina.com.cn，2022年1月22日。
④ 叶玉江：《持之以恒加强基础研究 夯实科技自立自强根基》，《中国科学院院刊》2022年第5期。

从科技与产业的联动来看，我们屡屡在核心技术方面被"卡脖子"的主要原因之一即基础研究能力的不足，这也成为高质量发展阶段牵制深圳快速发展的主要因素之一。唯有提高原始创新能力，才能为经济高质量发展提供内生原动力。因此，深圳必须正视其在基础研究及尖端科研人才方面的短板，提出有针对性的解决对策，从而更好地实现经济高质量发展，发挥深圳在粤港澳大湾区中的核心引擎作用。《中共中央　国务院关于支持深圳建设中国特色社会主义先行示范区的意见》指出，深圳应加强基础研究和应用基础研究，实施关键核心技术攻坚行动。到2025年，深圳的经济实力和发展质量将跻身世界顶尖城市之列，研发投入强度和产业创新能力将达到世界一流水平。《加强"从0到1"基础研究工作方案》首次明确提出建设深圳综合性国家科学中心，并指出要加大基础研究投入力度，加强基础研究能力建设。此外，《深圳市科技创新"十四五"规划》也明确提出要加快构建国家战略科技力量，加快推进重大科学问题的解决，实现技术领先、安全和自主控制。在一系列政策的支持下，基础研究的重要性被提到前所未有的战略高度。只有牢牢牵住基础研究这一"牛鼻子"，才能为深圳实现经济高质量发展、抵御国内外风险挑战提供有力支撑。

2. 打造全球标杆创新城市必须要有一流的基础研究能力支撑

从城市定位来看，全球标杆创新城市一般都是基础研究实力较强的城市，一般都承载着国家科技创新的使命。建设以全球创新中心为核心目标的科技发达城市，往往拥有大量的科技资源和较强的基础研究能力，其中基础研究投入在研发投资中的比例一般为15%—25%。例如，在21世纪初的纽约，基础研究投入在研发投资中的比例达到了18%左右。联邦和州政府在纽约共同实施了超级中心建设计划、战略学术研究中心计划和高级研究中心计划等，大大提高了当地研究机构的装备水平和研究能力。此外，伦敦的基础研究投入比例高达25%，新加坡的基础研究投入占比也达到了20%左右。建设全球标杆创新城市是深圳建设中国特色社会主义先行示范区的重要目标，但我们应该清醒地认识到，当前的深圳与全球创新标杆城市相比仍然存在基础研究投入不足、原始创新能力相对滞后等实质性难题。如中美贸易摩擦以来，美国对华为公司进行全面封锁，导致华为"芯片断供"。虽然华为前几年开始布局基础研究，启动了"备胎计划"应对此次封锁，但始终无法解决"EUV光刻机技术"这一基础研究难题。在新的发展阶段，深圳必须坚定不移地实施创新驱动发展战略，加强国家重点实验室、全球新型研发机构等基础研究平台建设，努力巩固基础研究的硬条件，提升基础研究的"软环境"。基础研究的发展既要服务于国家和地区发展大局，又要结合自身的发展优势和需求。既要坚持近期"解决问题"与长期"战略部署"相结合，还要分阶段推进各类基础研究，推动深圳基础研究水平达到世界一流水平。

3. 全球科技创新竞争"极化"倒逼深圳超常规发展基础研究

新一轮科技革命和产业变革的迅猛发展，正在引发经济社会的整体深刻变革。全球科技创新竞争正逐步延伸到应用研究、基础研究等前沿环节。随着科学研究的逐步深入，科研工具和手段越来越"极化"，重要平台和关键工具的作用越来越突出，越来越成为科技进步和创新的关键基础支撑条件。以中美贸易摩擦为标志的技术封锁和以新冠肺炎疫情为代表的重大公共危机等"黑天鹅"事件频频发生，一个多节点、多中心、多层次的全球创新网络正在形成，迫切需要加快构建自主、安全、可控的科技创新体系[1]。自深圳市第六次党代会以来，创新体系实现了历史性变革和系统性重构，基础研究的强劲驱动力是一个重要因素。当前，国际科技和经济竞争日趋激烈。只有继续巩固基础研究，才能有效解决"卡脖子"难题，牢牢掌握保障民生和科技竞争的主动权。特别是进入高质量发展阶段，基础研究已成为深圳实现高水平科技自立自强的关键痛点。对此，深圳需落实基础研究夯基行动，提升原始创新引领力，打造原始创新策源地。这不仅是全球科技创新竞争日趋激烈之势倒逼深圳的突围战略，也是深圳建设中国特色社会主义示范区的重要任务。

---

[1] 综合开发研究院：《"持之以恒加强基础研究"深圳怎么做？》，https://baijiahao.baidu.com/s?id=1677783027731018123&wfr=spider&for=pc，2022年1月23日。

二 基础研究生态链环的构成要素

基础研究是一个庞大而复杂的创新系统,是资金、科研人才、管理体制、创新载体等多个要素共同发挥作用的结果(见图2-1)。通过各种创新要素的有效配置和创新主体的协同互动,基础研究工作得以保障。当然,基础研究工作的顺利开展也需要建立相互配套的法律、政策体系和分工明确的科研体系,以及促进基础研究转化为原始创新能力的体制机制。

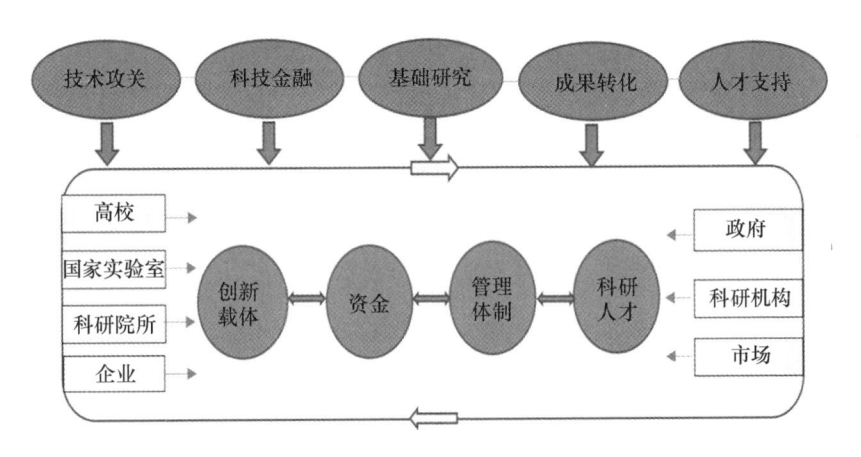

图2-1 基础研究生态链环的构成要素

(一)资金

基础研究是一项长期工程,需要长期稳定的资金支持。当前,我国基础研究的资金来源主要是依靠国家和地方政府通过各种科研资金和计划等形式进行财政拨款,渠道较为单一。因此,一方面要拓宽基础研究的投入渠道,除中央与地方政府稳定投入之外,积极动员企业和市场等各类创新主体的主动性,为基础研究工作提供资金支持。另一方面则要改进国家在科学研究领域投资的监督机制和科研评价机制,以进一步提高研究质量和科研资金利用效益,增强原始创新能力。

(二)科研人才

基础研究是所有学科的基石,基础研究人才则是基础研究创新的源泉。创新型基础研究人才和团队是科技强国的力量源泉。发展基础研究，培养基础研究人才，要牢牢把握"以人为本"这条主线，把人才增长规律作为最大的参数。首先，要明确基础研究人才不同于其他人才的特点，从人才创新规律出发，探索其培养的实践路径。其次，人才的评价和使用是根本问题。特别是对基础研究人员的评价不能唯成果论或唯论文论，否则将会迫使基础研究者过度关注短期获得的成果而难以进行持续性科学研究以实现突破性创新。要建立以质量为主的多维评价指标，加强基础科研诚信体系建设以营造风清气正的学术环境，引导研究人员心无旁骛地开展基础研究工作，培养一批具有国际水平的科学家。

（三）管理体制

依据基础研究的特殊性，其管理在资金支持、成果评估等方面形成不同于应用学科的模式机制。要以实事求是的态度总结基础研究的规律，使科学家在良好的科研环境和浓厚的学术氛围中充分发挥想象力，获取灵感，敢于创新。对于基础研究项目的产出成果应坚持直接产出与社会效果并举，且更倾向于后者；坚持近期效果与中长期效果并举，且更着眼长远；坚持数量与质量相结合，且更重视质量及其成果对于未来自主创新的推动作用。此外，还需依据基础研究项目的类别进行分类评价。对于自由探索类的基础研究项目成果以同行评议为主。重点评价其研究方向是否符合国家战略需求，其研究成果是否对于学科发展起推动作用，在基础科学和工程前沿是否有新的发现和突破等。对于国家战略目标导向的基础研究项目成果，除同行评议之外，还要重点评估对于最初目标的完成程度。同时对其进度进行持续跟踪，包括论文的被引用情况和成果的产业化应用情况等。

（四）创新载体

科技创新载体是指加快创新知识的创造、传递、聚集和转化的物质基础和必要条件，它是聚集创新要素、创新人才和科技成果转化的重要基地，其规模和质量直接关系到一个区域的整体创新实力。在某种意义上，科技创新载体的演化直接反映了创新生态系统的演化方向。

狭义上的创新载体包括重点实验室、工程实验室、重大基础设施、工程技术中心、公共技术服务平台、孵化器等。广义上的创新载体包括科研院所、高等院校、科技园区、创客中心等具有提供基础科研条件职能的组织，它们具有设计重大创新项目、承担科技研究任务、实施科技成果推广、服务大多数中小企业、培养创新人才等功能。例如，国家重点实验室是技术从假设和理论到科学实现转变的载体。工程技术中心是对具有重要应用前景的科研成果进行系统化、支持性和工程化研究的载体。科技园区和高新技术产业开发区是相对成熟的大规模生产技术的载体。

创新载体的根本功效就是将独特的创新资源汇聚、融合及转化。例如，公共技术服务平台汇集了某些技术和产品的研发、测试、实验和加工所需的专业人员、知识和设备等创新资源。科技园区、经济技术开发区和高新技术产业开发区汇集了各种辅助设施、配套设施和政策环境，用于将技术转化为大规模生产。工程技术中心、企业技术中心汇集了技术研发、中试人员、设备、知识和早期技术储备等创新资源。

现代科技发展依托于一些超大型科研设施，由于投资大，周期长且直接回报难以估算，往往私人资本不愿投资，只能通过各级政府的相应支持进行，这就非常考验地方政府的战略眼光和财政能力。重大科技基础设施已成为取得重大原创成果、突破关键核心技术、抢占科技竞争制高点的利器，也是国家综合实力和科技创新能力的重要标志。而且，国内外研究基地或团队也可以依托这些重大基础设施，共享和交流国内外信息、资源、技术和人员，充分发挥协同效应，加强国际合作，提高自身水平。因此，只有制订前瞻性计划和系统性安排，依托这些重大科技基础设施，推动我国基础研究和原始科学技术研究取得更大突破，才能够把握新科技革命和产业变革的实质。

综上所述，基础研究作为全过程创新生态链的首要一环，是一个不断优化的持久系统性工程，需要充分发挥生态圈整合功能，引导各类要素高效分配并向基础研究倾斜，形成基础研究的多元合力。同时，要注意基础研究的转化与应用，保障全过程创新生态链各个环节（科研—产业—转化）的循环畅通。本章以基础研究的主要构成要素展示为基础，探索改革开放以来深圳基础研究的积累过程、实践基础和相关成果，重点总结近十年深圳在基础研究方面的固本培元，探究深圳建设原始创新策源地目标的现实差距，并总结国外创新型发达国家的基础研究经验，为深圳拥有一流的基础研究能力提供借鉴做法。

第二节　深圳基础研究的积累过程

改革开放40多年来，深圳科技创新与传统的"S－T－E－M"（科技、技术、工程和市场）的线性模式不同，采用了以市场为导向的科技创新发展模式（即"M－E－T－S"）。这一发展模式对深圳高科技产业的快速崛起至关重要，深圳也一直坚持市场化发展原则，产业技术创新能力突出，但在基础科学研究方面相对滞后。需要强调的是，虽囿于初始条件限制，深圳在基础研究方面起步较晚，但后来奋起直追，整体呈现低开高走的趋势。特别是1978—2012年深圳在科技创新方面的进程为随后的发力于基础研究积蓄了一定的力量。

20世纪80年代之后，深圳在科技创新方面经历了从无到有再到强的变革，成为中国乃至世界科技创新的新星。但基础研究作为科技创新的重要组成部分，深圳自建市以来一直呈现疲弱被动的态势。从最初的空白薄弱到后来的发力追赶再到后期的重点推进，基础研究在各个阶段的特征与深圳经济发展动力的转变高度相关。

一　深圳建市初期基础研究的积贫积弱

深圳建市初期即1978—1992年，深圳以外来加工贸易立市，对于基础研究较少提及。"三来一补"企业发展所需的人才、技术和设备是"拿来主义"，高校和科研机构的数量几近为"零"，科技资源也处于"一穷二白"的状态。当然，也必须正确认识到，这是由深圳当时只是一个边陲小镇，前期工业和科技基础近乎零的客观事实所决定的。这一阶段深圳通过"三来一补"的积累,逐渐建立了大规模的生产和装配能力,这为深圳发展应用研究以支持产业进步奠定了基础。

伴随着产业战略转型,1985年深圳诞生第一所科技工业园,正式开启了工业现代化之路。深圳科技工业园是改革开放与全球新技术革命潮流相结合的产物,后来变成了深圳高新区。作为国家高新技术产品出口基地,深圳极大地促进了民营科技企业的创新和科技成果的产出。特别是华为和中兴通讯等一批高科技企业已经开始通过建立研发机构、与高校开展技术合作、异地建设研发中心等方式进行原始创新,为后来基础研究的载体建设奠定基础。但这一时期深圳的创新模式仍是跟随模仿式的,更多是加工制造环节的技术积累和劳动技能的初步积累,基础研究工作方面还乏善可陈。

在人才要素和载体建设方面。早期深圳凭借特区品牌、先发优势和优惠政策吸引国内外优秀人才来深,引发了"孔雀东南飞"现象。这一时期,深圳人才战略规划者也意识到了培养本土人才的重要性,并开始部署本土大学。1983,国家批准成立深圳大学,当年即招收了第一批本科生,后逐步形成了从学士、硕士到博士的完整人才培养体系和多层次的科研体系,建成了国家级、省级、市级实验室等多项创新成果培育载体,并申请到多项国家级自然科学基金项目。这也说明虽初始条件薄弱,但深圳对基础研究的重要性一直有着清醒的认知。

二 深圳基础研究发展的爬坡过坎阶段

20世纪90年代,党和政府洞察到基础研究与国家目标紧密结合已成为世界科技发展的一个显著趋势。1995年,基础研究的"国家目标"概念被写入中共中央、国务院《关于加速科学技术进步的决定》当中。此后,陆续颁布的一系列文件也强调加强基础研究与国家目标的衔接,着眼国家战略需要和国际科学前沿,重点支持国民经济、社会发展和国家安全的重大科学问题研究,加强应用基础研究。至此,基础研究在国家层面被提到前所未有的战略高度。

这一时期,深圳市政府根据国家的大政方针和自身经济发展及产业升级的现实需求，开始向以自主创新为主的"深圳创造"转变，启动对基础研究的载体布局。尤其是在邓小平"南方谈话"之后，深圳开启了市场化改革之路，在此过程中敏锐地感觉到基础研究是必须要补足的一环。由此，深圳通过出台相关政策文件、完善法律法规、优化创新环境、改革创新机制等，为深圳基础研究加强顶层设计、提供制度支撑。在基础研究载体建设方面，深圳以引进、合作和自创等方式，相继建立和引进了虚拟大学园、各类重点实验室、研究机构等。如1996年，当国家讨论科研院所改革时，深圳市政府和深圳清华大学研究院的联合建设，开启了中国科研机构的新探索。从此，深圳告别了没有大型科研院所的历史，逐步建成并拥有了实力雄厚的顶级科研院所，加速了科研成果的产业化。1998年，清华大学深圳国际研究生院成立了深圳电子设计自动化（EDA）和网络应用技术重点实验室，深圳大学成立了深圳现代通信和信息处理重点实验室。1999年，深圳建立虚拟大学园开放园区，这是中国第一个整合国内外机构资源，按照一园、多校、市立学校模式建设的创新产学研结合示范基地和企业孵化基地。2002年，当时深圳市最大、最完整、最有特色的"孵化器"——深港产学研基地正式投入使用。2003年，香港理工大学深圳研究院在深圳建立了重要的药物研究中心，在分子药理学建立了省部共建国家重点实验室培育基地研究中心。在此期间，深圳加强了对源头创新的支持和转化，依托科研院所建立了重点实验室和科技企业孵化基地，逐步形成了集工程中心、技术中心、重点实验室、孵化器等为一体的各类基础研究载体。

此外，深圳还依托高科技企业建设了多个创新载体，在应用基础研究方面有了自己的特色和突破。例如1996年，深圳市政府依托华为、中兴和华强集团，先后成立了国家宽带移动通信核心网工程技术研究中心、深圳市数字通信工程技术研究开发中心、华为技术有限公司技术中心等。华为还在俄罗斯设立了一个数学研究所，以吸引俄罗斯顶尖数学家参与华为的基础研究和开发。1999年10月，第一家中国国际高新技术成果交易会在深圳成功举办，吹响了深圳大力发展高新技术产业的冲锋号。从此，深圳走出了对"三来一补"模式的依赖，开启了科技创新驱动发展的新篇章。

基础研究更像"煲汤"，其成果产出需要长时间的积累和沉淀。这一爬坡过坎阶段，深圳在基础研究的架构搭建方面有所突破，但除了一些产业导向应用型成果，真正有重大影响力的基础研究成果还十分鲜见。总的来说，这一时期深圳本土基础研究与自我预期有所差距，横向而言也与北京、武汉等城市有相当差距。

三 深圳基础研究生态链环形态初具

进入21世纪，国际科技竞争日趋激烈，各国政府都把科技创新作为促进经济增长的核心点，我国对科技如何进一步发展也做出了一系列前瞻性规划。2006年1月，中共中央和国务院发布《关于实施科技规划和提高自主创新能力纲要》，提出我国科技发展应以增强国家竞争力为重点，把提高原始创新能力放在更加突出的位置。同年2月，国务院正式发布了《国家中长期科学技术发展规划纲要（2006—2020年）》，提出基础研究发展应坚持服务国家目标与鼓励自由探索相结合的原则，努力取得一批产生重大国际影响的原始性创新成果。

这一时期，深圳也进一步强调基础研究的重要性，在基础研究载体建设方面（高校、科研院所、大型设施等）加大力度，初步实现形态完备，相较之前有质的突破。这一时期，深圳基础研究载体数量迅速增加，一批高质量的科研机构汇聚深圳，打造了一批国家级创新平台。2002年，深圳大学城开始建设，这是中国唯一获得国家教育部批准、由地方政府联合著名大学共同创办的研究生院集团，专注于培养全日制研究生。2003年，深圳大学城成立了北京大学、清华大学和哈尔滨工业大学深圳研究生院，成为高层次人才培养和聚集、高水平科学研究、高科技信息和高层次国际交流的平台，并依托于此，建立了一批科研平台和重点实验室，并为深圳培养和输送了一批批基础研究人才。2006年，中国科学院深圳先进技术研究院也在大学城成立，围绕深圳创新城市战略，建设了一批国家、省、市重点实验室和多个研发平台等创新载体，使深圳的科研载体类型进一步完备。2009年6月，国家发改委、国家科技部、中国科学院和深圳市政府决定在深圳共同建设"国家超级计算深圳中心"。2010年，金蝶公司在新加坡建立了第一个海外研发中心。同年，深圳建立了一所创新型大学——南方科技大学。截至2010年，深圳国家级、省市级重点实验室、工程实验室、工程研究中心和企业技术中心等创新载体共计419家。2011年，国家超级计算深圳中心（投资12.3亿元）建成投产。2011年，大亚湾中微子实验室（投资1.6亿元）正式投入运营。随着重大基础设施布局的规模扩大，集群优势不断显现。其产出的一大批基础性创新成果能够辐射和带动区域经济发展，极大提升深圳的源头创新能力和竞争力。当然，基础研究离不开人才这一关键要素。这一时期，深圳市人才政策持续推陈出新，基础研究人才数量也持续增加。截至2011年年底，深圳共有研发人员14.51万人，"孔雀计划"人才61人，基础研究人才1345人，规模以上工业企业基础研究人才91人。

但仍需强调的是，截至2012年，深圳在基础研究方面只是系统形态初具，受产业创新牵引科技创新发展惯性的影响，整体基础研究领域的原始创新还较为缺乏，基础研究工作的深度和广度还未扩展开来，与以其带动深圳整体创新链跃迁的要求还有不小差距。

第三节　这十年来深圳基础研究链环的固本培元

党的十八大以来，随着创新驱动战略的深入实施以及自身经济发展新旧动能转换的驱使，深圳也积极探索创新模式从模仿、追赶到引领的跨越。其间，特别是以美国为首的西方国家对深圳科技企业发展的无理压制，将深圳在基础研究方面的短板暴露无遗。对此，深圳市政府近十年把科技创新放在更突出的地位，稳步加大基础研究投入，通过新建和扩建一批高水平院校和科研机构，引进和建设一批以"基础、应用、开发、产业化相交融"为特色的新型研究机构来壮大基础研究载体规模，促进基础研究可持续发展。通过培养和引进各类创新团队和高层次人才，不断完善学科布局，建立稳定的科研投入机制，加快大科学装置建设，聚集高水平基础研究人才及其团队，推进深圳建设综合性国家科学中心，以实现多个科学前沿领域的重大突破，筑牢基础研究的底座。党的十八大以来，在一系列要素发挥协同作用的背景下，深圳基础研究载体数量呈裂变式增长，基础研究人才聚集速度明显加快，基础研究成果产出丰硕。

一 基础研究投入和资助项目数量持续增加

党的十八大以来，深圳加快补齐基础研究这一短板，最直观的一个指标就是稳步加大这方面的投入力度。2012年，深圳基础研究投入约2.33亿元，在研发投入中仅占0.48%。2019年，深圳市基础研究投入约34.40亿元，在研发投入中占2.59%。2020年，深圳研发投入约1510.81亿元，在地区GDP中占5.46%[1]，其中基础研究投入约72.89亿元，在研发投入中占4.82%，在全市财政科技投入中占39.00%[2]（见图2-2）。为了提供持续稳定的基础研究来源，深圳市人大常委会于2020年8月30日投票通过了《深圳经济特区科技创新条例》，在全国率先以立法形式规定"市政府投入基础研究和应用基础研究的资金应当不低于市级科技研发资金的30%"，并规定"市政府设立市自然科学基金，资助开展基础研究和应用基础研究，培养科技人才"。这一条例在法律层面上为深圳基础研究和应用基础研究提供了持续稳定的财政支持。这项创新举措也被国家发改委列入推广的"深圳47条创新经验"之首。

此外，深圳在基础研究领域资助的项目数量正在增加。2017年，深圳有254项基础研究学科布局项目。2018年，深圳有179项基础研究学科布局项目和631项自由探索类基础研究拟资助项目。2019年，深圳有232项基础研究学科布局项目。2020年，深圳公

---

[1] 广东省科技厅：《2020年广东省科技经费投入公报》，http://stats.gd.gov.cn/gkmlpt/content/3/3628/mmpost_3628152.html#3713，2022年3月20日。
[2] 王海荣：《2020年全社会研发投入占比达4.93% 深圳全过程创新生态链加速构建》，https://baijiahao.baidu.com/s?id=16881071204352 18316&wfr=spider&for=pc，2022年3月25日。

(万元)

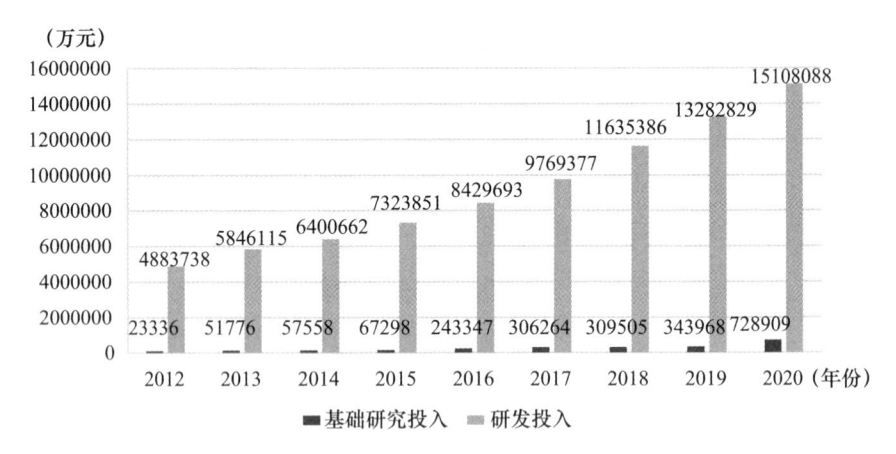

年份	基础研究投入	研发投入
2012	23336	4883738
2013	51776	5846115
2014	57558	6400662
2015	67298	7323851
2016	243347	8429693
2017	306264	9769377
2018	309505	11635386
2019	343968	13282829
2020	728909	15108088

图 2-2　近十年来深圳基础研究投入和研发投入情况

资料来源：相关年份《深圳统计年鉴》。

布 1052 项基础研究面上项目和 302 项重点基础研究项目，项目涉及多个学科领域，其中电子信息领域 66 项，生物和生态环境保护领域 153 项，智能设备领域 31 项，材料和能源领域 52 项，资助经费超过 6 亿元。2021 年，深圳共有基础研究项目 968 项，重点项目 79 项，重点项目资助经费 19740 万元。深圳虚拟大学园拥有 175 项自由探索类基础研究项目，资助经费 3480.5 万元。深圳软科学研究计划公布 18 项资助项目，资助经费 1020 万元。可以看出，深圳在基础研究方面的项目资助领域和广度逐年增加。

二　人才制度体系和基础研究人才数量同向而行

人才是一个城市或区域繁荣发展的基础和优势。深圳一直重视人才的储备，始终推动实施人才强市战略，不断加强人才政策、服务和环境等方面的改革，提高引才和育才质量，为基础研究工作提供人才支撑。党的十八大以来，深圳市政府紧密结合创新驱动发展战略，陆续出台了《"孔雀人才"计划》、《关于加强高层次专业人才建设的意见》、《深圳市优秀科技创新人才培养项目管理办法》、《深圳市外籍"高精尖缺"人才认定标准（试行）》、实施"81 条"人才新政、"十大人才工程"和人才工作条例等文件，构成了人才政策的"四梁八柱"。同时，制定并实施留学回国人员创业资助、博士后科研资助、人才安居、鹏城杰出人才奖、产业发展和创新人才奖等一系列人才支持措施，鼓励科技人才，尤其是基础研究类人才来深圳工作。2019年，深圳还设置了各类人才专项资金，共计76.7亿元，同比增长43.6%，并进一步加大人才住房投入力度，推动构建与国际接轨、更具全球竞争力的人才制度体系。[1]

深圳努力整体性提高科技创新人才队伍结构层次，包括推出"鹏城孔雀计划""鹏城英才计划"，出台《深圳经济特区科技创新条例》，设立"深圳人才日""深圳企业家日"等，致力于推动形成新的人才聚集高峰。自党的十八大以来，通过上述政策的实施，深圳的人才数量激增。截至2020年，深圳各类人才总量达600万人，其中科技人才有200多万人，科技人才占深圳全市人才总数的三分之一以上，高层次人才总数超过2万人。留学回国人才18万余人，全职院士72人[2]，专业技术人才196万余人，形成了加快人才集聚的良好态势。

深圳基础研究人才数量也呈现持续增长态势。根据深圳市统计局数据显示，2012年，深圳的基础研究人才数量仅为1747人。2013—2020年，深圳的基础研究人才数量直线上升，分别为1766人、1750人、2335人、4428人、5436人、5841人、6589人、13846人（见图2-3）。其中2016年、2017年、2018年、2019年分别引进了959名、1688名、2678名和2467名高层次人才。根据《中国城市人才吸引力排名（2020）》中的指数显示，上海、深圳和北京位列前三。2021年，深圳新增认定4278名国内外高层次人才，全市有5137位在站博士后。根据2022年发布的《全球城市科研创新力报告》显示，深圳的科研人员数量增长最多，复合年增长率达到34.1%。深圳在人才引进方面也有显著优势，科研人才流入比例达到13.2%。[3]

---

[1] 《大湾区第一！深圳人口一年新增49.83万人，人才就占了近6成！》，https://www.sohu.com/a/303024189_675420，2022年3月27日。

[2] 《深圳有多少人才？》，https://new.qq.com/rain/a/20211101a0apue00，2022年4月15日。

[3] 《科研人员数量增长幅度最大，领跑科研产出增长速度》，《羊城晚报》2022年3月1日。

图 2-3 近十年来深圳基础研究人员和R&D人员折合全时当量数量

资料来源：相关年份《深圳统计年鉴》。

三　高等学校数量和学科建设跑出"深圳速度"

高等教育是科技第一生产力和人才第一资源的重要结合。努力建设国际化和开放性的高等教育体系，推动高水平大学和创新型城市的融合发展，是深圳走好基础研究之路的关键一步。深圳高等教育起步较晚，基础薄弱，这是一个现实问题，深圳对此也有一个清晰的认识。近十年来，深圳一直把加快高等教育发展摆在突出位置，对高等教育的财政投资以每年超过20%的速度增长。投资规模仅次于北京和上海，生均经费的标准是广东省其他高校的两倍①。尤其是"双区"战略支持深圳打造教育和人才高地，推动深圳的高等教育建设驶入快车道。目前，深圳有6所本土高校，即深圳大学、南方科技大学、深圳技术大学、深圳职业技术学院、广东新安职业技术学院和深圳信息职业技术学院。此外，深圳还有各大高校在深圳的分校区（如中山大学深圳校区、暨南大学深圳校区、哈尔滨工业大学深圳校区、香港中文大学深圳校区等），研究生院（如清华大学深圳国际研究生院、北京大学深圳研究生院、香港城市大学研究院等）和国内名校与国外名校联合办学（比如深圳北理莫斯科大学、清华伯克利深圳学院）（见表2-2）。

---

① 《深圳高校建设也跑出"深圳速度"》，https：//baijiahao.baidu.com/s？id = 1655218232656493872&wfr = spider&for = pc，2022年5月10日。

表2-2　　　　　　　　深圳现有高等学校名单

全日制本科	全日制专科	其他院校
深圳大学	深圳职业技术学院	清华大学深圳国际研究生院
南方科技大学	深圳信息职业技术学院	北京大学深圳研究生院
深圳技术大学	广东新安职业技术学院	深圳广播电视大学
香港中文大学（深圳）		天津大学佐治亚理工深圳学院
深圳北理莫斯科大学		
中山大学（深圳）		
哈尔滨工业大学（深圳）		
暨南大学（深圳）		

与此同时，深圳的高等教育质量也在不断提高。深圳大学作为第一所研究型大学，已形成了完整的学士、硕士、博士人才培养体系，并建有医学合成生物学应用关键技术国家地方联合工程实验室，光电子器件与系统教育部重点实验室等创新载体。"2021软科中国最好学科排名"排名榜单包括96个一级学科，其中深圳大学上榜37个学科，在广东省排名第二。其中，光学工程、信息与通信工程、土木工程、建筑和计算机科学与技术已进入全国前10%。[①]2018年11月，广东省公布了高等教育"冲一流、补短板、强特色"提升计划建设高校和重点建设学科名单，其中包括4所深圳高校和20个重点建设学科。其中，深圳大学和南方科技大学已进入广东省重点建设大学的行列，哈尔滨工业大学（深圳）和香港中文大学（深圳）成功入选重点学科建设大学。深圳大学有7个学科：工程学、临床医学、材料科学、生物学和生物化学、计算机科学、化学和物理学在ESI的世界排名中位列前1%。南方科技大学有3个学科：化学、材料科学和工程在ESI的世界排名中位列前1%。2022年2月，南方科技大学的数学学科入选"双一流"，这是深圳本土大学首次入选。在2022年科研大会上，南方科技大学强调"一流

---

① 《2021软科中国最好学科排名出炉！广东23所高校上榜，深圳大学上榜数量全省第二》，https://baijiahao.baidu.com/s? id =1714648062085610757&wfr =spider&for =pc，2022年5月11日。

大学应该是基础研究的主力军和重大科技突破的策源地",并公布了5个校级实体科研机构。其共同目标是进一步发挥重大科研基础设施、大型科研仪器和重大科研平台的基础科研作用,以解决重大科技问题为指导,抓住全球科技发展机遇,力争在基础前沿领域领先,在重要科技领域实现跨越式发展。[1]

四 创新载体建设和基础研究成果量质齐升

创新载体是基础研究成果的发源地,创新生态系统的演化成果直接显现在创新载体中。高水平创新载体既是科技创新体系的重要组成部分,也是组织和开展高水平学术交流、聚集和培养优秀科技人才、布置先进科研装备的重要基地。[2] 在经济特区建立之初,深圳的创新载体可谓是一张白纸。随着党的十八以来深圳着力打造科技创新之城,近十年来深圳各种创新载体呈爆炸式增长。目前,深圳已建成广东省实验室4家、国家重点实验室14家、基础研究机构12家、诺贝尔奖实验室11家、省级新研发机构42家、国家创新载体129家。此外,深圳已建成2700多个国家、省、市重点实验室、工程实验室、工程(技术)研究中心大学和企业技术中心。[3] 以重点实验室为核心的基础研究体系是提高深圳自主创新能力、积累智力资本的重要途径。近十年来,深圳重点实验室建设明显加快,市级重点实验室数量成倍增长,国家和省级重点实验室呈现稳步发展态势(见图2-4)。

(一)广东省实验室和国家重点实验室

《深圳市国民经济和社会发展第十四个五年规划和二〇三五年远景目标纲要》中提出壮大以国家实验室为主导的战略科技力量。在已启动建设的10家广东省实验室中,有4家由深圳举办或参与,包括鹏城实验室、生命信息和生物医学广东省实验室(深圳湾实验

---

[1] 《一口气新增5个科研机构!南科大成深圳基础研究主力队员》,https://www.sohu.com/a/515937072_121123722,2022年5月15日。

[2] 王苏生、陈博:《深圳科技创新之路》,中国社会科学出版社2018年版,第108页。

[3] 王海荣:《深圳原始创新能力持续增强》,《深圳商报》2021年11月2日第3版。

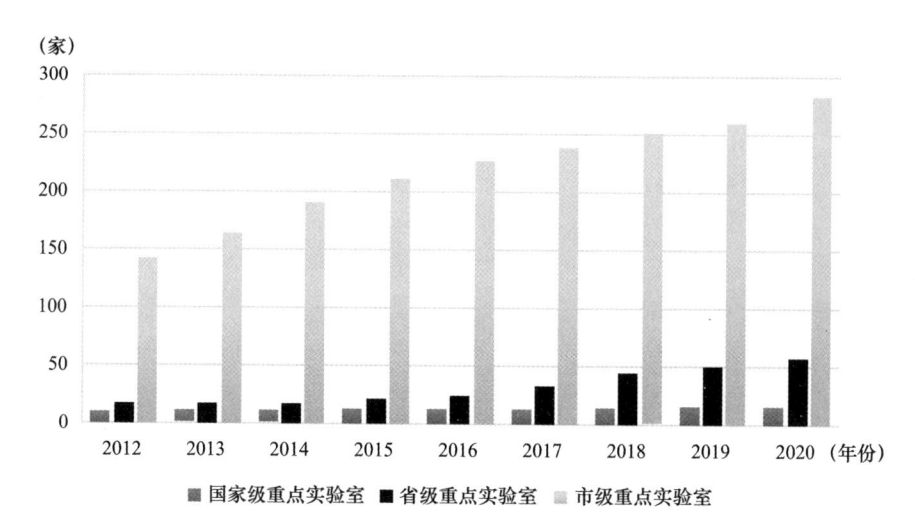

图 2-4　近十年来深圳国家级、省级、市级重点实验室数量

资料来源：相关年份《深圳统计年鉴》。

室）、人工智能和数字经济广东省实验室（深圳）以及岭南现代农业科学与技术广东省实验室深圳分中心。① 其中，鹏城实验室作为网络信息国家战略科技力量的基础平台，已搭建了"鹏城云脑""鹏城靶场""鹏城云网""鹏城生态"四大科学装置。

国家重点实验室作为培育基础研究"国家队"的"预备队"，是开展高水平基础研究和应用基础研究的重要平台载体，在促进重大科研成果的产生和杰出科学家的培育方面，发挥了不可替代的重要作用。近十年来，深圳显著加快了国家重点实验室的建设步伐，呈现稳中求进的整体趋势。其中，高新技术企业、高等院校和科研院所是重点实验室的重要依托单位。② 截至目前，深圳已有 14 个国家重点实验室③，其中有 6 家以企业为依托，分别为深圳光启高等理工研究院、深圳华大基因研究院（两家实验室）、中兴通讯股份

---

① 崔霞：《10 个广东省实验室正加快建设，深圳举办或参与的有 4 家！》，《深圳商报》2019 年 12 月 2 日第 1 版。
② 王苏生、陈搏：《深圳科技创新之路》，中国社会科学出版社 2018 年版，第 90—91 页。
③ 《深圳国家级重点实验室已达 14 家》，http：//www.volab.com.cn/Article/shen-guojiajizhongdia_1.html，2022 年 5 月 20 日。

有限公司、华为技术有限公司和中广核工程有限公司。此外，还有 8 家国家重点实验室依托高等院校和科研院所建成，分别为中国科学院深圳先进技术研究院（两家实验室）、清华大学深圳研究生院、北京大学深圳研究生院、香港理工大学深圳研究院、深圳大学、深圳市环境科学研究院、深圳市国土资源创新研究中心（见表 2 - 3）。

表 2 - 3　　广东省实验室和国家级重点实验室名单

广东省实验室	深圳网络空间科学与技术实验室（鹏城实验室）
	生命信息与生物医药广东省实验室（深圳湾实验室）
	人工智能与数字经济广东省实验室（深圳）
	岭南现代农业科学与技术广东省实验室深圳分中心
国家级重点实验室	超材料电磁调制技术国家重点实验室（深圳光启高等理工研究院）
	农业基因组学国家重点实验室（深圳华大基因研究院）
	基因组学农业部重点实验室（深圳华大基因研究院）
	移动网络和移动多媒体技术国家重点实验室（中兴通讯股份有限公司）
	无线通信接入技术国家重点实验室（华为技术有限公司）
	核电安全监控技术与装备国家重点实验室（中广核工程有限公司）
	高密度集成电路封装技术国家工程实验室（中国科学院深圳先进技术研究院）
	广东省机器人与智能系统重点实验室（中国科学院深圳先进技术研究院）
	清洁生产国家重点实验室（清华大学深圳研究生院）
	集成微系统科学工程与应用实验室（北京大学深圳研究生院）
	香港理工大学中药研究所（香港理工大学）
	"天然气水合物"国家重点实验室（深圳大学）
	国家环境保护饮用水水源地管理技术重点实验室（深圳市环境科学研究院）
	城市土地资源监测与仿真重点实验室（深圳市国土资源创新研究中心）

(二) 诺贝尔奖实验室

2017年,深圳正式决定依托高校、科研机构、事业单位、科技类民办非企业单位、科技型企业等单位启动诺贝尔奖实验室建设,并邀请诺贝尔科学奖、图灵奖和菲尔兹奖获得者共建实验室。目前已建成11家诺贝尔奖实验室[1],分别为深圳格拉布斯研究院(南科大)、中村修二激光照明实验室(深圳中光工业技术研究院)、瓦谢尔计算生物研究院(港中大)、科比尔卡创新药物开发研究院(港中大)、深圳盖姆石墨烯研究中心(清华大学)、杰曼诺夫数学中心(南科大)、深圳内尔神经可塑性实验室(深圳先进院)、马歇尔生物医学工程实验室(深大)、索维奇智能新材料实验室(哈工大)、斯发基斯可信自主系统研究院(南科大)、RISC-V国际开源实验室(清华大学)。11家诺贝尔奖实验室未来将为深圳带来强大的人才和创新虹吸效应,并进一步提升深圳在源头创新和基础研究领域的话语权和影响力(见表2-4)。

(三) 基础研究机构

作为在深圳自主建立的高水平研究型平台,基础研究机构和广东省实验室共同构成了深圳基础研究的"四梁八柱"。它们紧紧围绕粤港澳大湾区国际科技创新中心的建设目标,按照国际一流标准开展基础研究工作[2]。依据深圳未来需求和科学前沿热点,按照总体布局、统筹分类、多元共建、应用导向和机制创新的总体原则,深圳已筹建12个基础研究机构,其目标即努力提高科技创新水平和自主创新能力,着力弥补基础研究的不足,全力打造可持续发展的全球创新创意之都。这12家基础研究机构分别是:深圳市智能清洁能源研究院、深圳先进电子材料国际创新研究院、深圳合成生物学创新研究院、深港脑科学创新研究院、深圳先进电子材料国际创新研究院、深圳华大生命科学研究院、深圳数字生命研究院、深圳量子科学与工程研究院、深圳健康科学研究院、深圳海洋科学与技术

---

[1] 《11家诺奖实验室就是11座科技创新高峰》,https://baijiahao.baidu.com/s?id=1669629671593070062&wfr=spider&for=pc,2022年5月30日。

[2] 《深圳市瞄准科技前沿 授牌9家基础研究机构》,https://baijiahao.baidu.com/s?id=1621969384173764706&wfr=spider&for=pc,2022年5月30日。

国家实验室、深圳环境科学研究院、深圳金融科技研究院（见表2-4）。

表2-4　　深圳诺贝尔奖实验室和基础研究机构名单

诺贝尔奖实验室	格拉布斯研究院
	中村修二激光照明实验室
	瓦谢尔计算生物研究院
	科比尔卡创新药物开发研究院
	深圳盖姆石墨烯研究中心
	杰曼诺夫数学中心
	内尔神经可塑性实验室
	马歇尔生物医学工程实验室
	索维奇智能新材料实验室
	斯发基斯可信自主系统研究院（图灵奖）
	RISC-V国际开源实验室（图灵奖）
基础研究机构	深圳市智能清洁能源研究院、深圳先进电子材料国际创新研究院
	深圳合成生物学创新研究院、深港脑科学创新研究院
	深圳先进电子材料国际创新研究院、深圳华大生命科学研究院
	深圳数字生命研究院、深圳量子科学与工程研究院
	深圳健康科学研究院、深圳海洋科学与技术国家实验室
	深圳环境科学研究院、深圳金融科技研究院

作为现阶段开展基础研究工作的主要载体，部分基础研究机构已取得了可喜的成果。如深圳合成生物学创新研究院率先获得科技部重点研发计划的9个合成生物学专项立项，并产生了一批以"定量公式解释合成生物学群体/个体建构原理"为代表的高质量成果。深港脑科学创新研究院牵头成立的"脑认知脑疾病学术与产业联盟"辐射国内近110家机构，产出了"非人灵长类脑疾病模型"等一批颇具代表性的高质量成果。深圳先进电子材料国际创新研究院自主研发的晶圆级封装材料"薄晶圆加工临时键合材料"完成了技术转让和转化，打破了国际垄断，并已商业化应用于终端龙头企业服务器芯片。

（四）新型研发机构

新型研发机构是一种投资与管理分离、独立核算、独立经营、自负盈亏的新型法人组织，整合了科学发现、技术发明和产业发展。被称为"四不像"的新研发机构却是深圳科技创新的一大特色，并已成功在全国推广开来。深圳的新型研发机构主要有两种：一种是"国有新制"模式，另一种是"民办官助"模式。如中国科学院深圳先进技术研究院、深圳清华大学研究院等属于"国有新制"模式；如深圳华大基因研究院、深圳市中光工业技术研究院、深圳海王医药科技研究院有限公司等则属于"民办官助"模式。截至 2022 年 3 月，深圳共有 44 家省级新型研发机构。深圳市格灵人工智能与机器人研究院有限公司、深圳市清新电源研究院、深圳市亿立方生物技术有限公司和中广核研究院有限公司都是新成员。这些新型研发机构拥有独特的体制优势，作为产学研合作的核心载体在创新过程中减少了过多的约束，可以打通科研与市场之间的"快车道"，将科研成果快速推向市场应用，成为科技成果转化最积极的推动者和产学研的成功实践者[1]。

（五）企业应用基础研究研发力量

深圳基本形成了以基础研究为引领，市场化为导向，企业为主体，开放合作、民办官助为特征的创新载体体系。[2] 企业向来是深圳创新的主体，市场化为主导的创新模式也决定了企业在深圳创新过程中的重要地位。企业开启基础研究和应用研究无疑对该行业的驱动力极为强大。[3] 截至 2020 年年底，深圳拥有 18000 多家国家级高科技企业，仅次于北京，在全国排名第二。据中国经济周刊报道，华为以 1418.93 亿元人民币的研发投入位居中国企业 500 强之首，同比增长 7.8%。[4] 尽管受到外部环境的影响，华为在基础研究

---

[1] 《新型科研机构为什么能在深圳崛起》，《科技日报》2015 年 3 月 8 日第 5 版。
[2] 王苏生、陈搏：《深圳科技创新之路》，中国社会科学出版社 2018 年版，第 87 页。
[3] 《中兴通讯专题研究报告：砥砺前行，ICT 龙头蓄势待发》，https://zhuanlan.zhihu.com/p/378660588，2022 年 6 月 3 日。
[4] 《华为研发投入近 1419 亿元！登顶中国企业 500 强，阿里腾讯分列二、三位》，https://baijiahao.baidu.com/s?id=17119330907 01311480&wfr=spider&for=pc，2022 年 6 月 15 日。

领域仍然保持着"饱和投入"。根据华为 2021 年年度报告的数据，华为 2020 年研发投入达 1427 亿元，占全年收入的 22.4%，过去十年累计研发支出超过 8450 亿元。2020 年 10 月，华为拉格朗日数学计算中心在法国巴黎揭牌，这是华为继芯片、数学、家庭终端、美学以及传感器和软件研发五大研发中心之后，在法国设立的第六个研发中心，也是华为在法国设立的第二个数学计算中心。作为国内领先的互联网企业，腾讯近些年来在基础科学方面悄然布局，初步建立了实验室矩阵，涵盖人工智能、机器人、量子计算、5G、边缘计算和多媒体技术等前沿科技领域。[①] 2020 年，中兴通讯股份有限公司研发投入 147.97 亿元，创上市以来最高水平，研发费用率达到 14.59%。[②]

总的来说，近十年来，深圳市政府对创新载体的投入力度逐年加大，创新载体的数量呈裂变式增长，创新载体的质量位居国家前列。这些基础研究载体的建设是深圳加强自主创新、重视基础研究的阶段性成果。它们肩负着深圳提升基础研究水平、实现科技自立自强的重要使命（见图 2-5、图 2-6、图 2-7）。当然，深圳各类

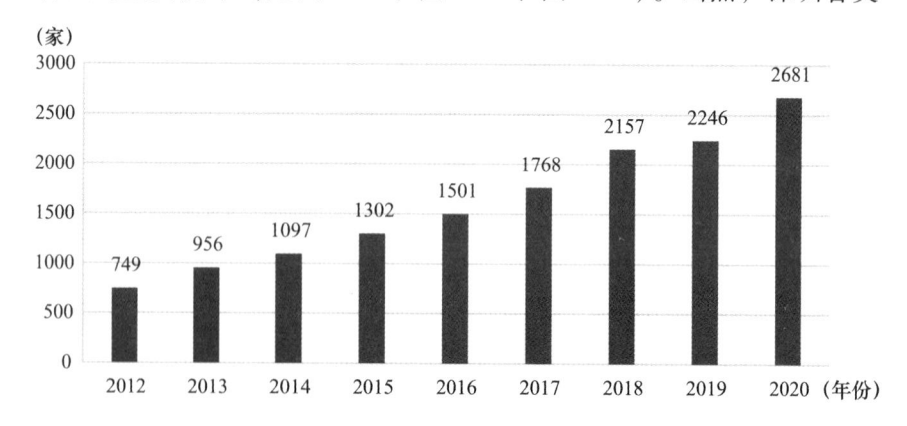

图 2-5　近十年来深圳基础研究载体数量变化

资料来源：相关年份《深圳统计年鉴》。

[①] 高雅丽：《腾讯科技升级：往前一步，迈向基础研究"无人区"》，《中国科学报》2019 年 11 月 19 日第 2 版。

[②] 《中兴通讯专题研究报告：砥砺前行，ICT 龙头蓄势待发》，https://zhuanlan.zhihu.com/p/378660588，2022 年 6 月 3 日。

创新载体逐步成为深圳加快技术攻关的重要力量，紧密服务于自主创新和新兴产业高质量发展的需要（见图2-8）。创新载体一直与产业发展紧密结合。2019年，深圳2246家创新载体开展基础研究主要集中在电子信息、生物与生命健康、先进制造和新材料等重点产业领域。其中电子信息领域913家，占41.20%。生物与生命健康、先进制造和新材料领域的创新载体占比分别为23.70%、14.00%和12.80%。

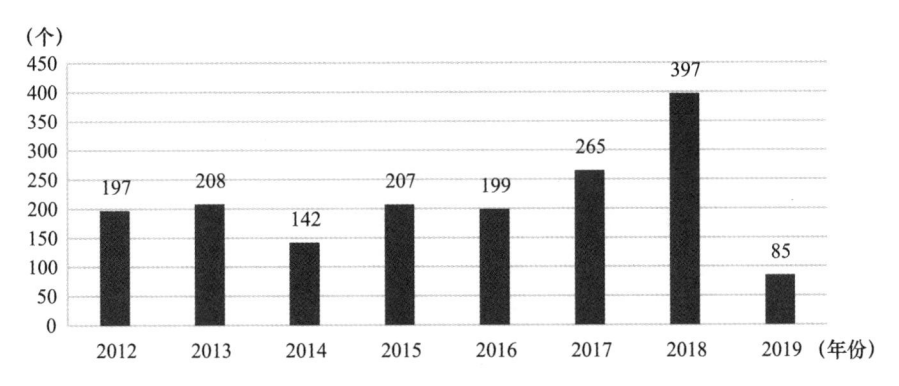

图2-6 近十年来深圳基础研究载体立项年度数量分布情况（截至2020年8月）

资料来源：深圳市科技创新委员会。

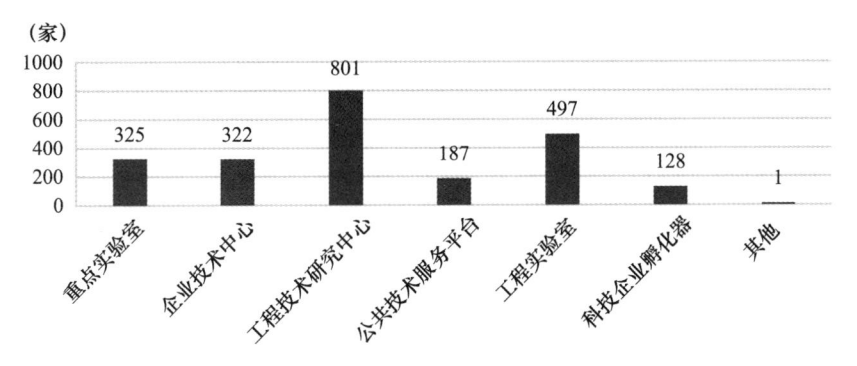

图2-7 深圳基础研究载体类型及数量构成（截至2020年8月）

资料来源：深圳市科技创新委员会。

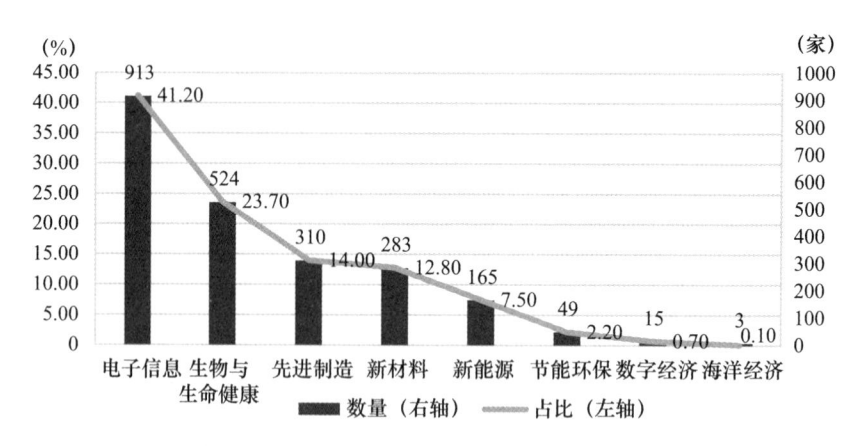

图 2-8 深圳基础研究载体在产业领域的分布

资料来源：深圳市科技创新委员会。

五 自然科学奖项和科研论文成果相继涌现

党的十八大以来，深圳着力锻长板补短板，提高创新载体建设的质量和数量，加快高端人才聚集速度，不断壮大国家战略科技力量，更重要的是，基础研究领域的产出成果层出不穷，不仅开花而且结果，这相对之前的阶段是质的飞跃。由高校+新研发机构+企业等创新载体组成的创新联盟迸发出更高效的能量。①

一方面，深圳作为中国第一座以城市为单位的国家自主创新示范区，其科技创新成果经常在国家科技奖评选中脱颖而出，是对这座创新城市的最佳诠释。国家自然科学奖一等奖是中国自然科学领域的最高奖项，也是基础研究领域的最高荣誉。自 2010 年以来，深圳已获得 148 项国家科技奖项，其中包括国家技术发明奖一等奖和科技进步奖特等奖等，凸显了深圳科技创新的强硬实力。在最新的 2020 年国家科学技术奖名单中，包括深圳高校、科研机构和企业在内的 11 个单位参与完成的 13 个项目上榜，其中 12 个项目获奖单位为企业，占深圳总奖项的 92.3%。华为连续 14 年获得国家科学技术奖，2020 年有 3 个项目获奖。获奖项目分别为 5 项技术发明奖和 8 项科技进步

---

① 《夯基、6 个 90%、逆向创新……国家科技奖榜单透视深圳创新智慧》，https://baijiahao.baidu.com/s?id=1716456473609054198&wfr=spider&for=pc，2022 年 6 月 15 日。

奖。3个项目获得一等奖，占总奖项的23.1%。其中，由北京大学、北京大学深圳研究生院和华为技术有限公司参与完成的"超高清视频多态基元编解码关键技术"项目获得2020年度国家科技奖一等奖。这一成果突破了传统的视频编解码框架，形成了一个完全独立的编解码技术体系。镭神参与的"厘米级型谱化移动测量装备关键技术及规模化工程应用"获得国家科技进步奖二等奖。在2018年、2019年和2020年广东省科学技术奖评选中，深圳获奖项目数量分别为34个、41个和53个，分别占获奖项目总数的20%、22.9%和30.1%。以2020年广东省科学技术奖为例，在公布的180个奖项中，深圳获奖项目为53项，其中自然科学奖3个，技术发明奖4个，科技进步奖46个，一等奖达到16个。奖项数量和一等奖数量均创历史新高，奖项数量占总奖项的30.1%，为近十年来最高。[①]

另一方面，科研论文的成果层出不穷。自2020年以来，多篇文章已在国际顶级学术期刊 Nature 上发表。例如，发表在美国专业医学研究杂志 Advanced Therapeutics 上的一篇实验论文显示，南京医科大学的两个博士团队率先采用了深圳企业烯旺科技独立知识产权的纯石墨烯发热膜柔性石墨烯器件作为远红外发射源，在肿瘤治疗领域，一种新的无创治疗方法被发现。2020年5月，国际权威学术期刊《自然·微生物学》发表了中国科学院深圳先进技术研究院、深圳合成生物学创新研究院刘陈立实验室的文章《链接大肠杆菌细胞生长和细胞周期的一般定量关系》。Nature 杂志以 "Accelerated Article Preview" 的形式在网上发表了一篇题为《人类新冠病毒感染引发的中和抗体》的研究论文。

表2-5　党的十八大以来深圳出台的基础研究相关政策

发布时间	发布单位	政策名称
2022年3月25日	深圳市科技创新委员会	关于征集2022年度深圳市自然科学基金（基础研究专项）重点项目指南建议的通知

[①] 《拿来吧你！2020年度广东省科技奖，深圳获奖数量创历史新高》，https://www.sohu.com/a/477431086_121123720，2022年6月15日。

续表

发布时间	发布单位	政策名称
2022年2月22日	深圳市科技创新委员会	关于转发《广东省基础与应用基础研究基金委员会关于征集2022年度广东省基础与应用基础研究基金海上风电联合基金指南建议的通知》的通知
2022年1月12日	深圳市科技创新委员会	《深圳市科技创新"十四五"规划》
2021年8月23日	深圳市科技创新委员会	关于转发《关于组织申报2021年度广东省基础与应用基础研究基金企业联合基金（公共卫生与医药健康领域）项目的通知》的通知
2021年8月16日	深圳市科技创新委员会	关于2021年度基础研究面上项目拟资助项目的公示
2021年8月12日	深圳市科技创新委员会	关于转发《关于组织申报2021年度广东省基础与应用基础研究基金深圳市联合基金（粤深联合基金）项目的通知》的通知
2021年6月28日	深圳市科技创新委员会	关于深圳虚拟大学园2021年自由探索类基础研究项目专项资金拟资助项目名单公示的通知
2021年6月16日	深圳市科技创新委员会	关于2021年度基础研究重点项目拟资助项目的公示
2021年6月3日	深圳市科技创新委员会	关于转发《科技部关于发布国家重点研发计划"农业生物重要性状形成与环境适应性基础研究"等"十四五"重点专项2021年度项目申报指南的通知》的通知
2021年4月8日	深圳市财政局	关于下达2021年省科技创新战略专项资金（省基础与应用基础研究基金部分项目）项目资金的通知
2021年3月29日	深圳市科技创新委员会	科技部战略规划司、国家统计局社科文司赴深圳开展企业基础研究情况调研
2020年9月25日	深圳市科技创新委员会	关于2020年基础研究重点项目拟资助项目的公示

续表

发布时间	发布单位	政策名称
2020年8月28日	深圳市人民政府	《深圳经济特区科技创新条例》
2020年8月6日	深圳市科技创新委员会	关于转发《关于组织申报2021年度广东省基础与应用基础研究基金自然科学基金项目的通知》的通知
2020年8月3日	深圳市科技创新委员会	关于转发《关于组织申报2020年度广东省基础与应用基础研究基金深圳市联合基金（粤深联合基金）项目的通知》等的通知
2020年7月29日	深圳市科技创新委员会	关于转发《广东省科学技术厅关于在部分关键领域征集省基础与应用基础研究重大项目的通知》的通知
2020年7月10日	深圳市科技创新委员会	关于转发《广东省科技厅关于受理新增广东省基础与应用基础研究基金依托单位注册申请的通知》的通知
2020年7月1日	深圳市科技创新委员会	《深圳市工程技术研究中心认定与运行管理办法》政策解读
2020年6月17日	深圳市科技创新委员会	关于印发《深圳市基础研究项目管理办法》的通知
2020年6月4日	深圳市科技创新委员会	关于印发《深圳市基础研究项目管理办法》的通知
2020年6月17日	深圳市科技创新委员会	《深圳市基础研究项目管理办法》政策解读
2020年4月27日	深圳市科技创新委员会	关于2020年广东省基础与应用基础研究基金粤深联合基金公开征集指南建议的通知
2020年4月1日	深圳市科技创新委员会	科技部 发展改革委 教育部 中科院 自然科学基金委关于印发《加强"从0到1"基础研究工作方案》的通知
2020年1月23日	深圳市科技创新委员会	关于转发《国家自然科学基金委员会"新型冠状病毒（2019-nCoV）溯源、致病及防治的基础研究"专项项目指南》的通知

续表

发布时间	发布单位	政策名称
2019年11月1日	深圳市科技创新委员会	关于转发《广东省基础与应用基础研究基金委员会关于发布2019年度广东省基础与应用基础研究基金深圳市联合基金（粤深联合基金）项目申报指南的通知》的通知
2019年10月28日	深圳市科技创新委员会	关于转发《广东省基础与应用基础研究基金委员会关于受理新增广东省基础与应用基础研究基金项目依托单位注册申报的通知》的通知
2019年10月24日	深圳市科技创新委员会	《深圳市软科学研究项目管理办法》图解
2019年8月2日	深圳市科技创新委员会	关于延长2020年基础研究面上项目受理时间的通知
2019年7月19日	深圳市科技创新委员会	《深圳市科技研发资金管理办法》图解
2019年7月8日	深圳市科技创新委员会	《深圳市科技计划项目管理办法》
2018年12月19日	深圳市人民政府	印发关于加强基础科学研究实施办法的通知
2018年12月14日	深圳市科技创新委员会	《深圳市关于加强基础科学研究的实施办法》政策解读
2018年12月12日	深圳市人民政府	印发关于加强基础科学研究实施办法的通知
2017年9月14日	深圳市财政委员会	关于下达2015年、2016年市创客专项资金项目续拨经费指标，2017年市科技研发资金基础研究学科布局等项目指标的通知
2016年10月27日	深圳市财政委员会	关于2016年市科技研发资金医疗卫生基础研究自由探索补充项目预算管理单位经费指标下达的通知
2016年3月25日	深圳市科技创新委员会	中共深圳市委、深圳市人民政府《关于促进科技创新的若干措施》政策解读
2015年10月30日	深圳市科技创新委员会	《深圳市科技创新发展"十三五"规划（征求意见稿）》

续表

发布时间	发布单位	政策名称
2015年6月2日	深圳市卫生健康委员会	2015年深圳市科技研发资金基础研究项目立项情况
2014年12月31日	深圳市科技创新委员会	《深圳国家自主创新示范区发展规划纲要（2015—2020年）》《深圳国家自主创新示范区空间布局规划（2015—2020年）》
2011年12月2日	深圳市人民政府	《深圳市科学技术发展"十二五"规划》

第四节　建设原始创新策源地远景下深圳基础研究存在的问题

深圳正在建设国家创新型城市，基础研究的地位毋庸置疑。随着基础研究经费投入的增加以及各种相关创新政策的出台，深圳在基础研究方面已经呈现了极大的跃升。当前，深圳仍处于加快战略布局的关键阶段，基础研究仍较薄弱，与实现高水平科技自立自强的目标还有一定差距。正如习近平总书记所言："我国面临的很多'卡脖子'技术问题，根子是基础理论研究跟不上，源头和底层的东西没有搞清楚。"[1] 特别是在建设原始创新策源地的目标下，基础研究作为全过程创新生态链的第一环必须要筑牢底座，但当前深圳在基础研究的经费投入、载体建设、生态发展等方面仍有诸多问题需要解决。具体如下所示。

一　基础研究投入力度和精度亟须提升

基础研究经费在整个社会R&D中所占的比例，是衡量一个国家或地区基础研究实力的重要指标之一。通过设置这一指标有利于引

---

[1] 《习近平重要讲话单行本》（2020年合订本），人民出版社2021年版，第123页。

导该地区意识到基础研究投入不足的问题并及时修正。由于基础研究运转周期长、投入资金多、收益不确定等诸多条件存在,容易形成长期基础研究投入不足的局面,这将导致产业上游缺乏前瞻性、独创性和引领性的成果,对新兴产业的驱动力不足,对建设现代化、国际化、创新型城市的支撑力不足。

(一)基础研究投入力度仍需适当加大

近十年来,深圳在基础研究方面的经费投入持续加力,并引导社会力量加大投入,为基础研究提供了持续稳定的源头活水。根据《深圳市人民政府关于加强基础研究和应用基础研究情况的专项工作报告》显示,2020年深圳基础研究经费占全社会研发投入的4.80%,同十年前相比,深圳基础研究占比已经有了较大幅度的提升。但同国内部分城市相比,深圳在基础研究方面的投入仍存在一定差距。根据各城市研发投入统计公报,北京、上海、西安基础研究经费占全社会研发投入的比重分别为16.04%、10.00%、6.84%,全国基础研究经费占研发投入中的比重为6.00%(见图2-9)。

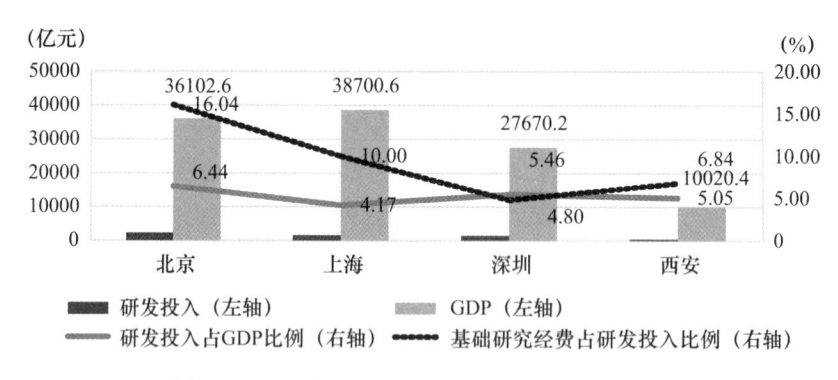

图2-9 国内部分城市基础研究经费投入对比

资料来源:各个城市统计年鉴。

对标东京都、纽约、伦敦等国际创新中心城市,中国深圳在基础研究方面的投入比例也有一定差距(见图2-10)。一般而言,世界主要创新国家的基础研究投入在研发投入中的比重大多在15%—30%。例如,英国、美国、日本、德国和法国五个全球创新标志性国家将其国内研发经费总额的12%—23%固定用于基础研究。20

世纪50年代以来，美国在国家科学基金会（NSF）和阿波罗登月计划等一系列机构和政策的推动支持下，在基础研究方面迅速发展。在此期间，美国基础研究经费投入力度持续加大，研发经费总额的比重从1950年的10%上升到2000年的18%。放眼欧洲，德国在基础研究方面的经费投入比重虽然相对于工业化第二阶段有所下降，但仍保持在20%左右，并在进入20世纪80年代中期后逐渐增加。法国基础研究在研发经费投入中的比重一直保持在20%左右，并在20世纪90年代后逐渐增加，20世纪末期基础研究占比达到24.1%。第二次世界大战后的日本越发注意到基础研究的重要性，其基础研究投入占研发总支出的比例在12%—17%波动。

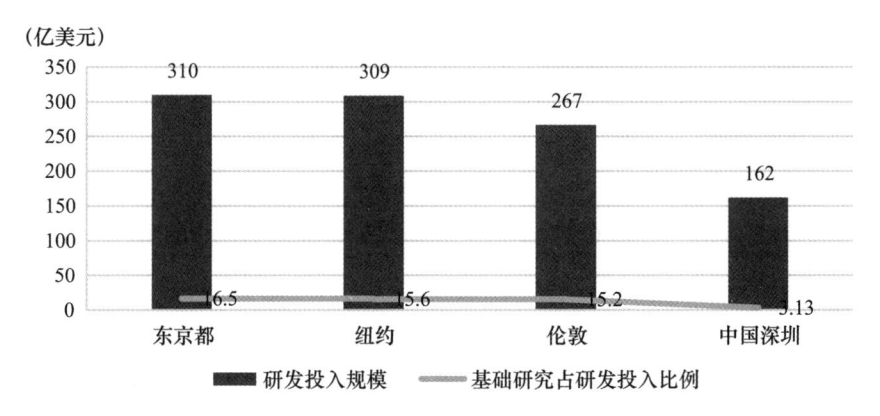

图2-10 国内外部分城市基础研究经费投入对比

资料来源：根据2 Think Now发布的《2019年全球'创新城市'指数报告》。

（二）基础研究长期稳定投入缺乏规划

除了投入力度，投入稳定性对基础研究的顺利开展同样重要。从基础研究的特性来看，它是一种长期投资，是一项"从0到1"的突破性工作，要求基础科研人员敢闯基础科学领域的"无人区"，除需要稳定的资金支持之外，其产出成果需要较长的时间验证。研究人员敢于投身于长期的基础研究项目当中，在漫长的隧道中探索和研究的背后需要巨大且稳定的经费投入和良好的制度支撑。但当前深圳在基础研究的中长期投入方面暂无明确规划，深圳市政府还未建立长期稳定增长的投入机制，未扩大基础研究的投入渠道。如借鉴国外经验鼓励企业和社会组织设立基础研究基金会，通过社会捐赠、设立联合基金等方式来为基础研究筹集多元化资金。当前深圳在基础研究方面的投入形式主要采取项目制。从国家层面来看，深圳获得的项目资助数量较少，2019年深圳高校获得的国家自然科学基金项目和科研经费仅占全国总数的1.2%左右，落后于北京、上海、广州等一线城市。且绝大部分项目需要通过竞争性经费申报方式来获得，通常在一个基础研究项目完成后，因缺乏经费再投入而难以继续。然而，启动新的项目和获得新的资金支持并不是一件易事。重新写申请材料需要耗费一定的时间和精力，这就使研究人员忙于申请项目而无法沉下心来钻研，不利于基础科学问题的彻底突破。另外，从创新链来看，深圳的研发投入倾向于试验发展环节，这一环节多为应用和集成创新，主要解决工程和应用问题，在部分基础科学领域的投入则不足（见图2-11）。此外，科技创新资源多掌握在少数大企业手中，部分中小企业创新发展会因资源不足而缺乏活力。此外，企业作为基础研究的主体之一，其科学捐赠对象主要是高校，但深圳在捐赠税收方面的激励政策并不完善，对于部分新型非营利研发机构的税收激励不足，一些民办非企业研究机构的审批不够明确。①

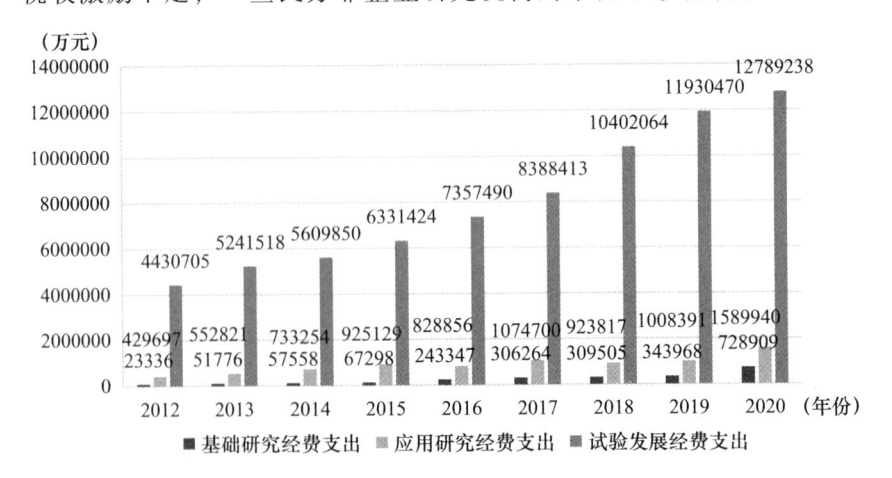

图2-11 近十年来深圳基础研究、应用研究、试验发展经费支出

资料来源：相关年份《深圳统计年鉴》。

---

① 汪云兴、何渊源：《深圳科技创新：经验、短板与路径选择》，《开放导报》2021年第5期。

二 基础研究的"硬条件"需要进一步夯实

基础研究载体是加强源头创新和重视基础研究的成果,需要投入巨额资金和制定政策支持,它们是开展基础研究和进行技术攻关的重要平台。近十年来,深圳大力推进创新载体建设,其数量实现跨越式增长。但同国内其他城市相比仍有一定的差距。

(一) 大科学装置和国家级创新载体数量不足

大科学装置是国之重器,是国家为解决重大科技前沿、国家发展需求中的战略性、基础性和前瞻性科技问题,谋求重大突破而投资建设的大型科技基础设施。作为一个国家科研基础设施水平和装备制造能力的集中体现,其建设和运行水平标志着一个国家基础研究水平的高低。大科学装置是高水平科学研究成果的"孵化器"。比如"FAST"在建设过程中产生了超过 30 项自主创新专利成果,"人造太阳"使我国磁约束核聚变研究进入国际前沿。大科学装置也是高层次科技人才的"蓄水池"。重大科技基础设施不仅能够吸引世界各地的科研人员前来开展合作研究,还能在大科学装置的建设和使用过程中,培养和造就一大批顶尖科学家和优秀青年科技人才,集聚一定的人才规模和提升人才的科研能力。如第二次世界大战前后,美国就曾利用曼哈顿计划、阿波罗计划等科学项目吸引大批高技术人才留美,逐渐成为"人才大国",为美国维持数十年的科技优势奠定了基础。重大科技基础设施不仅可以支持高技术产业的产品和技术研发、测试和验证,加速科技成果的转化应用,其产生的创新成果还可以成为相关领域发展的动力源,辐射和带动产业发展壮大,甚至直接衍生出新产业,引发相关领域的技术革命。如英国的散裂中子源带动了计算机、生物科技、赛车设计与制造等产业的发展,北京正负电子对撞机则促成了中国互联网的诞生。[1] 因此,大科学装置建设对于一个地区和国家的科技发展尤其是基础研究的开展至关重要。

截至 2018 年 6 月,全国已经建成的大科学装置共 22 个,国家

---

[1] 杨艳军:《"大科学装置"为什么重要》,《长江日报》2022 年 3 月 3 日第 6 版。

"十三五"规划新建大科学装置16个。在这38个大科学装置中,合肥依托中国科技大学取得8个,北京有7个,上海有5个,这三座城市的大科学装置总数占全国的50%以上[①],这38个大科学装置中深圳拥有的数量则为0。但当前深圳鹏城实验室已初步建设了"鹏城云脑""鹏城靶场""鹏城云网""鹏城生态"4大科学装置,在服务产业的同时,更助力科研项目研发推进。[②] 深圳光明科学城也在布局9大大科学装置,集中攻关39项重点任务。2022年,《深圳市科技创新"十四五"规划》提出建设国家超级计算深圳中心二期、脑解析与脑模拟设施、合成生物研究设施、材料基因组大科学装置平台、精准医学影像大设施、特殊环境材料器件科学及应用研究装置、鹏城云脑Ⅲ等大科学装置,健全大科学装置运营管理和开放共享机制,支持港澳高校参与大科学装置建设。

就创新载体而言,国家重点实验室是我国科技创新体系的核心组成部分,是我国组织基础和应用研究、培养人才和学术交流的基地。一个地区国家重点实验室的数量,一定程度上代表该地区的基础研究力量。当前,北京以136家遥遥领先,上海为47家,南京和武汉分别为29家、27家,而深圳则为14家。[③] 由此可知,深圳国家重点实验室数量偏少。此外,深圳国家级、省级、市级创新载体数量存在失衡现象,即国家级创新载体数量明显偏少。目前,深圳有109家国家级创新载体,在创新载体总量中仅占4.20%;省级创新载体960家,在创新载体总量中占36.70%。市级创新载体数量占59.10%(见图2-12)。要实现"从0到1"源头创新突破,则必须加快建设以国家实验室为引领的创新载体集群(见图2-13)。

(二)高校和科研院所总体数量偏少

总结国内外基础研究经验可知,基础研究载体不仅要有大科学

---

① 《二次加码,造一个什么样的深圳?》,https://baijiahao.baidu.com/s?id=1642221223306309389&wfr=spider&for=pc,2022年7月10日。
② 《深圳鹏城实验室四大科学装置稳步建设》,https://www.sztv.com.cn/ysz/zx/zw/78451782.shtml,2022年7月30日。
③ 《国家重点实验室分布前44位城市情况,北京排名第一》,https://data.gotohui.com/list/165110.html,2022年8月1日。

第二章 深圳全过程创新生态链的引领力　73

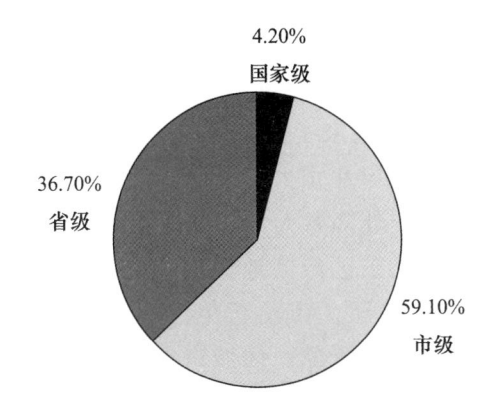

图 2-12　深圳市创新载体所属级别占比情况（截至 2021 年 11 月）

资料来源：相关年份《深圳统计年鉴》。

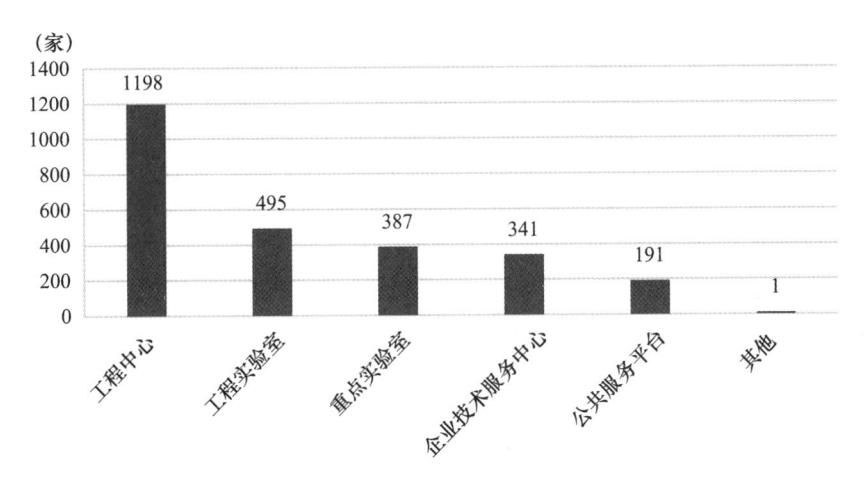

图 2-13　深圳市各类型创新载体数量（截至 2021 年 11 月）

资料来源：深圳市科技创新委员会。

装置和国家级实验室，还需要有高水平的研究型大学和科研院所作为支撑。在过去相当长一段时间内，由于大学和科研机构资源匮乏，深圳的高等教育被戏称为"贫瘠之地"。实际上，深圳一直都重视高等教育，但由于是新兴移民城市，很难在短时间内与北上广的教育资源并肩齐列。1983 年，深圳大学作为本土第一所全日制普通综合性大学在深圳诞生。21 世纪初，清华大学深圳国际研究生院和北京大学深圳研究生院以及哈尔滨工业大学深圳校区正式成立，大学城的创立为深圳的高等教育增添了色彩。当然，值得明确的是研究生院的办学规模和人才数量的输出，都无法与本科院校相匹敌。2010 年年底，深圳迎来了另一所本土高等院校——南方科技大学。目前，深圳已先后与北京大学、中山大学和澳大利亚皇家墨尔本理工大学等多所国内外知名大学签署了合作协议，重点加强本科教育。当然，有部分高校已经落地深圳。据统计，深圳目前建成的高等教育院校数量为 13 所，相较于改革开放之初的深圳而言已经实现了较大飞跃，但与教育资源一线城市相比仍有较大差距。尤其是其高等院校数量与深圳的城市地位和经济发展需求仍然不成比例。[1] 如当前深圳只有南方科技大学被选为双一流大学，而北京有 8 所一流大学和 162 个一流学科，上海有 4 所一流大学和 57 个一流学科，广州有 2 所一流大学和 18 个一流学科。就科研机构而言，根据 2019 年自然指数排名，在全球 50 强科研机构中，北京有 5 家，纽约有 3 家，伦敦有 3 家，东京都有 2 家，新加坡有 2 家，而深圳数量为 0。[2] 因此，在建立高校和培育新型研发机构，加强基础研究能力的培育与提升，为全过程创新生态链提供技术和人才支撑方面，深圳仍任重而道远。

（三）企业基础研究参与度不高

借鉴美国、日本等国家的基础研究经验可知，企业在基础研究中也起着至关重要的作用，是打通基础研究创新链与产业链之间的重要关口。对于企业而言，相对于基础研究和源头技术创新，应用型技术创新更加能够快速提升科技成果产出效率。虽然深圳不断鼓励和支持科技企业从事基础研究工作，但实际出台的相关政策几乎为零，且多数企业开展基础研究的能力和动力严重不足，在此领域的资金投入、人才储备和设备配置等方面的资源较少。特别是基础研究投入周期长、见效慢且不确定性大等特性与多数企业追求直接快速的利润目标不太一致，以致企业不能积极参与到基础研究的工

---

[1] 《立足粤港澳大湾区，深圳力补基础科研短板》，https://www.yicai.com/news/5428668.html，2022 年 8 月 4 日。

[2] 《2019 年自然指数年度榜单发布：中科院连续七年位列全球首位》，https://baijiahao.baidu.com/s?id=1636906729325197740&wfr=spider&for=pc，2022 年 8 月 10 日。

作当中并为其提供持续的资金支持。当然,近几年来深圳部分企业开始布局基础研究,但也仅仅是华为、腾讯等科技龙头企业,大部分中小企业由于自身实力和动力不足,参与基础研究的意愿仍比较低,特别是相对于发达国家而言,还存在较大差距。此外,深圳整体创新链条未能实现有效畅通。位于创新链上游的高等院校和科研机构作为基础研究的执行主体未能与处于下游的企业保持良好的相互支持关系,部分企业也未能以恰当的方式为高等院校和科研机构提供有力支持,有相当强的基础研究实力的高等院校和科研机构中的科技人才未能通往企业的基础研究平台。

三 基础研究发展的软条件还需进一步优化

(一) 基础研究管理和评价机制还不成熟

深圳对于基础研究主要采取项目制,但在项目的资金管理、组织和评估方面仍存在一些制度性障碍,尤其在组织方面还存在一些思维惯性。其项目管理遵循传统的行政思维,并未完全遵循科学本身的规律。在宏观科技管理体制方面,虽然深圳科技计划体系实现了专业机构管理科技项目,但是并没有真正完全实现基础研究资源的统筹协调,资源分散和多头管理的特点仍然存在。由于各学科领域发展水平不同,不同领域之间的科研项目缺乏统筹协调机制,在一定程度上造成基础研究资源的重复配置与浪费,因此需要在基础研究资源分配方面进行综合布局与配置。再者,由于各类"人才帽子"与项目的后续支持和投入资源联系过于紧密,使现在许多研究人员并不是在专心进行科学研究,而是在发表论文和申请专利。从长远视角来看,这种以结果为目标、以项目为导向的评价体系容易挫伤基础研究人员的积极性和持久性。从项目本身来看,许多科研启动项目的实施周期较短,但基础研究周期较长。如美国国家科学基金会曾经计算过,从获得基础研究知识到发现商业化需要20—30年的时间。现有的产学研合作还没有切实构建起基础研究和应用基础研究领域的合作机制。此外,当前基础研究领域缺乏能够顺利实现跨部门和跨行业的合作机制。政策信息的传递不够畅通,统一的政策收集平台还未建立。政府与市场在科技创新资源实现合理配置中的作用尚不明确，政府在基础研究的对象、阶段划分、投入力度和评价体系上仍难以把握平衡点。对于基础研究的统计和持续监测工作也有待进一步开展。

从现有基础研究评价体系来看，主要看短期内发表论文篇数、获得专利数量，有了这些才可以获取更多项目和经费，这不利于基础研究的长期积累和原始创新技术的突破。作为资源分配机制的同行评议制度在原始创新领域及交叉领域难以充分发挥作用。就同行评议制度而言，一方面，基础研究被推动着开展并且要求有研究绩效，引发了围绕资源的激烈竞争，进而为同行评议中的不端行为提供了潜在的土壤。另一方面，研究范围扩大和成本的增加，使更多的科研团队、大学、企业等参与进来，一些组织谋求操控科学领域，也向以同行评议为特征的科学自治提出了挑战。就组织管理视角而言，现行的同行评议中通讯评审量巨大，科学家在有限时间内是否能够尽职尽责；评审中的"打招呼"等现象削弱了评议的公平性和透明性；评审中的过度回避之后造成的"小专家"评"大专家"等现象都是迫切需要解决的问题。

（二）基础研究人才队伍亟须壮大

基础研究工作的开展离不开人才这一关键要素的支撑。深圳虽然科技人才总量大，但缺乏高层次科研人才一直是突出的结构性问题，基础研究领域也面临同样的状况。深圳基础研究人才数量呈直线上升趋势，但投身基础研究的高水平团队和领军人才不足，一方面体现在深耕基础研究理论的团队和人才比较匮乏，缺少长期稳定的基地和队伍；另一方面体现在对国际高水平人才的吸引力不强。深圳基础研究人才以引进为主，与北京、上海、武汉等高校集聚城市相比有着显著的"拿来主义"特征，但面对逆全球化倾向、美国对高端科技的技术封锁、国内"抢人大战"等诸多挑战，加之高额的生活成本、教育医疗资源相对缺乏等不利因素，深圳对高层次人才的吸引力呈现下降趋势，使高层次人才引进效果与实践需求差距过大。尤其对于人才引进后的环境适应而言，与本土人才的融合共生以及发展环境优化等缺乏全盘考虑，导致出现人才发展遭遇瓶颈、成果转化困难等现实问题。当前，全球政治经济格局日趋复杂多元，对于人才的竞争更加激烈，然而深圳高层次人才引进主体和渠道单一，主要依靠政府部门，市场化配置低，在制订引才计划过程中，缺乏对需求情况的精准研判。对于人才的认定标准过于局限，人才评价考核和管理机制还有待进一步完善。

第五节 发达国家基础研究经验总结及现实启示

在百年未有之大变局叠加新冠肺炎疫情的冲击下，科技强国的建设成为我国未来发展的必然选择，而基础研究是建设科技强国的重要基石和关键要素。放眼全球，世界科技强国无一不是基础研究强国，如美国、日本、德国等发达国家始终把推进基础研究作为本国科技创新生态链中的首要一环，通过基础科学研究推动产业进步和技术应用或者通过工业发展和技术需求反哺基础研究。各国政府通过不断完善相关政策，实施各类举措走出了具有本国特色的基础研究之路，为深圳乃至中国着力加强基础研究工作和提升基础研究水平提供重要的经验借鉴。

一 美国基础研究经验总结

美国作为世界科技大国，历来重视对基础研究的战略性引导，其基础研究水平在全球居于领先地位，这与联邦政府的宏观政策引导、长期稳定且灵活多样的经费投入、庞大的基础研究人才队伍以及成熟的基础研究管理和评价机制是密不可分的。

（一）政府对于基础研究的宏观政策导向

1945年7月，时任美国科学研究发展局局长的万尼尔·布什发布《科学：无尽的前沿》这一报告，标志着美国将基础研究作为国家科技发展战略的开端。自此以后，历届美国政府都高度关注基础研究这一基础科学领域，颁布多项有关发展基础研究的科技政策，为基础研究提供长期稳定的资金支持，并依据国际科技发展形势和经济发展趋势，对基础研究的统筹布局、发展方向和人才要求适时做出调整（见表2-6）。

表2-6 第二次世界大战以来美国基础研究相关政策及内容

颁布时间	政策名称	主要内容
1945年	《科学：无尽的前沿》	①政府有责任资助基础研究；②倡导科学探索的自由性
1958年	《加强美国科学：联邦政府的角色》	①联邦政府不应过多地关注研究的"实用性"；②联邦政府应加大对基础研究长期、自由的资助
1960年	《科技进步、大学和联邦政府》	联邦政府应扩大两方面的投入：①基础研究；②为基础研究培养的研究生教育
1992年	《更新诺言：研究密集型大学和国家》	①联邦政府应该持续增强对大学基础研究长期而又稳定的资助；②对大学研究的支持应倾向风险性研究，不要过分注重结果
1994年	《科学与国家利益》	美国科学发展的五大目标：①保持在所有科学知识前沿领域的领先地位；②加强基础研究与国家目标之间的联系；③鼓励促进对基础科学和工程学投资以及有效利用物力、人力和财力资源的合作伙伴关系；④培养21世纪最优秀的科学家与工程师；⑤提高美国人的整体科学技术素质
2004年	《创新美国》	国家应增加对高风险、需要长期投资的基础研究的资助
2009年	《投资美国的未来》	在未来10年内将联邦政府的基础研究投入翻一番
2009年	《美国创新战略：推动可持续增长和高质量就业》	①恢复美国在基础研究领域的领导地位；②优先发展领域：清洁能源、先进汽车、医疗健康等
2011年	《美国创新战略：确保我们的经济增长与繁荣》	①加大基础研究投入；②实施税费减免加速企业创新；③优先发展领域：清洁能源、卫生医疗、生物技术、纳米技术、空间技术等
2015年	《美国国家创新战略》	①投资领先世界的基础研究领域；②激发私营部门创新；③优先发展领域：医疗健康、精准医疗、"脑计划"、先进汽车、智慧城市、清洁能源、太空探索、计算机领域新前沿技术等

（二）基础研究投入力度大且主体多元化

自20世纪50年代以来，美国在基础研究领域的投入力度不断加大，基础研究投入经费在GDP和R&D经费中的比例实现翻倍增长。进入21世纪之后，美国基础研究经费在R&D经费和GDP中的比重稳定在17%左右（见图2-14）。其中，联邦政府、非联邦政府、企业、高等教育机构、其他非营利性组织等共同构成基础研究的投入主体。其中，联邦政府作为基础研究领域的第一大资助方，为美国基础研究工作提供长期稳定的资金支持，其投入比例维持在44%—69%。企业在美国基础研究投入中同样发挥着至关重要的作用，部分大企业自身具备承担基础研究的资本实力，在科研投入方面也有着强烈的现实需求。企业通过加大研发投入来提高自身生产力，通过研制出更多的自主创新产品来提高全球市场竞争力和占有率，在企业自身成长的同时带来可观的经济收益。根据数据统计，企业作为第二大资助主体，为美国基础研究工作提供了四分之一的经费，资助比例保持在15%—34%。美国的高等教育机构以研究型大学为主体，其充足且灵活的资金来源在一定程度上保证了基础研究经费的稳定性，其中占比约为13%。非营利组织对于基础研究的投入主要得益于美国历来的捐赠文化和有倾向的税收安排，经费资助占比保持在12.7%左右。非联邦政府在美国基础研究经费中的占比较小，约为2.8%（见图2-15）。

（三）基础研究领域人才充裕且队伍庞大

众所周知，美国的基础研究水平在全球领先，其论文产出数量也是领先世界，如美国在人工智能领域仍然占据着霸主地位，2019年AI领域共发表论文57654篇，作者国籍为美国的有26818人，占比为47.89%。此外，美国的科技企业在技术应用与转化能力方面实力较强，涌现了大量的技术创新成果，这背后得益于美国拥有较为充裕的基础研究人才及团队。

第二次世界大战以来，美国凭借工作签证和绿卡、归化入籍等职业移民优惠政策吸引了大量海外科技人才来美留学和工作。根据统计得知，2014—2019年，美国共有3973位高水平基础研究人才。2016年，仅在美国企业部门的研发技术人才已达150万人，其中研

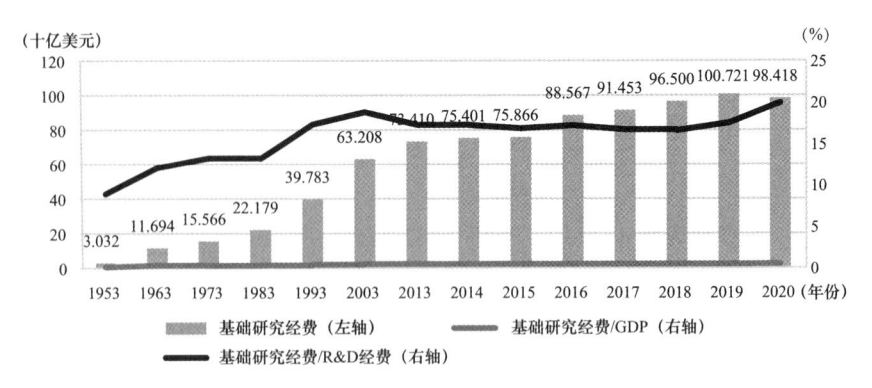

图 2-14　20 世纪 50 年代以来美国基础研究经费投入

资料来源：www.globesci.com。

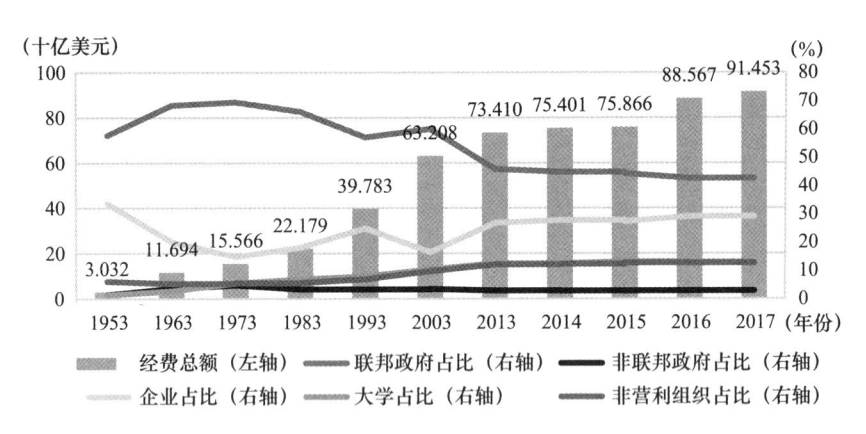

图 2-15　20 世纪 50 年代以来美国基础研究经费投入主体占比

资料来源：www.globesci.com。

究型人才为 110 万人，博士研究人员达 12 万人。对于学历层次而言，博士研究生在基础研究活动中的参与率较高，是从事基础研究工作的主力军，因此博士研究生的数量是反映一国基础研究队伍的重要指标之一。美国的博士研究生数量之所以庞大，与其大学教育息息相关。自由的学习研究氛围、高素质的人才队伍、高端完善的仪器设施、优渥的奖学金资助项目、成熟的学科体系、稳定的就业保障，吸引来自世界各地的优秀学子来美学习基础研究学科。现阶段，美国拥有 2300 多所四年制大学，全世界排名前 40 的大学有 3/4 在美国。2000—2017 年共计有来自世界 212 个国家和地区的 246126 名留学人员在美国顺利拿到博士学位，其中基础研究领域的人数占 38.6%，共计 95070 人。在获得美国大学博士学位的国外研究人员中，约有 70% 的人会选择继续留在美国。部分博士研究生毕业之后会选择从事博士后研究或在研究单位就职，依然从事基础研究工作，这极大地扩充了美国基础领域人才的储备，并产出丰硕的基础研究成果。如美国 2003—2015 年的论文发表量始终保持世界第一，占全球的 20% 左右。

（四）基础研究管理体制健全

从管理主体来看，美国基础研究工作主要由联邦政府主管，具体政策和方案由三个分部门制定和执行。从管理模式来看，美国基础研究工作采取"分散管理、集中协调"的模式。从管理方式来看，美国的基础研究主要由项目管理和合同管理组成。对于项目管理制而言，美国建立了专门的项目管理体系和项目办公室，由项目办公室进行统筹规划，负责制订项目管理的计划、进度和合同以及组织成果验收工作。合同管理制一般分为固定价格合同和成本补偿合同两大类。对于基础研究的经费管理而言，美国在各个部门设有专门机构来负责经费管理。如美国国防高级研究计划局设有审计处，除负责该局的年度预算外，还负责监管科研计划的实施进度，提供经费、合同和计划等方面的信息服务。对于基础研究的成果评价和信息管理而言，美国国防部通常采用"同行评定"和"内部评定"两种方式来对研究单位完成的研究项目的情况进行验收评价。此外，美国还要求各个科研单位设立"研究与技术应用办公室"，对本单位完成的基础研究成果进行评价，并就该项目是否符合申请专利或转化应用程度提交评价报告。美国国家科学委员会 2020 年 5 月发布了《美国国家科学委员会：2030 愿景》，指出要充分利用美国在基础研究上的领先优势，把科技发现转化为科技创新。

（五）以大学为核心的多元基础研究载体

美国的基础研究执行主体主要由联邦政府机构、FFRDCs、企业、大学、非营利组织等构成（见图2-16）。其中，自20世纪60年代以来，美国的研究型大学就已成为基础研究的支柱。在过去几十年里，美国的研究型大学为基础研究积累了资金、人才、设备和学术声望等多项充分必要条件。在大学里从事基础研究的人员占研究人员总量的2/3以上，其基础研究经费比例为40%—55%。在研究型大学中更是不乏名家大师，他们在基础研究领域做出了卓越贡献。截至2019年3月，麻省理工学院的校友、教授及研究人员中有93位诺贝尔奖得主、8名菲尔兹奖获奖者、26位图灵奖得主，以及52位国家科学奖章获奖者、45位罗德学者、38名麦克阿瑟奖得主。[1]

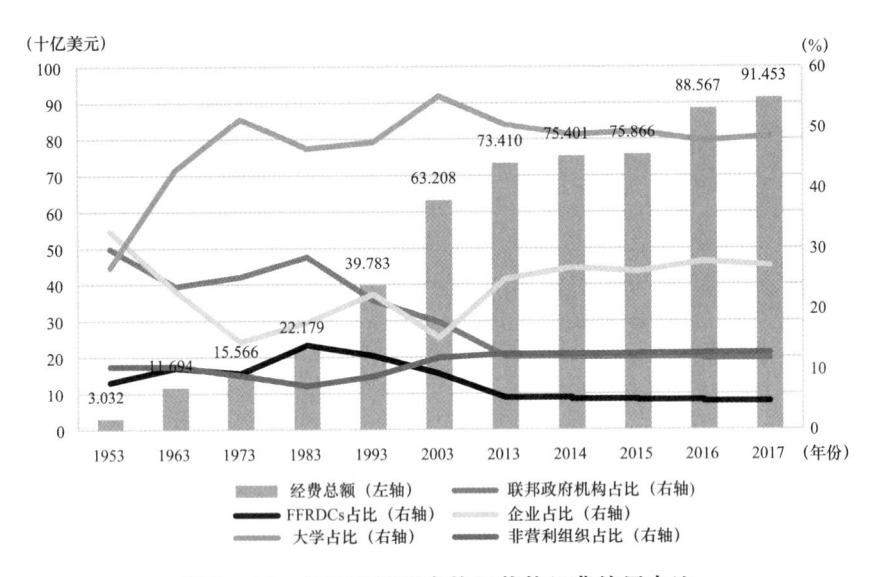

图2-16 美国基础研究执行载体经费使用占比

资料来源：www.globesci.com。

第二次世界大战时期美国联邦政府依托大学建立了多所实验室，在基础研究方面发挥着不可替代的作用。2019年5月，根据统计数据显示，FFRDCs的46个研发实验室中有14家由大学托管。这些

---

[1] 范旭、李瑞娇：《美国基础研究的特点分析及其对中国的启示》，《世界科技研究与发展》2019年第6期。

实验室大多由政府出资创建，但以合同的形式委托给大学、非营利机构或企业对其进行管理。这些实验室及其先进的实验设备能够为大学和科研机构开发提供部件级验证、集成和系统测试这一"创新鸿沟"阶段的工作，还能够为高科技企业进行演示验证，推动技术成果向产业应用领域转移转化，以此实现创新链与产业链的良性互动，充分发挥溢出效应。

除联邦政府之外，多个创新型企业是基础研究投入的重要来源和基础研究活动的执行主体。根据统计，研发经费投入最多的全球TOP50企业中，有22家企业总部设在美国，包括谷歌母公司Alphabet、微软、英特尔、苹果、强生和通用汽车。[①] 这些企业大多拥有世界上最为先进的科学技术和生产设备，聚集了世界一流水平的工程技术人员。这些企业通过应用研究与开发将基础科学发现转化为技术创新，通过生产制造以满足社会科技发展需求。

二　日本基础研究经验借鉴

基础研究是科学技术的知识源头，是进行应用研究和试验开发的前提和基础。第二次世界大战后，科学技术成为日本实现赶超的重要依靠力量，其中日本政府尤为重视基础研究，出台了一系列战略性、前瞻性和系统性的相关政策，保证基础研究的稳定资助、引导多主体投入其中等，涌现出一批世界一流的基础研究成果。但日本与美国的基础研究路线不同，日本走的是依靠国外的先进技术进行消化吸收和改良，同时不断培育自己的研究开发实力的"追赶型"轨道。简言之，日本是通过应用基础研究倒逼基础研究的发展。

（一）政府对于基础研究的宏观政策导向

第二次世界大战后，日本面临着百废待兴的惨淡局势，对此，日本政府立足国内发展，强调产学官相结合，从发展民用企业到强调基础研究，相继出台了一系列基础研究相关政策，主要包括科技战略、产业规划、财政支出、税收优惠、管理机制等方面（详见表2-7）。

[①] 王炼：《美国企业基础研究投入情况分析》，《全球科技经济瞭望》2018年第33期。

表 2-7　第二次世界大战以来日本基础研究相关政策及内容

颁布时间	政策名称	主要内容
1949 年	《振兴科学技术的决议》	增加科技研发投入
1950 年	《外资法》	规范技术引进
1952 年	《产业合理化促进法》	重点发展钢铁、煤炭和电力等行业，增加资本投入，引进先进技术
1953 年	《预扣赋税率制度》	减轻国外技术使用费，鼓励企业更大限度地引进和吸收先进技术
1957 年	《国民经济发展计划》	发展基础教育，培养科技创新人才
1961 年	《国民收入倍增计划》	提升科研人员数量和水平
1970 年	《70 年代综合的科学技术政策的基本方针》	重点振兴基础科学，加强自主研发能力
1984 年	《面向 21 世纪的科学技术政策》	日本科技政策制定核心之一为加强科技领域国际合作
1988 年	《科学技术白皮书》	以国际化为主题分析开展科技活动和制定政策
1995 年	《科学技术基本法》	"科学技术创造立国"战略以法律形式确定下来
2016 年	《科学技术基本计划》（第五期）	提高科技与创新（STI）的重要性，强调注重科学基础研究和环境保护的可持续发展
2018 年	"日本官民研究开发投资扩大计划"（PRISM）	旨在研发成果应用前景广阔领域吸引民间研发投资

（二）基础研究投入强度稳定且主体多元化

根据日本相关年份《科技创新白皮书》得知，日本自 20 世纪 70 年代以来持续加大基础研究投入力度。1978 年，日本基础研究经费投入为 5926.2 亿日元；1986 年，日本基础研究经费投入达 11191.95 亿日元；1991 年，日本基础研究经费投入为 16949.09 亿日元；1996 年，日本基础研究经费投入达 21009 亿日元，突破 20000 亿日元。2004 年，日本基础研究经费投入达 23550.47 亿日元；2014 年，日本基础研究经费投入达 26031.97 亿日元。基础研究经费在研发投入中所占比例是反映一个国家或地区科技资源配置的重要指标。自 20 世纪 70 年代中后期伊始，日本在基础研究方面的投入强度稳定在 15% 左右（见图 2-17）。1996 年，日本政府通过第一期《科学技术基本计划》，强调提高基础研究能力。此后，分别于1999年、2003年和2010年出台第二期、第三期和第四期《科学技术基本计划》。这一系列《科学技术基本计划》的颁布有力保障了基础研究投入的可持续性。此外，日本在基础研究方面也形成了包括政府、企业、大学、非营利团体等在内的多元投入格局，其中政府和企业是相对独立的投入主体。政府对于基础研究的投入经费最多，企业的基础研究经费投入小于政府。当然，从科研经费的投入结构来看，民间资本在研发投入比例中占据首位，而中小型企业是民间资本的来源，可以说中小型企业是第二次世界大战后日本科技研发的顶梁柱。为追求高质量高技术发展，企业不仅投入了大量的科研经费，更是斥巨资吸引高端技术型研究人才。

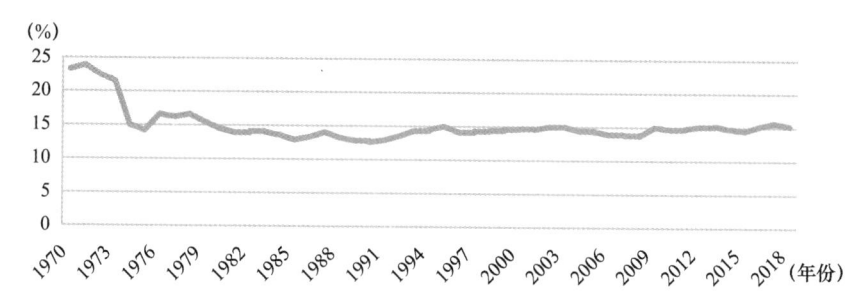

图2-17　20世纪70年代以来日本基础研究投入强度

资料来源：1971—2019年《日本科技创新白皮书》，https://www.mext.go.jp/。

（三）注重科研人员的引进与培育

日本尤其重视基础研究人才的引进与培育，其科研人才数量也呈现逐年递增的趋势。1985年，在大学和企业的科研人才分别为195778人、231097人；2017年大学、企业的科研人员分别为326233人、488828人。从1990年开始，企业和研究机构的人数超过了50%，持续至今（见表2-8）。日本对于基础研究人才的吸引主要是通过项目资助的方式，鼓励他们根据自己的兴趣申请项目，开展基于内在动机的课题研究。2020年1月，日本审议通过《强化研究能力和支持青年研究人员综合措施计划》，其中，设立最长为十年期的创新性研究支持项目，每年资助700—1000人，并为每人提供 1500 万—3000 万日元的研究经费①，吸引青年研究人员投身于科学研究事业。评价机制也是激励基础研究人员的重要方式之一。日本日益改进科技领域的评价制度，强调依据科研项目本身的独特之处采取最适合的评价方式。在评价进程中，注重对年轻科研人员的激励，提升其创新思维能力，注重挖掘年轻人蕴含的科研潜力。

当然，日本向来是一个强调基础教育的国度，对于科技人才的培养与管理坚持从中小学生抓起。在基础教育阶段，学校会定期组织孩子们到科技馆、天文馆、创新馆等地方参观学习，提高中小学生对科学技术及创新的兴趣和亲近感；通过举办科研创新实验活动，激发孩子们的创意思想，并从中挖掘有潜力的学生进行重点关注和培养；邀请优秀的科研专家和企业领军人才到学校进行科技创新相关讲座，激发学生对于科技发展的内心驱动力；当然教师作为教育的主体，学校鼓励他们将科研成果带入课堂，培养学生对科学研究的兴趣爱好，这样就为日本开展基础研究工作输送源源不断的人才。

表 2-8　　　　　　　　日本科研人员数量统计　　　　　　　　单位：人

年份	大学	企业	非营利团体	公共机构	总人数
1985	195778	231097	7198	28818	462891
1990	224785	313948	11497	29322	579552
2000	281365	433758	15747	30987	761857
2015	321571	506134	8842	30373	866920
2016	322100	486198	8553	30242	847093
2017	326233	488828	8405	30238	853704

（四）打造多方参与的基础研究协同攻关模式

近二十年来，日本基础研究投入强度稳定在 14%—15%。其中大学和企业是基础研究的执行主体。大学作为学科知识传递与

---

① 姜桂兴：《国外基础研究投入呈现显著新趋势》，《光明日报》2020 年 11 月 13 日第 6 版。

交汇的学术殿堂，更加注重基础科学知识的创新发展，其基础研究经费支出占经费总量的45%—50%。2007年日本政府实施"世界顶级研究基地形成促进计划"（WPI）。WPI实施以来，包括东北大学原子分子材料科学高等研究机构、东京大学科维理宇宙物理学与数学研究所等十多个研究基地获得资助，打造了若干个聚集全球精英的顶级研究基地。企业作为科学研究转化应用的主体，更加注重研发技术的突破，其基础研究经费支出占比为30%—40%。

此外，日本强调产学官密切协作，高科技企业与拥有丰富基础学科知识的大学及公立研究机构进行密切合作，共同研发新产品和建设新项目，推动技术升级创新及研究成果转移转化。如政府相继出台《产业技术力强化法》《加强产学研合作研究方针》等一系列政策，致力于推动日本产学官融合发展。其中，《产业技术力强化法》准许大学老师在企业兼职，推动所在大学和企业人才深入技术交流，促进创新成果的顺利转移，带动民间技术向应用发展。总体而言，产学官联合作为一种新型的科研创新模式，三者相互融合的创新模式完善了整个基础研究创新链条，以实践促进高校的科研发展，再将其转化为基础研究成果，有效促进了日本创新技术的变革（见图2–18）。

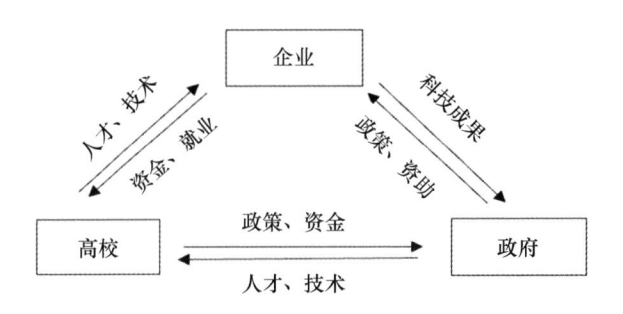

图2–18 日本基础研究模式

三 基础研究经验借鉴

德国在科学研究和技术基础方面是一个有着悠久历史的国家。德国政府深知自然科学领域的基础性研究是一个国家科技发展水平的决定性因素，是国家科技进步的源泉和先导。因此，德国向来高度重视基础研究，在其投入强度方面保持一定的稳定性，形成了高效协调的基础研究管理体系，对大科学项目和重大科学基础设施进行持续稳定投资，为德国基础研究成果的不断突破奠定了坚实的基础。

（一）以政府为主导的基础研究多元稳定投入格局

在20世纪60年代末70年代初，德国基础研究投入强度与R&D强度处于同步增长期，其投入强度从20%提升到25%以上。1970年，德国政府成立了教育和研究促进委员会（BLK），专门协调联邦政府和州政府之间的科技政策和规划。同年成立了"大型研究机构工作组"，以国家战略为导向开展基础研究工作。1980年以来在政府的稳定资助下，德国的基础研究强度长期保持在20%左右。细观德国基础研究经费来源，与美国和日本等国家的构成相似，政府是第一大资助主体，企业次之，还包括一些非营利机构和民间基金会。其中政府在基础研究方面的投入经费主要流向各个高校和大型国家研究机构以及各类研究会，部分投向企业鼓励其进行技术研发。如德国政府每年提供1.5亿欧元用于支持建设高等院校里的大型科学装置。企业的基础研究经费投入主要用于企业内部的研究机构，部分流向研究会。非营利机构和民间基金会的基础研究经费投入也主要流向高校和研究会。

（二）基础研究管理体系集中协调且分工明确

德国的基础研究管理主要由联邦教育研究部设立的基础研究专业司负责。联邦教育研究部主要负责在宏观层面制定相关发展政策和大政方针等，也负责协调政府各部门之间以及联邦政府与各州政府之间的科研计划和科研活动。此外，德意志研究联合会类似于美国的国家科学基金会，也是德国重要的基础研究经费资助机构。其成员主要包括德国各高等院校、校外科研机构、科学联合会等，主要任务是资助大学和公共研究机构的基础研究工作。但德意志研究联合会不对研究机构进行直接资助，而是对研究人员通过竞争取得的自选课题进行资助。

（三）基础研究机构与工业发展应用紧密结合

德国的基础研究机构主要由高校研究机构和国立研究机构组成，

其中高校研究机构是德国基础研究的主体。德国的柏林大学作为世界上第一所研究型大学，它以科学研究为主要使命，在大学中探索纯粹的科学问题。此后，德国又相继改革和组建了一批高水平研究型大学，并建立了多所新型实验室，致力于推动自然科学领域的发展。德国基础研究发展的一个新的趋势是基础研究机构与工业界结合得越来越紧密。如德国马克斯·普朗克分子生理学研究所与制药行业共同创立"化学基因组学中心"，致力于生物科学和化学生物学研究。德国化工企业巴斯夫公司联合弗赖堡大学建立的"弗赖堡材料研究中心"和微系统工程系、法国斯特拉斯堡大学的"超分子科学与工程研究所"以及苏黎世联邦理工学院，在欧洲创立的"先进材料和系统联合研究网络"，与上述机构合作开发面向广泛应用的新材料，扩展对未来材料和系统的理解。这种伙伴关系使工业界可以依托最新的研究成果开发产品，使科学研究与应用研究更好地结合起来。

通过上述经验阐述，美、日、德三国在基础研究方面的发展模式存在一些共性，对深圳发展基础研究深有启发。第一，基础研究由政府主导，持续出台相关政策进行规划布局并给予长期稳定的经费支持，同时动员多个创新主体形成基础研究多元化投入格局。第二，重视基础研究人才的引进与培育，把基础研究人才的池子做大，对其兜底。实际上，基础研究人才并非只能从事第一链环所需的实验性或原理性工作，也可以从事技术创新和转化工作，甚至商业活动。有相关知识背景，则更有后劲，有利于增强自主创新的硬核性。第三，完善基础研究的管理体制、评价和监督机制。这些对于开展基础研究工作起到良好的激励作用，既能够尽可能保证科研投入不被滥用，也要具有较好的容错性。第四，鼓励基础研究与产业发展紧密结合，形成一种"科学研究促进产业发展、产业发展反哺科学研究"的良性循环。

结　语

在中国的城市坐标体系中，深圳一直扮演着创新型城市的角色，在过去40余年经历了从起步到追赶再到超越的过程。尤其是近十年来，深圳对于基础研究的重视程度越来越高，对于基础研究的支持力度加大且持续稳定，在平台建设、载体建设、人才会聚等方面实现跨越式增长，为夯实深圳基础研究的底座打下坚实的基础。但由于基础研究起步较晚，一直是深圳实现自主创新的短板，是解决"卡脖子"问题的根源，也是实现高质量发展的关键。当前深圳基础研究水平与先行示范区的要求还有一定距离，与美、日、德等基础研究水平较高的国家相比也有一定差距。尤其在"两个大局"下，科技创新尤其在基础研究方面，深圳有着更强的迫切性，同时也应该有更大的担当和作为。基于现实逻辑，当前以及未来的深圳需要继续在基础研究方面发力，在科技创新方面扮演引领、开创的角色。

一流的创新需要一流的呵护。深圳基础研究工作既需要有"硬件条件"的支撑，也需要有"软性环境"的保护。如积极且明确的政策支持、稳定且多元的资金投入、推进建设创新载体且明确不同创新主体功能定位和使命要求等，快速夯实基础研究"硬件条件"。优化创新体制机制，如创新基础研究支持方式，探索类似人工智能"揭榜挂帅"等新型"赛马机制"，充分发挥企业在创新链终端的集成和拉动作用，实现市场对基础研究资源的有效配置等，营造有利于基础研究的"软性环境"。

值得注意的是，深圳基础研究之路可借鉴但不能照抄照搬国内外其他城市经验，要紧密结合其科技创新的特点，坚持与市场相结合，通过科研体制改革走出深圳基础研究的新路。通过应用基础研究倒逼基础研究以解决"卡脖子"难题，把好全过程创新生态链的第一关，以构建好整体生态链环，发挥连锁效应。有专家认为，深圳过去四十余年的创新秘诀中很重要的一条在于，深圳善于把创新从纯科研的活动转变为经济活动，企业则很自然地成为创新的主体，企业家成为创新活动的组织者和领导者，市场化构成了创新模式的核心。简言之，深圳创新的基因隐藏在市场化的进程中。

第三章 深圳全过程创新生态链的硬实力

——技术攻关

深圳特区的经济发展史，是一部艰苦创业史，同时也是一部技术进步创新史。作为我国科技创新高地，深圳汇集了全国最多的高科技企业总部，应用型创新成就突出，在移动通信、新能源技术、民用无人机以及人工智能等领域已达世界先进水平。一路走来，深圳科技创新的重要成功经验，就在于创新链与产业链的深度融合，即依托产业从加工、制造到创造的转型，完成了技术能力从引进照搬、模仿消化到迭代创新的突破，成长为我国技术密集型产业重镇。从制裁中兴到打压华为，从贸易摩擦的阻断供应链到"小院高墙"的关键技术脱钩，美国的核心目标也正是通过打断技术迭代进步的正向循环之势，降低我国产业的竞争能力和替代能力。而必须正视的现实是，虽近些年发展势头迅猛，但深圳在微芯片制造、新材料、工业软件等关键核心技术领域存在"断链"的风险，这是制约深圳全过程创新生态链构建的痛点所在。如何继续深化创新链与产业链的交织韧性，并以企业为创新主体，以有效技术联盟为抓手，协同攻克关键核心技术难关，是深圳当前所面临的核心挑战。

本章首先对核心技术攻关所涉及的链动过程及多元协作攻关模式进行解析，为进一步的探讨提供概念共识和理论基础；其次，高科技产品本质是技术的物化，深圳的技术攻关能力首先是依托于产业拓展升级而得到稳步提升的，而围绕消费者的需求不断向市场高端升级是深圳技术攻关的另一个重要推动力。当然，这种逆向创新模式在前期取得巨大成功后，到了 21 世纪，受到的制约因素也越来越多，亟须转型；基于此，本章分别从产业链的延伸拓展、突出企业创新主体地位、重点技术项目攻关机制创新等方面，对党的十八大以来深圳在核心技术攻关链环的聚力强化进行了详细梳理。华为5G技术突破、大疆无人机在国际市场攻城略地等，都可作为这十年深圳技术攻关能力飞跃的坚实例证；但与"打造关键核心技术来源地"的远景目标对照来看，深圳仍需尽快扭转以往跟随战略所形成的定势，加强相关主体的协作紧致性，以及根据"卡脖子"痛点加快组建企业技术联盟。特别是最后一点，如何将各企业的技术攻关能力"跨域协同、碰撞迭代"是我们当前的短板，与国际先进经验有较大差距；本章最后一节，特对美国、日本的半导体产业联盟运作进行剖析，为深圳进一步强化关键核心技术链环提供经验借鉴。

第一节　技术攻关的链动过程与多元协同

一　技术攻关的相关概念厘定

（一）创新生态中的技术攻关模式与主体构成

从技术攻关的历史经验来看，产业技术突破往往是个迭代演进的动态化过程，即技术突破往往难以线性规划预测，而往往是通过多元化的路线、竞争性的散点攻关，最终更新迭代。这个技术突破创新过程是产业演化发展的根本支撑，"是产业获得持续竞争优势的来源，是产业技术轨道演化的主要推动力"①。每一次的技术迭代都会推动产业变革，从而催生大量新兴产业，形成新的经济增长极，这不仅带来经济结构的重塑，还会使经济竞争的赛场发生转换。技术迭代首先表现为对生产要素的新突破、新组合，或者引入新的生产函数——这是技术迭代的第一层含义。在这层含义上所诞生的新成果，包括新产品、新技术、新工艺、新服务等。但技术迭代不是止步于此，而是要继续往前推进，实现上述新成果的首次市场化、商业化应用，这构成技术迭代的第二层含义。只有做到这一点，才是真正地、完整地实现了技术迭代。综合来看，采取哪种路

---

① 张立超、刘怡君：《技术轨道的跃迁与技术创新的演化发展》，《科学学研究》2015年第1期。

线去实现更新换代,需要根据产业和市场的具体状况来决定,多点培育突破的情况更是常态。需说明的是,本章讨论的内容主要涉及技术迭代的第一层含义,即对生产要素的突破组合,技术迭代的第二层含义内容将在下一章成果转化里进行详细讨论。

当然,技术的突破也绝不是随机过程,在既定的路线上需要有效的攻关模式去组织。攻关模式通常可分为两种:供应模式和需求模式。供应模式,其特点是科学研究从学科发展出发,其成果通过一定渠道寻找合作者,以求开发和推广,科研经费主要由政府提供;而需求模式是指科学研究以市场需求为导向,从生产条件出发,科研成果直接应用于生产,满足市场需要。需求模式的一个典型特征是科研经费主要由生产部门提供[1]。在实践中,任何国家的科研模式都是二者的混合。其中供应模式的关键在于要为已有科研成果提供广泛的技术应用场景;需求模式的关键在于企业如何根据市场需求,去组织资源提供技术方案和生产工艺,它们都需要一个宽厚的产业生态去支撑,这个产业生态中的产业链和产业结构都要足够完备,所以一个区域的技术突破能力往往和产业生态是否成熟正相关。

如以生态视角看技术攻关,那么它也是一个多元主体协同创新的系统行为。其主体在广义上包括科研机构、大学、企业、个人等,学界和业界也越来越强调产学研用一体化,但如果说技术攻关的主载体,那还得是市场需求与技术转化的对接点——企业。这也是我们经常强调的,在自主创新和研究开发中,企业要起到主体地位的作用,这是由企业本身的性质和它在社会经济中的地位所决定的[2]。企业的最大特点是贴近市场,它清楚地了解市场的需要,并且能前瞻性地掌握市场发展所产生的潜在需求,使其研究开发的目标更具针对性。另外,随着市场竞争日趋激烈,企业只有把握住新技术的制高点,才能在竞争中处于领先地位。这也是企业自身生存发展的现实需要,同时也能使企业主动将研发成果转化为生产力,

---

[1] 解飞厚、卢晓中:《科技向生产力转化应从转变科研模式着手》,《科技导报》1995年第7期。

[2] 潘承烈:《自主创新为何要以企业为主体》,《企业管理》2006年第2期。

从中有效地收回创新成本。这正如熊彼得所言：厂商进行新技术开发和投资的目的，是追求新技术的商业价值，而这在很大程度上取决于产品在市场上的竞争力。具有市场竞争力的大型厂商不仅有着更强大的技术创新能力，而且更重要的是，这些企业有足够的利润去回收创新成本，以保证技术迭代的可持续性。此外，以企业为技术创新主体的好处还体现在企业的技术创新动力最充足，资源投入积极性最高、投入力度最大，并且企业对创新投入的风险可以进行有效把控，在科技创新活动的中长期投入产出收益率最高。技术攻关主体通常不是独立地进行技术突破，而是需要有好的协同机制，这样能够进行分工合作，以此降低攻关成本、共享技术、开拓市场。

综上，技术攻关链环的韧性主要取决于它的产业基础是否先进雄厚，主体（企业）是否锐意创新，以及是否有好的攻关协同机制安排。

（二）技术攻关的链动逻辑

本章所讨论的深圳技术攻关链环并不涉及具体的技术路线问题，而是从宏观上探讨技术领域的流程特质与协同机制，简单来讲可包括三个环节：关键技术攻关对象的甄选、相关资源的调动与集聚以及具体的攻关机制安排。

进行技术攻关，第一是要选取对象，即攻关何种技术，这个过程就是技术甄选，通常是先由专家根据研究调查预测科技领域的未来发展趋势，随后从中选取具有战略意义的关键核心技术作为攻关对象。技术预见在20世纪40年代开始兴起，长期以来被许多国家用来确定具有战略意义的研究领域和技术，已经成为一种重要的技术战略工具，虽然中国的技术预见活动起步较晚，但也取得了一些成果。一般而言，关键核心技术甄选可分为六个环节：组织架构建立、社会愿景与技术需求分析、趋势研判与调查、"卡脖子"标准界定、综合分析论证，以及甄选效果评估。[①] 技术甄选是一个探索经济社会、科技发展趋势的长期过程，它涉及很多工作：首先，建

---

① 张治河、苗欣苑：《"卡脖子"关键核心技术的甄选机制研究》，《陕西师范大学学报》（哲学社会科学版）2020年第6期。

立组织架构,设立委员会和选取专家组成员;其次,进行社会愿景与技术需求分析,提出经济、社会、环境、安全等各个层面对科学技术发展的具体需求,再进行趋势研判与调查,开展两轮"线上+线下"相结合的大型德尔菲调查,对核心技术清单进行调整和优化;再次,对"卡脖子"技术进行标准界定,"卡脖子"技术可分为亟待解决的与关系长远的两大类;最后,进行综合分析论证和甄选效果评估。

第二是相关资源的调动与集聚,包括人才要素、技术要素和资本要素等。在人才要素上,技术攻关需要众多相关专业科学技术人才的集聚融合,形成人才合力,通过"大脑风暴",将科技团队的智慧有效地结合并利用起来,为技术攻关提供智力优势;在技术要素上,技术攻关需要以该技术拥有者的龙头企业为引领,并联合中小企业,组建技术研发联盟,搭建技术研发平台,形成技术合力,集中技术力量攻关基础共性技术;在资本要素上,技术攻关需要完善的资本要素市场体系做支撑,这就需要政府发挥引导职能,完善当前的投融资体制,并搭建专业的资本要素交易平台保证资金的有效流通,形成技术攻关的资本合力,为技术攻关提供资金保障。通过人才、技术、资本等资源的有效调动与集聚,形成强大合力,对技术攻关有巨大的关键推动作用。

第三是攻关机制安排。一项技术的突破攻关通常以政府为引领,以市场为主导,以企业为主体,高校和科研院所等协同发力。而采取何种模式进行技术攻关,是包干分配制、"揭榜挂帅"制,还是其他机制安排,需要根据具体的情况而定。其中,包干分配制是指将技术突破的任务由政府直接分配给某个实验室或者科研团队等指定主体来攻关,项目负责人具有经费自主使用权。"揭榜挂帅"制,也被称为科技悬赏制,是一种以科研成果来兑现的科研经费投入体制,由政府组织面向全社会开放征集科技创新成果的一种非周期性科研资助安排,是对项目遴选和攻关方式的重大创新,"揭榜"打破了以往财政科技资金基金使用的各种局限性,是能者皆可"揭"之。对于一些常规性的长期的技术攻关项目,可以施行包干分配制;而对于一些紧急的、在短时期内难以突破的项目,可以采取

"揭榜挂帅"制，这样有助于针对最迫切的科研难题，以开放式创新的形式，最大限度地调动社会各界的智力潜能，以最快的速度找到切实可行的解决方案，大大提高攻关效率。

二 技术链、产业链与价值链的互动关系

就技术与产业的关系而言，如果技术单纯只是一个技术，不外化为商品，那将失去它的意义。而当其外化于商品后，如不能实现它的产业价值，无法持续迭代，那也不是一个完整的技术链。因此，全过程创新生态链的技术攻关链环，不是单纯的技术链，而是技术链、产业链和价值链三者的互动实现。

技术链和产业链、价值链呈现复杂的相互作用关系（见图3-1）。首先，技术链决定产业链和价值链。从单一环节来看，该环节的技术状况，决定了其产品种类、市场结构和竞争状况，进而决定了该环节的价值回报；从整体上来看，技术链的完备是产业链上下游完整的必要条件，而各环节上劳动、资本和知识存在的不同技术特征，决定了产业链的核心环节和价值分布。其次，价值链对产业链和技术链有重要影响，价值分布在产业链上是不均衡的，回报率高的环节会吸引较多的企业进入，进而改变该环节的市场结构和竞争行为，而竞争行为的变化可能引发该环节技术束的变化，例如高回报和激烈竞争会加速技术的升级换代。最后，产业链对技术链也有重要影响。产业链上下游各个环节的不同需求对该环节的技术变化可能产生拉动作用[1]，例如半导体制造商为了降低生产风险和各项成本，会向发展中国家提供生产技术外包芯片的生产，这也就推动了发展中国家的技术进步。

从创新生态链的视角下阐释技术攻关能力的突破，技术突破的重点在于区域技术突破的攻关能力，依赖于产业链的优化。技术攻关不仅要坚持产业链、技术链的融合发展，提高创新价值，并通过完善产业链对技术链进行整体强化，也要在产业链薄弱环节实施关键核心技术攻关工程，以加强技术链的韧性；此外，还应以技术链

---

[1] 高汝熹、纪云涛、陈志洪：《技术链与产业选择的系统分析》，《研究与发展管理》2006年第6期。

布局产业链，将创新技术嵌入产业链中或者延长产业链，以此增强产业链的自主可控性，增加其高端附加值。

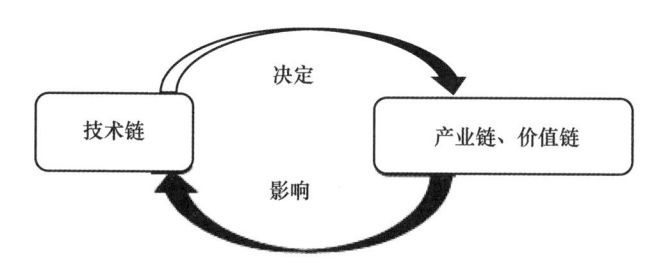

图 3-1　技术链与产业链、价值链的关系

三　关键核心技术的多元协同攻关框架

任文华认为关键核心技术指的是存在于技术系统或者产业链条中的研发难度大、复杂程度比较高的技术，并且这种技术是不可替代的。[1] 胡旭博认为关键核心技术包括关键共性技术、前沿引领技术、现代工程技术和颠覆性技术等，是一种在产业链中起决定作用，对国家军事、经济、科技以及社会等方面的安全起到维护作用的技术、方法与知识的统一。关键核心技术在短期内与别国存在技术差距，容易遭受技术封锁打压，在长期需要作为科技强国的国之重器进行战略部署[2]。

深圳对于关键核心技术被"卡脖子"有着切肤之痛。从 2G 的跟随、3G 的突破、4G 的同步，再到 5G 的引领，华为成为业界第一家同时拥有 5G 网络、5G 芯片和 5G 手机的厂商。这让全世界看到了中国技术创新能力的崛起，也引起了一些国家对我们产生警惕，并通过各种技术限制手段施压，严重影响我国的创新发展。由于 EUV 光刻机、EDA 等芯片制造领域的关键核心技术"断供"，深圳的支柱产业已蒙受巨大损失，首先突破 5G 技术的华为，却无 5G

---

[1]　任文华：《钱学森技术科学观视域下关键核心技术"卡脖子"问题研究》，《科学管理研究》2021 年第 3 期。
[2]　胡旭博、原长弘：《关键核心技术：概念、特征与突破因素》，《科学学研究》2022 年第 1 期。

射频芯片可用。对此，亟须聚力凝神，重点突破。

深圳原来的技术攻关模式，是基于全球化背景下，技术大部分都可以从国际市场引进或购买，但是经过这次芯片断供给我们造成了前所未有的困难，我们必须认识到掌握关键核心技术的重要性，这就需要我们通过进一步资源集聚和机制创新，为关键核心技术攻关搭建良好的攻关框架。这既需要政产学研用上下联动；协同配合，又需要各创新主体协作推进，共同支撑。因此，虽然本章内容主要集中于企业在产业基础上的技术能力提升如何实现，但必须强调的是，关键核心技术攻关在某种意义上是整个全过程创新生态链的聚力协同，这也是为什么将技术攻关链环看作深圳创新硬实力的意义所在。本章认为，关键核心技术的协同攻关框架可包括五个部分，即战略规划、组织协作、资源集聚、攻关机制和转化应用（见图 3-2）。

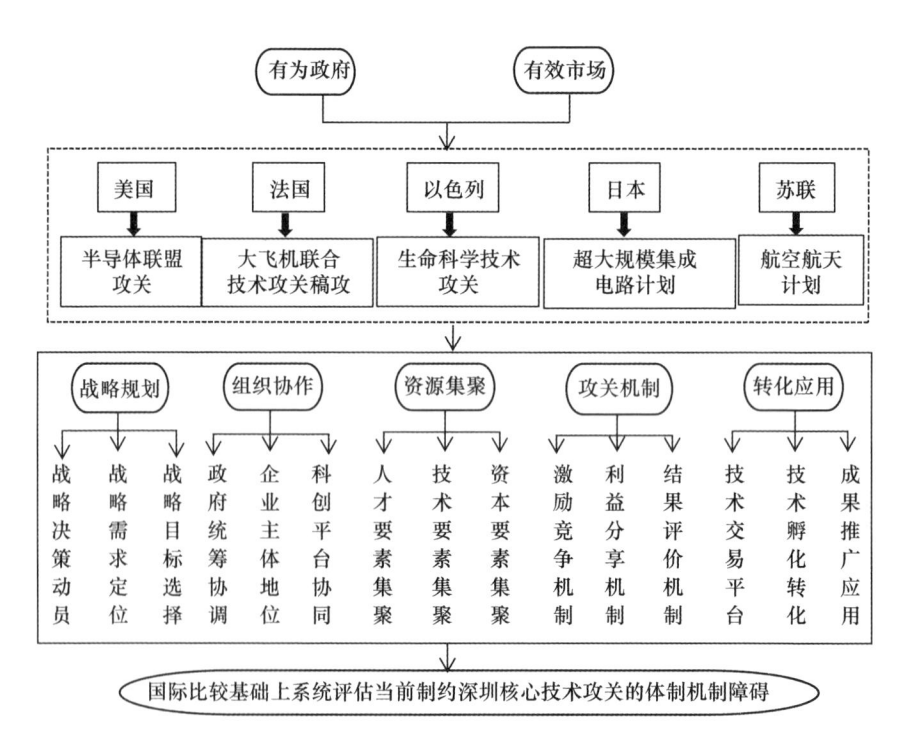

图 3-2 关键核心技术的攻关框架

第一,战略规划。技术攻关的突破首先要有正确的战略规划。首先,制定战略规划要进行广泛的决策动员,调动起决策部门和专家学者的积极性;其次,要根据当前的形势,根据国家和社会当前的技术需求来制定战略,这样才更有针对性和有效性;最后再进行技术攻关的目标选择。第二,组织协作。组织协作的构成要素包括政府统筹协调、企业主体地位和科创平台协同三个部分。政府统筹协调是组织协作的根本保证,企业和科创平台的协同是组织协作的重要基础,实现协同创新需要政府、企业、科创平台三方面的协作配合。第三,资源集聚。加强关键核心技术攻关,不仅需要资源的协同及优化整合,还需要人才、技术、资金等资源的持续投入,才能达到更好的效果。人才要素、技术要素和资本要素的集聚对技术攻关具有巨大的推动作用。第四,攻关机制。进行技术攻关需要有效的攻关机制做保障。攻关机制包括激励竞争机制、利益分享机制和结果评价机制三个方面。第五,转化应用。技术突破之后要通过技术交易平台,进行技术孵化转化,孵化转化成功后,再进行科技成果推广应用。关键核心技术的协同攻关既需要有正确的战略规划,也需要良好的组织协作、完善的资源集聚和有效的攻关机制做保障,最后要通过成果转化,应用到市场。基础研究在始端,那么技术攻关链环在应用端,是整个创新生态链的生态位高低的决定环节。

第二节　深圳技术攻关的产业升级牵引与市场需求驱动之路

20世纪八九十年代深圳抓住发达国家制造业向发展中国家转移的历史机遇,极具前瞻性地制定了大力发展高新技术产业的战略决策,从简单的代工生产进步到自创生产线;从模拟仿造的"山寨",再到实现具有竞争力的自主技术突破,在21世纪第二个十年之始,深圳高新技术产业已具备相当规模,形成了以电子信息技术产业为主干的高新技术产业集群,与之相同步的是深圳在相关领域的技术攻关能力突飞猛进,形成了一批具有自主知识产权的骨干企业,如电子信息产业的华为公司、中兴通讯公司;生物技术产业的科兴公司;医疗器械产业的安科公司、迈瑞公司等。正是它们构成了深圳技术攻关链环的主体群,让深圳获得创新之都的美誉。

深圳特区的经济发展史,是一部艰苦创业的历史,同时也是"坚决依靠技术进步促发展"的历史。深圳能够在十几年前就拥有"科创之城"的名片,究其根本,有两个方面原因:一是通过政府前瞻性规划和坚定执行,推动产业不断向高新科技领域进军,通过产业链的升级主动牵拉技术链相应进化,在这个过程中,可以吸纳具有更高位阶技术的企业进入生态,同时也带动原有企业提升技术水平;二是鼓励企业在市场需求驱动下,不断向细分产业链的高端冲击,在获得超额技术溢价后,再加大技术攻关投入力度,不断迭代突破,形成正反馈循环。华为在移动通信领域的2G跟随、3G突破、4G并进、5G超越的技术进化历程就是深圳技术攻关链环进化史的一个鲜活样本。

一 产业转型升级牵引下深圳技术生态的整体升级

深圳的技术攻关伴随着高新技术产业的发展不断取得突破。深圳由发展"三来一补"产业开始,从服装贸易向电子信息升级,整个产业结构不断转型,技术含量不断提升,形成了"深圳加工—深圳制造—深圳创造"的跨越式经济发展路径,从"引进"到"引领",逐渐成长为以科技产业为主导的产业集群,迭代创新能力显著增强,高新技术产业已经成为深圳的主导性、支柱性产业。2012年之前,深圳的技术生态与产业发展随着产业结构的不断升级,大致经历了引进照搬、模仿消化与迭代突破三个阶段。

第一个阶段是1980—1988年,深圳通过引进先进工业产业奠定了高新技术产业发展的前期基础。20世纪80年代初期,深圳经济特区以发展外向型经济为目标,利用毗邻香港的区位优势,通过"三来一补"的加工贸易模式,大量引入从"亚洲四小龙"转移过来的产业,自此深圳的工业化进程开始启动,并在短时期内实现了资金的积累,经济得到了高速度的增长,为深圳技术生态奠定了初步基础。80年代中期深圳与中国科学院合作创办了中国最早的科技产业园，还组建了信息产业中全国最大的企业——赛格集团。1984年深圳颁布和实施《深圳经济特区引进先进技术鉴定暂行办法》，目的在于通过引进国内外的资金和先进技术来发展高新技术产业；深圳还发布了全国第一个鼓励科技工作者创办民营科技企业的政策文件，以推动深圳民营高新技术企业迅速成长。这一阶段，深圳的技术主要是引进照搬于国内外先进生产线，在这个过程中初步完成了高新技术产业的前期积累，特别是电子信息产业的技术基础快速积累，为之后的科技创新奠定了一定的要素基础。

第二个阶段是1989—2000年，这一时期，深圳在跟随模仿的基础上进行各种技术整合，创新势头初露萌芽，开始逐步发力本土制造替代。20世纪90年代初，随着我国改革开放浪潮的全方位掀起，深圳面临着人才、资源、市场等各方面的激烈竞争，一些企业的高耗能、高污染等后果已开始显现，深圳的经济发展遇到一定障碍，产业转型势在必行。"三来一补"企业开始外迁，深圳开始走跟随整合的技术消化路线。深圳市政府这一时期前瞻性地提出以市场为导向发展高新技术产业，并把高新技术产业作为深圳的第一经济增长点，将电子信息、新材料和生物工程技术作为90年代重点发展的科技领域。这一时期，深圳的电子产业发展尤其迅猛，被视为中国电子行业的"风向标"和"晴雨表"。1999年深圳开始举办首届中国国际高新技术成果交易会，其成功举办深刻地改写了深圳乃至中国高新技术产业的发展进程和布局，有力地提升了高新技术成功产业化和国际化的水平，至此深圳民营科技企业迅速崛起，高科技龙头企业不断涌现，越来越多的企业开始由技术模仿转向创新替代。1995—2000年，深圳高新技术产品产值从225.8亿元增加到1064.5亿元，年均增长36.4%，高新技术产值增长速度、占工业总产值比重、产品出口额均居全国第一，初步形成了电子信息、机电一体化、新材料、生物工程、激光五大高新技术产业群。在这一阶段，深圳的技术创新虽不乏亮点，但整体还是一种"跟随模仿"战略，主要是通过整合重组等手段进行技术的改进或替代，原创性还有待提升。但不可忽视的是，在产业升级的强力牵引下，这一时期华为、研祥等一批企业深耕细作，技术研发实力得到了质的提升，并逐步成长为技术自主创新的第一方队。

第三个阶段是从2001—2012年，这一时期，深圳发展高新技术产业的着力点开始由依靠制定优惠政策向构建自主创新支撑体系转变，本土科技企业研发机构相继诞生并且不断实现技术突破。进入21世纪以来，深圳土地、能源、人口、生态环境等存在的问题日益显现出来，资源要素和比较优势都发生了重大变化，深圳的产业技术升级，增强竞争力的压力也随之增大。基于此，深圳制定和实施了数十个鼓励企业自主创新的规范性文件和配套支撑措施，促进"以市场为导向，企业为主体，政产学研相结合"的自主创新体系形成。这一阶段，深圳继续发力高新技术产业，形成了通信设备制造、医疗器械、生物医药、数字电视、平板显示、软件产业集群六个发育比较成熟的高新技术产业群，深圳也成为我国高新技术产业发展最集中并且最有影响力的城市，涌现出了一批知名本土科技企业和研发机构，实现了从"深圳制造"到"深圳创造"的转型。深圳高新技术产业产值在1991年还仅为22.9亿元，1998年已达到655.18亿元，占工业总产值的比重由8.1%提高到35.44%。据统计显示，深圳1998—2012年高新技术产业产值总体上呈直线递增的状态，到2010年已突破1万亿元大关，并且拥有越来越多的具有自主知识产权的高新技术产品，占比不断提高（见图3-3、图3-4），可以反映出这一时期深圳的技术成果产出快速增长，技术创新能力不断增强。

经过三十多年的不断产业优化升级，截至2010年，深圳已成为技术密集型产业富集城市。高新技术产业占经济的份额越来越高，与之配套的技术创新能力也迅速提升，为随后十年的关键技术腾飞也打下了雄厚基础。

二 市场强竞争下企业技术创新能力的迭代提升

后发国家希望通过在产业转移中引进技术，消化吸收后形成本土替代的努力在全球并不鲜见，但能够再提升一步，走向技术自主创新的却少之又少。实际包括我国在内，大部分企业的自主创新之

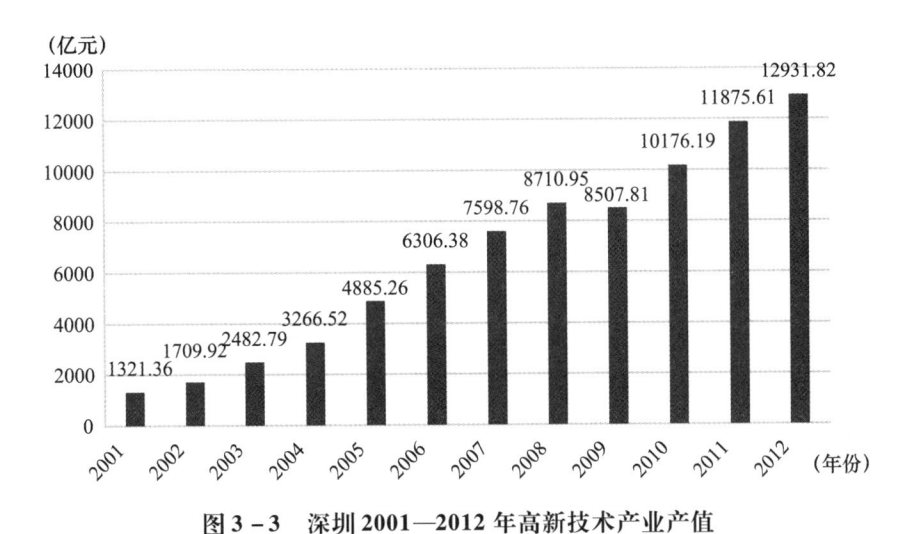

图 3-3 深圳 2001—2012 年高新技术产业产值

资料来源：深圳市国民经济和社会发展统计公报。

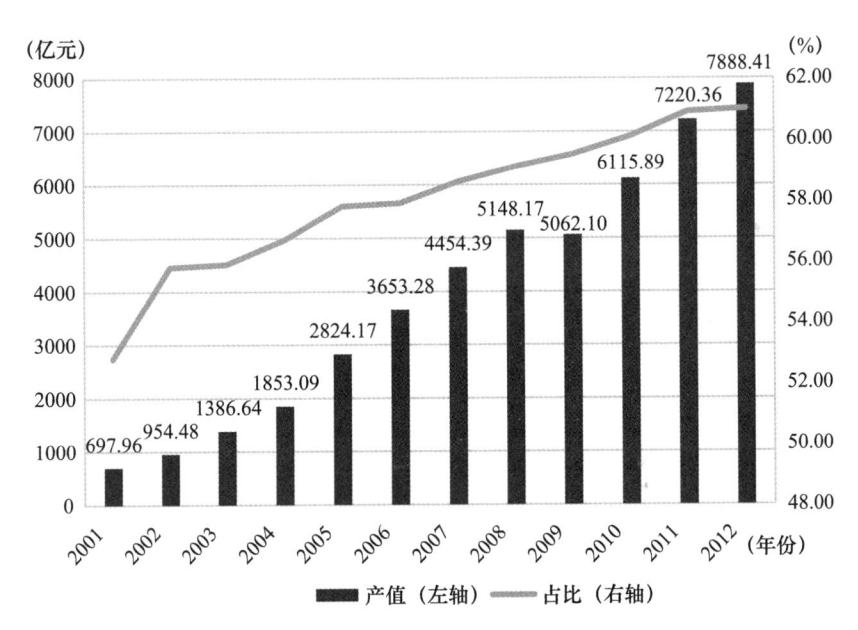

图 3-4 深圳 2001—2012 年具有自主知识产权的高新技术产品产值及占比

资料来源：深圳市国民经济和社会发展统计公报。

路崎岖坎坷，容易陷入"引进—吸收—再引进—再吸收"的怪圈。而深圳走出的在市场需求主导下企业坚持向技术升级要效益的创新之路，在全球都具有标杆意义。这需要企业超强的竞争意识和技术进步能力，在一定的前期积累下，坚定地执行技术优先战略，通过资金、人力投入和技术研发，提升产品竞争力，在获得一定利润的基础上，进一步加大研发投入，取得技术的进一步突破，这就是典型的迭代创新过程。华为从最初的贸易代理公司，发展为全球科技巨头公司，正是依靠其核心竞争力——过硬的研发能力保证产品的差异性。如图3-5所示，不管顺势还是逆境，华为的研发投入都逐年增加，研发投入占全年收入的比例也一直保持在高位。2021年华为的研发投入更是达到1427亿元人民币，占全年收入的22.4%，十年累计投入的研发费用超过8450亿元人民币。这也从另一角度说明，深圳创新之路并不简单，优良的市场竞争环境和企业的创新战略定力缺一不可。

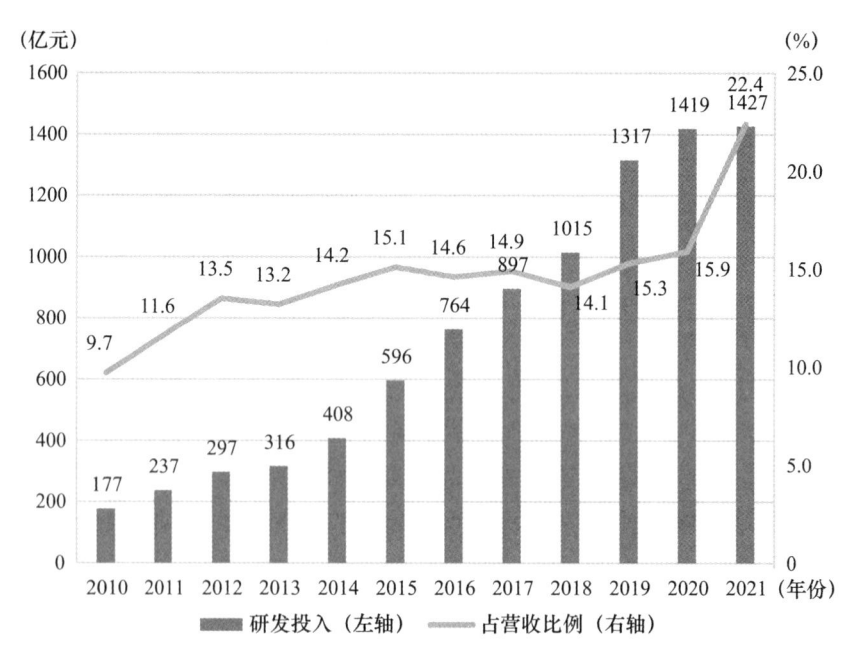

图3-5 华为2010—2021的研发投入情况及占营收比例

资料来源：华为2010—2021年年度报告。

除了华为在通信细分领域的高举高打，在深圳的产业技术生态中也不乏比亚迪这样的"技术劳模"。比亚迪成立至今，历经三次跨界，这三次跨界也是三次技术能力的融会贯通。第一次跨界是从电池制造跨界汽车生产，第二次跨界是由手机电池进入手机零部件行业，并顺势进入手机整机的ODM领域。第三次则是跨界到芯片领域，涉及原材料、芯片设计、封装测试、制造和应用整个芯片产业链。比亚迪在初步进入一个领域时，技术起点都不算太高，但贵在不断坚持吸收、自主创新的过程，现如今已经掌握了电池、电机和电控及芯片等新能源汽车全产业链所需要的核心技术，是我国新能源汽车产业的技术引领者。特别是在汽车零部件领域的跨界，比亚迪动力电池、发动机和变速箱等关键部件上都实现了自主生产，并碰撞出DMI超级混动系统，经过十几年的沉淀，已形成对日本新能源汽车领域的弯道超车之势。比亚迪能取得如此市场成就，归根结底还是与其在材料、电子、电池、新能源、轨道交通、半导体等技术领域的深耕细作有关。作为制造企业，比亚迪的技术人员超过3.5万人，全球累计申请专利约3.2万项，目前平均每天能拿出11项发明专利。

虽然华为与比亚迪的进化模式不尽相同，但几十年如一日，"依靠技术的积累和迭代，形成超强的技术整合创新能力"的基本逻辑，二者却是一致的。正是千百个华为、中兴、比亚迪、腾讯、大族激光这样的科技创新企业，构成了深圳技术攻关的中坚力量。改革开放以来，深圳在国际贸易竞争中，以市场需求为导向，以产业升级为依托，走出了一条以企业为创新主体的技术跃升之路。深圳的样本充分说明中国的社会主义市场经济不仅能实现繁荣，也同样能够支撑创新、带动创新和引领创新，这也是深圳的核心内容。

第三节 这十年深圳关键核心技术攻关的实践探索

随着经济社会的高速发展，科学研究水平的不断提高，国家间科技水平和创新能力的竞争日趋激烈，各个国家开展科技研究的规模越来越大，与此同时，人们对科技的需求也越来越大，这些因素都推动了核心技术的攻关进程。我国关键核心技术攻关近些年来取得了很大成就，但是一些关键核心技术受制于人的局面尚未根本转变。深圳作为我国科技创新高地，在5G、人工智能等应用领域已经达到世界先进水平，但在集成电路、电子元器件、新材料、工业软件等领域的关键核心技术上还存在一定差距。党的十八大以来，深圳市政府高度重视对关键核心技术攻关的支持，包括不断拓展先进产业链，提升技术攻关能力；进一步引导以企业为主体的技术创新体系迸发出更大活力，在多项关键核心技术上形成突破；通过"揭榜挂帅""链长制"等一系列机制创新，有效提升重点项目的攻关效率。

一 拓展先进产业链以提升技术攻关能力

十年来，深圳践行创新驱动战略，为夯实技术创新根基，不断发展战略性新兴产业和未来产业，用产业链的丰厚来支撑技术攻关链环的强度。战略性新兴产业以重大技术突破和社会发展需求为基础，是新形势下科技和产业的深度融合，代表了新一轮科技革命和产业变革的方向，已经成为引领深圳产业升级和促进经济社会高质量发展的重要引擎。

深圳发展战略性新兴产业可追溯到2008年，国际金融危机给世界经济带来猛烈的冲击，给我国带来前所未有的困难和挑战，深圳作为典型的外向型经济体也遭受打击，企业出口增速明显放缓。也是在这个背景下，促使深圳启动了新一轮的产业结构调整，将一些高耗能、高污染的产业淘汰，在全国率先发展战略性新兴产业，并于2009年制定了针对生物、新能源和互联网的战略性新兴产业振兴发展规划和政策。据深圳统计局的数据显示，2010年，深圳市生物产业增加值141.10亿元，增长23.9%；互联网产业增加值（全口径）1160.98亿元，增长16.7%；新能源产业增加值182.38亿元，增长29.1%。

党的十八大之后，依托产业链加强创新链的步伐明显加快。

2013年起深圳将生命健康、海洋经济、航空航天、机器人、可穿戴设备与智能装备等确定为深圳未来重点发展的产业。同时，深圳还设立了专项扶持资金用来支持战略性新兴产业和未来产业的发展，计划每年安排50亿元财政资金，用来支持企业和科研机构建设创新载体、进行关键核心技术的突破攻关、技术创新及产业化、市场准入资格认证、新产品应用示范、"创新链+产业链"等创新活动。在2014年开年之际，深圳推出大力支持未来产业"1+3"文件，具体包括《深圳市未来产业发展政策》一个总文件，以及《深圳市生命健康产业发展规划（2013—2020年）》《深圳市海洋产业发展规划（2013—2020年）》《深圳市航空航天产业发展规划（2013—2020年）》三个分文件。至此，深圳在未来产业布局方面开始全面发力，自2014年起至2020年连续7年，深圳财政每年安排10亿元作为未来产业发展专项资金，用于支持产业核心技术攻关、创新能力提升、产业链关键环节培育和引进、重点企业发展以及产业化项目建设等。2017年起，深圳实施"十大行动计划"，在生命健康、海洋经济、航空航天等未来产业领域规划建设十个集聚区。2018年，深圳提出要围绕新一代信息技术、高端装备制造、绿色低碳、生物医药、数字经济、新材料、海洋经济七大战略性新兴产业，加快形成具有国际竞争力的万亿级和千亿级产业集群。2021年4月27日，深圳市第七次党代会提出，培育战略性新兴产业增长新动能，实施"未来产业引领"计划，布局人工智能、6G、量子科技、深海深空、无人驾驶、智能网联汽车等前沿领域。

2022年6月6日，《深圳市人民政府关于发展壮大战略性新兴产业集群和培育发展未来产业的意见》正式发布。该文件提出了二十个战略性新兴产业重点细分领域和八个未来产业重点发展方向（见表3-1、表3-2），并且提出目标时间线：到2025年，深圳要培育起一批在产业生态系统中具备主导力的优质龙头企业，战略性新兴产业增加值要超过1.5万亿元，成为推动经济社会高质量发展的主引擎，并推动一批关键核心技术攻关取得重大突破，形成一批引领型新兴产业集群。在加快补齐产业短板方面，该文件尤其强调要加快完善集成电路设计、制造、封测等产业链,通过产业链的完备推动技术的进步,集中力量开展 EDA 工具软件、半导体材料、高端芯片和专用芯片设计等领域的技术攻关,推进 12 英寸芯片生产线、第三代半导体等重点项目建设,支持将福田、南山、宝安、龙岗、龙华、坪山等区打造建设成为全国集成电路产业集聚地、人才汇聚地、创新策源地;在发展智能传感器产业集群方面,强调要聚焦智能传感器设计、制造、封测、装备材料等环节,打造全要素完备的智能传感器产业集群;在发展工业母机产业集群方面,强调要聚焦数控机床、锂电池制造装备、半导体制造装备、显示面板制造装备等重点领域,增强工业母机对先进制造业的基础支撑能力。

表3-1 深圳"20+8"七大战略性新兴产业及二十大产业集群

产业	序号	集群/方向	产业	序号	集群/方向
新一代电子信息	1	网络与通信	绿色低碳	13	新能源
	2	半导体与集成电路		14	安全智能环保
	3	超高清视频显示		15	智能网联汽车
	4	智能终端	新材料	16	电子信息材料、新能源材料、结构和功能材料、生物材料、前沿新材料、材料基因组等
	5	智能传感器			
数字与时尚	6	软件与信息服务	生物医药与健康	17	高端医疗器械
	7	数字创意		18	生物医药
	8	现代时尚		19	大健康
高端制造装备	9	工业母机	海洋产业	20	海洋工程装备和辅助设备、海洋通信技术与设备、海洋交通设备、海洋能源、海洋生物医药、海洋养殖及深加工、海洋环保等
	10	智能机器人			
	11	激光与增材制造			
	12	精密仪器设备			

表3-2　　　　　　　　　深圳"20+8"八大未来产业

	序号	产业
5—10年有望成长为战略性新兴产业	1	合成生物
	2	区块链
	3	细胞与基因（含生物育种）
	4	空天技术
10—15年有望成长为战略性新兴产业	5	脑科学与类脑智能
	6	深地深海
	7	可见光通信与光计算
	8	量子信息

从以上梳理可以看出，深圳这十年因顺应全球产业发展大势，不断调整，向先进、未来产业进军，抢占新一轮科技竞争制高点。特别需要指出的是，深圳并不是标新立异，盲目铺摊子，其产业拓展方向要么有前期产业基础，要么具有重大技术战略价值。比如智能机器人产业集群是在前期已有不少相关领域创业公司集聚的基础上发展起来的；又比如深地深海产业，是我国新时期海洋发展战略的核心支撑，深圳作为沿海城市，未来在此产业必须大有作为，配合"一带一路"倡议，扩大海外辐射能力，成为真正地关键核心技术来源地。

2012年深圳战略性新兴产业增加值为3878.22亿元，占GDP的29.9%。十年后，2021年深圳战略性新兴产业增加值为12146.37亿元，占GDP的39.6%（见图3-6）。十年的迅猛增长态势体现出深圳产业的发展后劲，深圳也通过不断培育拓展产业链，构建了系统完备的产业链上下游，有效地支撑了整个创新生态位的进阶。

二　继续加强企业为主体的技术创新体系建设

经济社会与科技互动关系的一般规律表明，科技创新必须适应和满足社会需要，才能取得重大突破，才能充分发挥科技对经济发展的支撑和引领作用。全球市场一再证明，企业的生产应以市场需

图 3-6　2012—2021 年深圳战略性新兴产业增加值及占 GDP 比重

资料来源：深圳统计局。

求为导向，这样才能在市场的信息反馈和利润回馈下更新迭代。深圳的科技创新史也表明，凡是在技术上带来重大突破的，恰好正是那些善于捕捉市场微妙信号的企业。党的十八大以来，深圳为进一步加强以企业为主体的科技创新体系建设，分头并进：一方面加大对龙头企业的支撑力度，充分发挥其对产业链的关键带动作用；另一方面广泛密植"专特精新"创新企业，加大技术攻关链环的储备和韧性。在勠力同心下，这十年深圳企业在移动通信、消费电子和生物制药等市场大爆发，多个产业的技术能力已由并跑升级至领跑地位。

一直以来，深圳企业在核心技术攻关战中起到主攻手作用。著名的深圳"6 个 90%"现象可为明证，即深圳 90% 的创新型企业都是本土企业、90% 的研发人员都集中在企业、90% 的资金投入来源于企业、90% 的专利出于企业、90% 的研发机构在企业建立以及 90% 以上的重大科技项目发明专利来源于深圳龙头企业。"6 个 90%"的特点，展现出深圳已形成以华为、中兴、腾讯、比亚迪、大疆等龙头企业为引领、中小企业紧密跟随的梯次型科技企业集群创新格局。截至 2021 年，深圳有国家级高新技术企业 21335 家，居全国大中城市前列（见图 3-7）。从深圳国家高新技术企业数量的变迁历程中我们可以看到：2012 年以来，高新技术企业逐年增加，尤其是 2015—2019 年，深圳高新技术企业数量增速最快，每年新增国家高新技术企业约3000家,以企业为主体的创新迸发出强大活力。

在2020年度国家技术奖榜单(通用项目)中,深圳共有13个项目获奖,包括5项技术发明奖和8项科技进步奖,其中12个获奖项目来自深圳企业,这些项目大多是由深圳的龙头企业华为、中兴、比亚迪牵头完成的,进一步凸显了企业的创新主体地位。13个项目中,华为牵头的项目就有3个。华为已经连续14年获得国家科技奖,华为作为深圳高新技术企业的领头羊,以新一代信息技术和先进制造业为主,其人才集聚、技术外溢效应及产业带动作用对深圳产业发展产生了深远的影响。

除了华为这一批科技创新"常青树",这十年也冒出了不少新兴明星企业,大疆创新科技有限公司的崛起就充分展示了深圳这片沃土是如何支持企业创新活力爆发的。

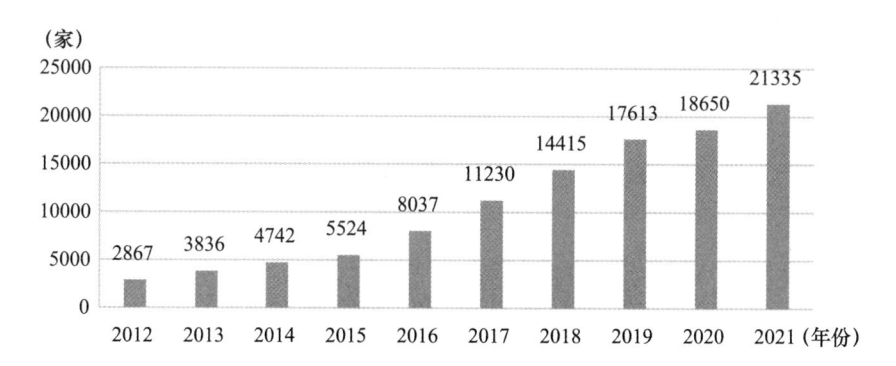

图3-7 深圳市2012—2021年国家高新技术企业数量

资料来源:深圳市科技创新委员会。

今日大疆无人机,不仅在中国国内占据民用无人机市场的头把交椅,其技术研发能力也领先世界,已经拥有4600多项相关专利,真正掌握核心技术。在走向国际市场的诸多公司中,大疆是少有的将美国加征关税"反向"给美国消费者的公司,成为技术链、产业链与价值链完美融合的本土优秀科技创新企业代表。需要强调的是,大疆能成为无人机行业巨头,是与深圳对相关产业发展悉心呵护息息相关的。深圳是中国较早从事无人机产品生产和技术研发的城市，拥有完整的无人机产业链，在上游、中游和下游都能为大疆无人机提供帮助：早期深圳的航模行业和碳纤维产业的发展给无人机上游环节带来了一定优势；在中游整机生产环节，深圳发达的芯片及电子配件行业，为无人机生产所需的电子零部件设计和研发能力提供技术与产能支持；在下游运维服务环节，深圳拥有丰富的无人机驾驶培训机构，为大疆无人机提供服务保障。良好的产业基础和供应链生态，为大疆无人机迅猛成长提供了可能性。目前，大疆产品已经占据了全球约80%的市场份额和国内约70%的市场份额（见图3-8、图3-9）。在一些高科技产品市场领域，中国企业历来都是扮演"追赶者""跟跑者"的角色，而大疆却打破了这个市场魔咒，在短短十年内在消费级无人机领域充当着"领跑者"的角色。大疆无人机成为高质量"深圳制造"的名片后，反过来也带动了深圳相关产业的发展。目前深圳工业级无人机占国内60%的市场份额；全年无人机出口180亿元，占据全国八成左右的份额，深圳已然成为当之无愧的"无人机之都"，形成了产业集群优势。

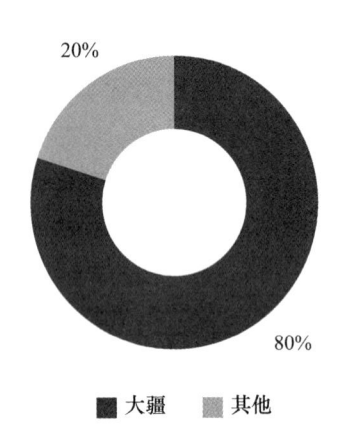

图3-8 2021年大疆无人机产品在全球的市场份额

在充分发挥头部企业的行业带动作用的同时，深圳还非常重视中小型科创企业的培育，通过"专精特新"企业密植来加大未来技术储备。"专精特新"中小企业是指拥有独特的技术工艺，经过精细化的管理，根据市场需求，生产具有市场针对性的产品的中小企

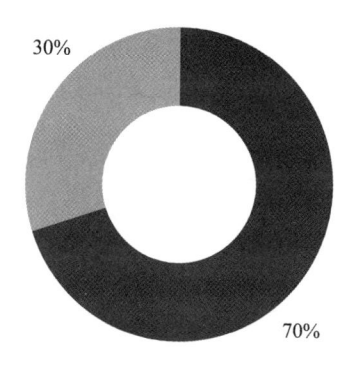

图 3-9　2021 年大疆无人机产品在中国的市场份额

资料来源：前瞻产业研究院整理。

业。"专精特新"中小企业在自己的专业领域里攻关市场需要的关键核心技术，是地区经济发展韧性的重要支撑，也是保持我国产业链和供应链稳定的重要力量，具有专业化、精细化、特色化和新颖化等特点。然而，这些企业虽拥有一些具有市场潜力的"独门绝技"，但由于技术的商品化和产业化充满不确定性，小型企业的抗风险能力又往往较弱，如果出现短时间大面积倒闭的情形，会对一个地区的创新生态的可持续性造成不可逆的冲击。深圳市政府这十年高度重视这一问题，经过一系列的"专精特新"扶持政策，深圳很多具有高战略价值、拥有填补国内外空白技术的初创企业在激烈的市场竞争中得以存续，并在渡过最艰难的节点后，迎来机遇，迅速突破，进入良性成长期，逐步集聚于高端制造、医药生物、化工材料、光电等行业，成为支持深圳制造业转型升级和高质量经济发展的生力军。

据深圳市中小企业服务局统计，2020 年，深圳有国家"专精特新""小巨人"企业 169 家，在国内城市中排名第四，在全省排名第一，累计研发投入达到 56.33 亿元，研发投入占主营业务收入的比值达到 7.63%；累计拥有发明 3500 多项，平均每家企业拥有发明专利 20 项以上。[①] 研究发现，这些企业都成立了 4 年以上，其中

---

① 《深企小巨人　冲击北交所！深圳力推"专精特新"企业上市融资》，http://szsb.sznews.com/PC/content/202110/13/content_1105301.html，2022 年 1 月 30 日。

123家企业专注于某一领域超过10年，主营业务收入占营业收入的比例都在90%以上，在各细分行业或领域处于领先地位。事实上，引导中小企业走"专精特新"发展之路，是深圳高科技产业实现可持续发展并进行转型升级的重要途径之一。目前，深圳已形成包括政策扶持、完善培育梯队、加强公共服务、加强上市培育、搭建发展平台以及加强企业人才培训在内的一整套完备的培育发展体系，支持中小企业的发展，聚力深圳技术攻关链环的建设。

三 技术攻关机制的创新带动重点项目形成突破之势

十年来，深圳不断探索产学研用一体化进程，根据实践需要，不断优化多元主体协同攻关的机制；针对重大核心技术攻关项目，深圳施行"揭榜挂帅"机制以实现精准突破；同时，为防止"技术脱钩"等造成的断链风险，深圳通过"链长制"的推行，明晰短板，压实责任，以保证技术攻关链环的稳固。

首先，党的十八大以来，深圳践行创新驱动战略，从多个角度对产学研用一体化态势进行强化。深圳前期已初步构建起一个以市场为导向、企业为主体、产学研相结合的技术创新体系，主要包括三个方面的合作内容：一是高校和研究机构为企业提供技术咨询；二是高校和科研机构将科研成果向企业转移，转化为市场的产品；三是高校、科研机构和企业联合开展重大科技项目攻关。这十年，深圳更加强调第三类的联合攻关能力，即通过强化顶层设计，让高校与科研机构介入攻关的时机更加靠前，同时企业也加大对前者成果的应用场景拓展。基于此，深圳鼓励头部企业与科研院所通过公共技术平台的建设，强化产学研用一体化的功效。例如，深圳光启高等理工研究院与政府、基金、企业合作建立了光启产业化公司，通过这个产学研合作平台，深圳光启高等理工研究院将自己研发的核心技术通过项目公司的形式在平台转化成了产品，加快了核心技术的商业化进程，实现了技术的市场价值；深圳先进技术研究院、深圳清华大学研究院等在深圳的科研院所，也积极建立公共技术研究平台，为一些孵化企业提供技术服务，还成立了高水平的科技评价团队，对技术进行研判与改进，提高了技术转化效率，并且对一些突出的初创企业进行了大胆投资。正是得益于一批新型公共技术研究转化平台的"穿针引线",深圳这十年在解决科研与产业"两张皮"方面,一直走在全国的前列。

其次,深圳通过试行"揭榜挂帅"制度,助力关键核心技术实现精准突破,并且一直走在科技体制改革的前沿。2020 年 8 月 26 日,深圳市第六届人民代表大会常务委员会第四十四次会议通过《深圳经济特区科技创新条例》。作为中国第一部覆盖科技创新全生态链的地方性法规,其规定"对于涉及国家利益和社会公共利益的重大技术攻关项目,市人民政府可以通过下达指令性任务等方式,组织关键核心技术攻关"。这是我国地方立法首次就政府主导的重大技术攻关依靠主体、责权分配做出明确规定。据此立法精神,深圳针对重大关键核心技术试行"揭榜挂帅"攻关机制,取得不菲成效。例如,面对新冠肺炎疫情肆虐,2020 年 2 月,深圳市科技创新委员会以"悬赏制"方式迅速组织开展"新型冠状病毒感染的肺炎疫情应急防治"应急科研攻关,该方案由科技主管部门主动出击确定悬赏标的,实施"赛马""揭榜奖励"等灵活的资助方式,调配 2 亿元财政科技专项资金,以产品和实际效用为导向制定验收标准。事实证明,此方法在缩短科研项目攻关周期、提高攻关针对性上有明显功效。根据第一批榜单项目的实施情况,深圳对随后启动的第二批悬赏相关规定和流程进行优化。悬赏标的范围根据防疫需求,由第一批悬赏的 1 类 2 个标的扩大到 11 类 12 个标的,涵盖快速检测试剂、治疗性药物、体外膜肺氧合(ECMO)等紧缺防疫物资,每个项目资助金额在 500 万—3000 万元,且均规定硬性考核指标。深圳在新冠肺炎疫情挑战中的"揭榜挂帅",无异于火线"练兵",展现出深圳科技的含金量、高端产业的潜力值以及成果转化的爆发力。"今后,作为国家综合性科学中心之一,深圳继续探索和积极推行'揭榜挂帅',在集成电路、电子元器件、新材料、工业软件等领域主动布局攻克一批产业核心关键技术。"[1] 希望通过全球征集攻关团队,能者得之,为关键核心技术攻克寻求最优创新成果和解

---

[1] 吴德群:《深圳"揭榜挂帅"强攻"卡脖子"技术》,《深圳特区报》,http://sztqb.sznews.com/MB/content/202109/01/content_1087335.html,2022 年 8 月 10 日。

决方案。

最后,深圳推行"链长制"以保障技术链和产业链的稳固贯通。2020年新冠肺炎疫情发生,全国的经济受到严重打击,对深圳产业链、供应链形成巨大的冲击。深圳在随后推进复工复产、达产增产过程中,结合产业发展状况和企业经营现状推出了一项创新制度——"链长制"。"链长制"的具体内容是先梳理出全市的重点产业链有哪些,再由市领导分别担任一个重点产业链的链长,实施"一链一图、一链一制、一链一策"。这就要求链长对其所负责的产业链的上下游产业情况了然于胸,尤其是要清楚哪些产业存在"卡脖子"的状况,其根源是什么,并据此持续跟进做好相应的补链和强链工作,以保障产业链完整性和供应链稳定性。除了保证创新链的安全,"链长制"的实施还有利于产业链的生态平衡。深圳90%以上的重大科技项目发明专利都来源于华为、比亚迪、迈瑞等一批深圳龙头本土企业,这些企业凭借自身强大的技术实力和经济实力,在全球范围内构建了完善的产业链和供应链。但随着龙头企业的发展优势越来越明显,中小企业的生存空间难免有被挤压之势。而且,深圳个别产业仍存在相关的产业配套不完善、上下游产业发展不均衡等问题,科技成果转化水平也有待提升。在这种情况下,链长还需想办法优化营商环境,缓解中小企业的生存压力,保持整个产业生态的平衡,促进各类创新主体的全面繁荣。根据计划,深圳将在"十四五"时期乃至更长时期持续推进"链长制",并以此为基础,打造现代化的高端、高质、高新产业体系,推动产业链创新链的深度整合发展,助力深圳建设成为具有全球影响力的科技和产业创新高地。

第四节 打造关键核心技术发源地目标下深圳困难所在

进入新时代,深圳在人工智能、无人机、电子信息等产业的关键核心技术已处于世界领先地位,但在芯片、工业软件等领域的关键核心技术仍然受制于人，许多关键部件严重依赖进口，阻碍了深圳实现科技的高水平自立自强。在激烈的国际科技竞争环境下，技术和产业链被"卡脖子"的问题突出，技术跟随战略亟须全面调整；此外，目前我国的科研攻关体制机制还不够成熟，政产学研的组织协作紧致性仍需提高；企业构建技术联盟协同攻关的意愿和能力还存在不足，这些都成为制约深圳打造关键核心技术发源地的重要因素。

一 技术脱钩下深圳关键核心技术突破的压力突出

美国对我国的技术打压是全方位的，首先一招就是切断核心部件供应链。2018年4月，美国对中兴公司实施制裁，通过禁运的方式断供芯片，威胁中兴公司的生存，也对国家经济安全造成威胁。2019年5月，华为公司又遭遇美国"断供"，这再一次使中国人认识到核心技术受制于人的危害。对华为芯片禁令后，美国商务部又将哈工大、哈工程等13所高校列入"实体清单"，对EDA（电子设计自动化）、MATLAB、CAD等工业软件禁用。一系列的遏制对深圳的产业链有很大影响，严重阻碍了电子行业的发展。

其后，美国开始在科技人才正常交流上设置障碍，试图截断人才链和知识链。2020年6月1日起，美国禁止部分中国留学生入境，暂停和限制通过F（学生）和J（访问学者）签证进入美国学习或从事研究的中国公民入境。除了限制入境，美国还考虑"驱逐"部分STEM专业的中国留学生，想从源头上卡死正常的技术学习与交流途径。

拜登政府执政后，对中国堵截的策略转向两个重点，一是拉拢盟友组建联盟，对华形成全面封锁；二是将制裁脱钩目标聚焦于我国有重大技术短板的领域，即所谓"小院高墙"战略。2021年5月11日，包括美国、欧洲、日本、韩国、中国台湾等国家和地区的全球64家科技巨头企业宣布成立美国半导体联盟（Semi-conductors in America Coalition，SIAC）。这些企业几乎覆盖整个半导体产业链：芯片制造有台积电、三星、IBM、英特尔等公司；芯片设计有高通、联发科、英伟达等公司；科技类企业有苹果、亚马逊、思科、谷歌、微软等公司；设备制造类企业有 ASML、尼康、东京电子、ARM、霍尼韦尔等公司。美国主导成立如此庞大的跨国半导体联盟，其目的不言而喻，就是对中国实行技术封锁，打压中国的高科技产业的崛起。

2022 年 8 月，拜登正式签署《芯片和科学法案》，计划为美国半导体产业提供高达 527 亿美元的政府补贴，但条件是获得补贴的企业不许到中国建厂，其加强产业链控制以压制中国的目的昭然若揭。在美国已采取要求相关企业对中国禁售高端光刻机、向华为公司施加"芯片禁令"、组织"芯片四方联盟"围堵中国等措施后，"芯片法案"开启了美国"几十年来少有的产业政策支持"，在寻求重夺行业主导权的同时，限制和阻止半导体国际企业在中国的既有制造能力和计划中的先进制造能力，进而将这些制造能力虹吸到美国，以达到彻底封锁中国高科技产业进阶之路。

美国对中国的技术封锁、脱钩和打压从刚开始的遮遮掩掩到现在的明火执仗；从贸易摩擦的全面打压，到"小院高墙"的精准制裁，给深圳的科技创新生态造成较大冲击。过去的引进、吸收、再创新的技术跟随战略已很难实现。面对技术封锁的长期化趋势，当务之急，是要正确认知面临打压的长期性和现实性，不悲观失望，不投机侥幸，做好打硬仗、打呆仗的准备，凝神聚力强化深圳创新生态的技术攻关硬实力。

二 政产学研的组织协作紧致性仍需提升

政产学研协同创新是指在政府、科技服务中介机构以及金融机构等主体的共同支持下，企业、大学、科研院所一起开展技术研发活动。政府制定法规和相关政策，扫清产学研协同创新的障碍；科技服务中介机构则负责整合信息资源，提供技术信息服务；金融机构负责资金筹备，为组织协作提供资金支持，以帮助企业、大学、科研院所进行技术研发和技术创新活动。深圳市政府近些年一直大力支持产学研合作，有的由政府出面协调多元主体合作，有的则由各方自发组织，多年来也取得了丰富成果。但深圳在政府、企业和科创平台的组织协作紧致性上还存在不足，仍有较大提升空间。

首先，政府在协调技术攻关工作中不仅"有为"还要"有效"。如在财税政策上，虽然一直以来政府对企业技术攻关都是大力支持，但由于路径和品牌效应，政府资金投入易集中于龙头企业，而对中小企业的扶持力度不够精准有效。在财税支持细则上也应该深度优化，有效引导企业将支持资金用在科研攻关环节，避免经费的"跑冒滴漏"。另外深圳在产业基础建设支持上，还存在一些不平衡问题。如海洋产业战略地位突出，但当前相关基础建设仍较为薄弱，技术攻关的根基不够牢固，需要尽快推进破题。其次，当前的政产学研合作不够紧致还表现在不同创新主体的衔接不畅方面。在实践中，由政府牵头了一些产学研合作项目，但企业的积极性并没有被有效调动起来。往往因为对具体的参与方式、利益回报与技术归属等机制缺乏清晰的规则安排，企业通常处于一种被动的参与状态，效率和产出都不尽如人意。而且，在项目准备、实施和评估过程中，政府对企业的意见倾听不足，企业话语权不够，政府、企业与科研院所之间有效互动缺乏保证。最后，在科研院所与企业的合作方面，也存在技术供求不一、利益分配不合理、合作模式单一等问题。长期困扰的科研院所成果转化动力不足问题仍较普遍，如何通过机制创新从源头上提升科研主体的转化能力和意愿，依旧是深圳未来一个时期需重点突破的问题。

在新型举国体制优势下，我国在航天工程、高铁网络、超高压电力输送等大型建设方面屡克难关，相关核心技术突飞猛进。但在高科技消费品领域，因受成本、标准和市场等约束，关键核心技术的突破需要协同平衡的因素更多、更复杂，所以，如何进一步加强产学研用一体化，是个常有常新的问题。只有根据具体攻关领域的技术需要和特质，深入调研了解各个主体的目标和诉求，锐意革新，打破障碍，才能真正形成协同创新合力，实现科技创新跨越式发展。

三 企业组建技术联盟协同攻关的意识和能力不足

以相关产业龙头企业为主体成立技术联盟联合攻关，是各国面临重大技术攻关难题的通用做法，比如美国半导体产业联盟、欧洲的大飞机联合技术攻关以及日本大规模集成电路计划都属此列。这其中，政府当然要发挥方向引导、资源倾斜与政策托底的作用，但一定要强调的是，具体的技术路线选择、攻关任务分配与技术产权边界等问题还是要通过企业间协同去解决，它们才是将创新要素输入转化为成果产出的核心载体，它们之间如何通过合理分工取长补短以降低成本和缩短研发周期才是联盟成立的根本目的所在。企业联合起来组建技术联盟，不仅可以分担企业的研发成本，减少创新风险，提高研发创新的效率；还可以通过技术共享来促进企业之间知识的流动，实现与合作伙伴的优势互补，增强企业自身的核心竞争力。此外，企业技术联盟的组建不仅有利于加快知识应用和新产品投放市场的速度，特别是在拓展新市场时，通过吸纳目标市场的厂商加入技术联盟；也有利于打破贸易壁垒。当前我国突出的问题就在于：虽涌现一批头部科技企业，在其细分产业上带动能力强大，但这些头部科技企业之间结成联盟、跨域碰撞、协同攻关的意识和能力还非常缺乏，这也是之前相对忽视的一个问题。

深圳作为民营高科技企业成长的"风水宝地"，近些年涌现出一批高科技领军企业，拥有全球市场竞争实力。但对标国际一流企业，深圳真正拥有关键核心技术的企业还是凤毛麟角。联系到深圳电子信息产业影响巨大的芯片行业，如硅片、光刻胶、电子设计自动化、知识产权核、导体刻蚀、离子注入、离子研磨、先进过程控制、化学机械抛光等核心技术，美国都严格限制对中国出口，也不允许别的国家出口给中国。在这种情况下，唯有组建企业技术研发联盟，跨域联合攻关，才是摆脱断链风险的正途。但遗憾的是，当前中国企业构建技术联盟协同攻关的意愿和能力明显不足。当前挂着某某产业技术联盟牌子的机构也有一些，但本质还处于行业协会或联谊会的水平，与我们讨论的技术攻关联盟相去甚远。究其根本在于，联合攻关时，需平衡好知识产权保护与技术共享扩散之间的关系，需平衡好企业投入不同与利益均沾的关系，需平衡好市场正当竞争与市场共同开发之间的关系，而这些方面的机制安排与成功经验恰恰是我们欠缺的。

因为技术的产业化是个迭代升级的过程，所以消费市场的关键核心技术突破绝不是一个技术要素简单堆积的过程。即使技术获得突破，它仍要有足够的市场应用支撑去完成产业化，并在残酷的竞争中胜出。本章以华为的鸿蒙系统为例子。2021年6月2日，华为正式推出拥有自主知识产权的鸿蒙系统，备胎转正，正式掀开了与微软、谷歌的操作系统争霸战。从理论上讲，华为的鸿蒙系统代表着万物硬件互联的软件集成方向，是互联网到物联网操作系统进化的未来趋势。基于华为在此领域多年的技术沉淀，鸿蒙系统的用户体验超群。自发布以来，收获了来自家居、出行、教育、办公等领域许多合作伙伴，包括美的、苏泊尔、科大讯飞、中国银行、中信银行等都宣布接入鸿蒙系统。这些科技企业、家电企业、银行纷纷合作，一方面固然是为了支持国产操作系统，另一方面也确实看好鸿蒙的产品力和市场发展潜力。但有意思的是，国内手机厂商相对沉默，目前除了魅族一家，其他厂商都没接入鸿蒙操作系统。此案例提示我们，消费品市场的关键核心技术突破不同于国防类的攻关项目，把精力主要放在达成各项技术参数即可，而像类似移动操作系统这样的技术突破，需要协调考量的因素要复杂许多，一套科学合理的机制安排是成功的重要保证。

面对当前企业构建技术联盟协同攻关的意识和能力不足的现状，深圳可创新机制，引导华为、比亚迪、大疆等头部科技企业组建技术创新战略联盟，打造关键技术自主创新的"核心圈"，引领其他科技企业，跨域碰撞，协同聚力突破关键核心技术。还可通过出台引导和扶持政策，加大在资金、用地、税收等方面的支持，聚集粤港澳三地高校、研究机构等众多优质资源，在工业互联网、5G、芯片、人工智能、生物医药等核心领域组建产学研政资用的技术开发联盟，瞄准各领域关键零部件、核心技术、重要设备进行攻关，实现"从0到1"的突破。

第五节　技术联盟的国际经验借鉴：以半导体产业为例

中国是半导体产业大国，在半导体领域已经取得了不少重大的突破,但在微芯片制造领域相较欧美、日韩等国家还存在相当差距,核心技术竞争力不够,还远远不能满足日益增长的国内市场需求。相关数据显示,2021年中国进口芯片总额高达6354.8亿,进口金额占全国所有进口额的16%,也就是说每进口6块钱的商品中,就有1块钱是芯片。按一般经济规律,巨大的需求应该使中国拥有更强的谈判能力,但美国凭借在半导体技术链关键环节深度嵌入所获得的产业控制力,自2019年来不断向中国发起"芯片制裁",其形成的破坏力严重制约了深圳电子消费品产业集群的稳定发展。对此困局,唯有合理组织相关产业的头部科技企业,针对"卡脖子"的核心技术联合攻关,捆绑出海,以收奇效。回顾半导体产业发展史,日本和美国也都曾有为反超他国关键技术而组建产业技术联盟,形成重大突破的历程,其经验对当前深圳关键核心技术攻关具有重大借鉴意义。基于此,以下特以日本超大规模集成电路研发项目VLSI、美国半导体制造技术研究联合体SEMATECH为案例,重点考察以企业为主导的创新群体,通过良好的技术、利益、市场分配与共享机制进行协同攻关的历史经验。

一 日本超大规模集成电路研发项目VLSI

为了学习日本面对国家战略需求时组织官产学研进行合作组建研发联盟,进行赶超性创新攻关关键核心技术方面的成功经验,以下以"日本超大规模集成电路研发项目VLSI"为例,分析日本政府成立产学研联盟来进行半导体攻关的经验,为深圳开展产学研结合以攻关核心技术提供有益经验。

20世纪70年代,由美国国际商用计算机公司(IBM)开发的新的高性能计算机,被称为未来系统(Future Systems),它使用非常小型化的1M动态随机存储器。当时日本迫于压力于1975年向美国开放了国内计算机市场,1976年又开放了国内的半导体市场,开放的市场使这个未来系统技术流入日本市场,挤占了其国内市场利润,并且这个技术大大地超过了日本当时的科技创新水平,严重威胁到了日本国内公司的生存。在经济持续下滑的压力影响下,日本政府意识到自身在VLSI上的实力将直接影响到整个计算机产业在国内外市场的发展前途，VLSI 作为下一代计算机技术的核心，是一种关键共性技术，能对未来信息产业发展产生重大影响，因此，VLSI 就成为日本迫切需要研发创新的技术领域。1976 年，根据《工矿业技术研究组合法》，日本通产省与日本主要计算机公司联合签署了 VLSI 研究协会协议，以富士通、日立、三菱、日本电气、东芝五大公司为骨干，组建企业技术研发联盟。协议的主要内容是：1976—1980 年，VLSI 企业技术研发联盟的目标是开发第四代计算机所必需的 VLSI 技术，政府和企业共同联合进行基础研究和开发，核心目的是支持日本计算机产业发展，赶超美国。VLSI 研发项目所需时间长，在研发过程中还牵涉着各方利益的协调，在这个过程中，政府是不好介入这样一个公私利益都有并且很难分开的利益体中的。鉴于此，就需要产学研合作，并且找到一个有效的协调机制。在日本，实现这一协调的重要机构通常是专业化、特设的协会，因此，日本政府成立 VLSI 研究协会来协调企业技术研发联盟各方面的工作。

IC 产业被称为"吞金产业"，VLSI 企业技术研发联盟的研究开发费用总额为 737 亿日元，其中政府补贴 291 亿日元，占 39.5%。其余的研发费用由各参与公司分担。其中，只有 15%—20% 的研发费用分配给联合实验室进行共性技术研究，其余 80%—85% 的资金则分配给独立研发机构。由于这是竞争对手之间的合作项目，政府资金主要提供给参与研究的公司，而不是联合研究；通过政府的协调，企业围绕一个共同的目标进行研发，这种方式有助于各个参与公司保护自己公司的商业秘密。事实上，拥有政府在资金和政策上的支持，以及与龙头公司进行合作，这对各企业的技术发展有很大提高，企业是比较乐于参与的。

在 VLSI 的所有研究课题中，约有 20% 的基础性与通用性的项目是在联合实验室中进行研究的，其余 80% 的项目，实际上是由五家公司各自带回本公司独立开展研究的。整个项目的研究内容大致可以分为六个领域，包括微细技术加工、结晶技术、工艺技术、试验评价技术和设备技术等。此外，在研究协会所设立的六个联合实验室中，研究内容也有所差异（见表 3-3）。联合实验室的组织形式是扁平化的，各实验室的研究项目由不同的公司管理，这些公司主要负责领导和协调日常的研究工作。在联合实验室内，研究者以小组的形式开展不同题目的研究，并且联合实验室的研究人员组成原则上要求不能完全来自一个公司，这就使不同公司的人可以进行技术交流。

表3-3　　　　　　　VLSI各联合实验室的研究内容

实验室	负责实验室项目管理公司	研究内容
联合实验室1	日立公司	微细加工技术
联合实验室2	富士通	微细加工技术
联合实验室3	东芝公司	微细加工技术
联合实验室4	电气技术实验室	结晶技术
联合实验室5	三菱公司	工艺技术
联合实验室6	日本电气公司	设备技术

在课题的选择上，VLSI研究协会之所以选择的都是基础性、通用性技术。有两个方面的原因：第一个原因是研究企业面临的比较常见的技术问题和困难，企业才会积极地投入进来，提高研发效率；第二个原因是如果研究的只是一个基本的共性问题，企业就不用担心自己的专利技术会被对手窃取。在策略方法上，VLSI企业技术研发联盟不断地根据实际情况，调整自己的研究策略。VLSI通常采用的是"一对一"的传统模式，即一个实验室对应一个技术的攻关，但是在技术难度太大、风险太高，单凭一个实验室无法突破攻关、难以承担风险时，VLSI企业技术研发联盟摒弃传统模式，开展"围攻"。"围攻"是指VLSI多个实验室针对这个技术，从不同的角度进行研发，以提高研发效率，降低研发难度和研发风险。除此之外，VLSI常用的策略还有"委托—代理"模式，即将自己不擅长的技术部分模块化，然后外包给民间研发机构，这样的方法既营造了良好的国内科技氛围，又优化了自身资源利用的效率，提高研发成功率。例如，拥有光学设备加工技术优势的理光和佳能、拥有平版印刷技术优势的大日本印刷公司和凸版印刷公司等企业都曾以此方

式参加了VLSI的项目。[①]

在开展共同研究的四年里，VLSI企业技术研发联盟共提出了1200多项专利、300多项商业机密技术，发表了约460篇科技论文，其中很多论文在美、欧、日召开的国际会议上发表。最终实现了突破1微米加工精度大关的目标，这意味着制造100万位存储器成为可能。[②] 1989年日本公司占据了世界存储芯片市场53%的份额，而美国仅占37%。VLSI企业技术研发联盟之所以能取得巨大成功，与政府和企业的良性互动协调有重大关系，例如在企业的组织、技术的选择、联合实验室的运作和资源分配等方面，政府都发挥了相当重要的作用。日本超大规模集成电路研发项目VLSI对深圳开展核心技术攻关、开展产学研协同创新合作具有很大的借鉴意义，为政府协调与企业的利益提供了模范。

二 美国半导体制造技术研究联合体SEMATECH

20世纪80年代初，随着日本的崛起，美国在半导体产业一家独大的地位遭遇严峻挑战，DRAM发生大规模产能过剩，价格下降近80%，使美国半导体产业遭受巨大打击。为了重新获得美国在半导体设计和制造技术方面失去的优势，提高美国在半导体制造技术方面的竞争力，1987年8月，在美国国防部的支持和美国半导体工业协会（SIA）的推动下，美国政府效仿日本通产省组织大规模集成电路技术合作研究的经验，组织美国半导体制造企业成立了"半导体制造技术研究联盟"，简称SEMATECH，共有14家美国大型半导体企业参与（见表3-4）。SEMATECH是美国半导体产业与政府合作的产物，其核心任务是就未来中短期半导体制造相关技术进行研发和产业化，它的出现在一直强调企业家精神，提倡政府不干预的美国，具有特殊的意义，反映了美国技术政策的新趋势。

[①] 方荣贵、王敏：《半导体产业共性技术供给研究——基于日、美、欧典型共性技术研发联盟的案例比较》，《技术经济》2010年第11期。

[②] 冯昭奎：《日本半导体产业发展的赶超与创新——兼谈对加快中国芯片技术发展的思考》，《日本学刊》2018年第6期。

表 3-4　　　　　　SEMATECH 首批 14 家成员单位

公司名称	主营业务
先进微器件公司（AMD）	计算机和通信用 IC 制造
惠普公司	信息电子工业、IC、芯片制造
国际商业机器中心（IBM）	信息系统技术供应商
英特尔公司	半导体设计和生产、芯片制造
摩托罗拉公司	芯片制造、电子通信
德州仪器公司	半导体设计与制造
美国电报电话公司（AT&T）	通信服务和通信设备制造
罗克韦尔国际公司	电子控制和通信设备制造商
美国数字设备公司（DEC）	数字设备制造
美国国家半导体公司	模拟半导体技术供应商
哈里斯公司	无线电系统和服务供应商
美国 LSI 逻辑服务公司	创新芯片、系统和软件技术
美国镁光公司	内存颗粒生产商
美国国立现金出纳机公司	电子应用系统供应商

注：1997 年之前，成员单位只限于美资半导体公司和合资公司，外国企业在美国的附属子公司受到入会限制。

资料来源：根据方厚政、纪占武和王庆的研究整理。

根据组织性质，SEMATECH 技术研究联盟的参与者可以分为四类：企业、政府部门、大学和联邦实验室、中介机构，不同的参与者在联盟中扮演不同的角色（见图 3-10）。SEMATECH 建立了一套管理机制，主要涉及资金的筹资与管理、会员单位管理、人员招聘与管理和研发管理。在资金的筹集与管理方面，SEMATECH 的资金来源分为两个部分，一部分是联邦政府、州和地方政府的资金支持，另一部分则是会员单位缴纳的会费。就会员单位管理而言，SEMATECH 与每个成员单位都签署一份参与协议，规定在运行的前四年，会员单位将安排人员参与研发项目的工作分配，同时要求会员单位如果需要退出的话，要提前 2 年进行告知。在人员招聘与管理方面，可分为外部专职人员和成员单位的高级代理。其中，高级管理人员是外部专职人员，既来自企业，又受雇于联盟董事会。

在研发管理方面，SEMATECH 技术研究联盟的研发专注于制造

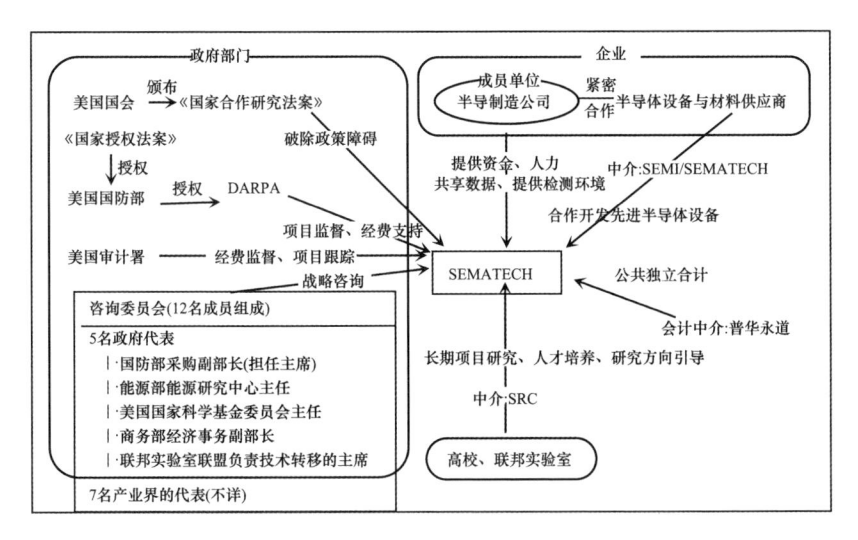

图 3-10　SEMATECH 的参与者

资料来源：参见陈雯《美国新型研发机构的创建及运营——以美国半导体技术联合体为例》。

设备和系统技术，约 80% 的研发资金用于 12 个月至 3 年内有效的项目，剩余 20% 用于 3 年及以上有效的项目。为了避免威胁企业的核心技术产权，研究的核心内容主要是产品制造的过程、制造设备的改进与评价、制造工厂的建设以及技术问题的发现与控制，SEMATECH 不从事产品开发和销售。通过这种方式，它可以促进网络组织的知识转移机制，因此，企业没有披露自身核心机密的风险，这样就能获得企业的信任，让它们在乐于分享和传递知识的过程中联合研究和开发。此外，为了促进知识的转移，降低知识转移成本，提高创新网络的性能，SEMATECH 合理利用其在美国的独特的社会地位和良好的声誉，有力推动了半导体产品技术标准的制定，并且逐步地统一了各个企业在技术方面的参数，进而实现了美国半导体产品零部件的标准化。部件的标准化、模块化生产极大地改变了美国企业的组织行为。事实上，美国企业规模虽然比较大，但是内部结构比较松散，缺乏凝聚力，各个环节的灵活性和紧密型都不够高，合作精神不强，虽拥有完整的生产制造体系但是质量参差不齐。SEMATECH 的诞生更新了美国的管理理念，提高了管理层的凝聚力，调整了美国的企业结构。到1993年，美国半导体在世界市场的份额超过了50%。虽然SEMATECH联合体的运营时间并不长，但是取得了很大成效，改变了美国制造业落后的状况，夺回了美国在半导体领域的领先地位，重新确立了美国企业在高科技领域的优势。SEMATECH企业技术联盟的成功告诉我们，在技术攻关的过程中，企业和政府的协调、研发运作中的调整优化，对技术联盟的发展，提高核心技术攻关效率起着重要作用。

日本和美国成立技术联盟攻克关键核心技术的经历，可从多个角度为当前深圳突破"卡脖子"困局提供经验启示。第一，要有多元的资金支持和透明的资金安排。核心技术的难度大、周期长，需要有足够的资金投入作为支撑。一部分资金需由政府支持，核心技术的突破对推进国家科技创新意义重大，尤其在起步阶段，政府提供资金支持受到各国经验支持，但需要强调的是政府资金支持的方式也很重要，直接投入的较少，通过补贴、税收优惠等方式的较多。另一部分研发资金来源于参与联盟的各个企业，设立共同基金，按照市场占有率或其他原则共同承担研发费用，以降低单个主体的成本负担，分担创新风险。特别强调的是，国家财政直接支持非常重要，但企业技术联盟基金原则上须由企业投入占大头，以保证资金使用的市场导向和效益偏好。第二，企业技术联盟须对技术如何共享、共享边界以及贡献回报等问题做出约定。企业技术联盟攻关的一般都是基础性、共用性的技术，在这个过程中，对于技术的共享和利益的分配就需要一份大家事前认可的协议，以此来保障各个公司的利益和积极性。第三，技术联盟需要有合理的分工协作机制。通过政府推动以及制度安排，推动各企业充分发挥自己的技术优势，扬长避短，分工配合，以此节省研发成本，提高研发效率，这也是成立联盟的初心所在。第四，共同开发市场。技术往往需要迭代突破，应用场景是否丰富，市场渗透是否快速都是决定新技术成功与否的关键。如果各成员单位能够勠力同心，这就加快了产品进入市场的速度，从而在激烈的市场竞争中获得先机。跨国技术联盟还有助于将产品拓展到海外市场，吸引目标市场国家和地区的厂商加入技术联盟，可以有效打破壁垒，获取多样化的知识和技术，有助于产品的完善。

第四章 深圳全过程创新生态链的驱动力

——成果产业化

科技成果产业化是创新的"最后一公里",是实现科技与经济紧密结合的关键环节。只有当科技成果成功实现商品化和产业化,科技才能真正转化为现实生产力,才能实实在在地促进社会经济发展。科技成果产业化在某种意义上可看作全过程创新生态链中的终环,基础研究、技术攻关、科技金融和人才支撑这四大链环中的海量投入能否产出足够的收益就取决于科技成果产业化这一链环是否顺畅。同时,科技成果产业化也是驱动全过程创新生态链构建和完善的关键动力来源。对于深圳来说,必须把科技成果深度融合到自身城市产业发展的实践中,畅通科技成果产业化这一关键链环,发挥科技成果产业化对全过程创新生态链的强力拉动,才能让科技真正成为经济社会高质量可持续发展的"金钥匙"。

本章首先对科技成果产业化这一链环的构成主体及其功能作用进行研究分析:从科技成果产业化相关理论综述到科技成果产业化的详细过程阐释,再到科技成果产业化的关键作用分析,为后续详细探讨深圳的科技成果产业化这一链环奠定理论基础。随后对党的十八大之前,深圳成果产业化链环是如何伴随其产业升级而领先发展起来的进行详细考察。科技成果转化和产业化的优势是深圳最大的独特价值所在,深圳有效利用技术与市场相结合,为解决科技、经济"两张皮"的问题率先探索了道路,是中国各大城市科技成果产业化的"领头羊",成为全国科技成果转化网络的关键节点。特别是近十年来,深圳立足自身发展需要,响应党中央号召,积极推动科技成果产业化效能提升,在科技成果产业化这一关键链环取得了长足的进步,为优化构建全过程创新生态链提供了强大驱动力。但是离建设成科技成果产业化最佳地的目标，深圳还有较长的路要走。尽管深圳在我国一线科技城市中科技成果转化率名列前茅，但与国际知名创新型城市相比还有一定的差距，并且在实践中也存在诸多短板：中介机构专业性不足、动力机制仍有优化空间、相关服务平台能力仍需提升等。基于这些问题，本章在最后一节特对美国、日本与德国的科技成果产业化优势进行剖析，参考发达国家先进创新经验，为把深圳建设成为科技成果产业化最佳地提供相关借鉴。

第一节 科技成果产业化链环的构成主体及功能作用

科技成果产业化，又称科技成果转化，是以提高生产力水平为目标，对有实用价值的科技成果进行后续试验、开发、应用和推广，直至新产品、新工艺和新材料，形成新产业。[①] 科技成果产业化是在科学技术成果不断向现实生产力转变过程中产生和发展起来的，其过程涉及相关主体众多，有作为科技成果供应方的高等院校、各类科研机构以及企业内部研发机构；有作为科技成果需求方的企业；有作为两者沟通桥梁的中介机构、平台、协会、产业联盟等；甚至涉及提供相关环境的政府部门和金融机构等。科技成果转化是落实"科学技术是第一生产力"的关键。"发展经济要依靠科技进步，发挥第一生产力的作用，只有把作为第一生产力重要体现的科技成果在生产实践中得到广泛的应用，才能有效地提高我国的经济增长质量，实现经济增长方式的两个根本转变。"[②]

一 科技成果产业化的相关理论综述

西方发达国家对此类研究起步较早，但较少使用"科技成果产

---

① 参考1996年制定、2015年修订的《中华人民共和国科技促进成果转化法》中的表述。
② 刘一红、盛建新、林洪、夏谦：《湖北省科技成果转化的现状、问题及对策建议》，《科技中国》2020年第4期。

业化"和"科技成果转化"这两个概念。它们主要使用"技术创新"（Technology Innovation）、"技术转移"（Technology Transfer）、"技术扩散"（Technology Diffusion）、"大学—产业合作"（University-business Partnerships）、"大学商业性转化活动"（Commercialization of University）等概念。Bennett 认为，技术转移是技术创新从投入到产出、从抽象成果转化成市场需求的过程。技术转移包括技术交易、成果转化以及新技术、新工艺、新产品的应用推广；转移路径包括技术生成部门向使用部门转移、使用部门之间转移、跨国技术转移，还包括成熟技术、适用技术、技术装备、生产工艺等的梯度转移。[1] Teecc 认为科技成果产业化实质是一个知识转移的过程，知识转移是知识在特定情境下，从发生源到接受方，经过知识流动、吸收、重构、应用和扩散等环节转移的过程。[2] 这个过程不是单向的，它既包括原理知识、技术知识从高校或科研院所（知识供给方）向下游方向转移到企业（知识需求方），最终转化为产品并流向市场的过程；也包括企业的技术工艺、产品知识和市场供求信息向上游方向转移到高校或科研院所，影响科研选题方向、科技成果的成熟度的过程。不论哪个方向的知识转移，知识接受方均对接收到的知识进行加工、学习、吸收、整合和重构，进一步转化成自己的知识，并应用到实践中。普遍认为技术创新就是开发新技术或新产品并实现规模化生产和商业化应用的过程。

我国与此相对应的理论概念主要是"科技成果转化"与"科技成果产业化"，其中"科技成果""科技成果转化"与"科技成果产业化"是我国科技管理工作专用的名词。科技成果在中国通常被认为是科研院所、高校和企业的科研人员在科学技术研究或科技创新（对某一科技问题进行考察、实验、分析、研究、试制的创造性劳动）中取得的新成就（主要指取得有学术意义和实用价值的研究

---

[1] Bennett D., "Transferring Manufacturing Technology to China: Supplier Perceptions and Acquirer Expectations", *International Journal of Manufacturing Technology*, Vol. 8, 1997, pp. 283–291.

[2] Teecc D. J., "Technology Transfer by Multinational firms: The Resource Cost of Transferring Technological Know-how", *Economic Journal*, Vol. 87, No. 34, 2011, pp. 242–261.

成果）。在2015年新修订的《中华人民共和国促进科技成果转化法》中明确规定了两点：科技成果是指通过科学研究与技术开发所产生的具有实用价值的成果；科技成果转化是指为提高生产力水平而对科技成果进行的后续试验、开发、应用、推广直至形成新技术、新工艺、新材料、新产品，并发展新产业等活动。根据我国目前的科技管理工作实践，我国学者对"科技成果"的概念已经基本形成共识，主要有三个特点：第一，科技成果是科学技术活动的产物；第二，科技成果应当具有一定的学术价值和实用价值；第三，科技成果必须是经过认定的。[①]

随着20世纪90年代社会主义市场经济建设的深入，理论界越来越认识到创新的落脚点应在市场，企业作为技术创新的主体和源头的地位越来越突出。如何避免科技创新与产业发展之间存在明显的"两张皮"困境，成为越来越被关注的问题，相关研究成果颇丰。如高卫国和李忠斌认为科技成果产业化的实质就是提高产品及其劳动过程中的技术含量。[②] 林森等认为科技成果的产业化是指将科研成果或发明创造转化为产品，形成具有较强市场竞争优势的规模经济或范围经济，最终成为国民经济分支产业的技术经济全过程，科技成果产业化是使技术链和产业链紧密耦合的过程。[③] 刘志迎和何婷婷认为科技成果转化是具有科技性质的经济行为，并基于此将科技成果转化划分为四个过程，即市场预测确定目标的过程、科技成果的产生过程、科技成果的转移过程和科技成果的使用。[④] 窦珍珍等认为科技成果产业化是对科技成果通过后续开发、技术扩散、产品生产、市场推广等环节，转化为新产品、新工艺、

[①] 刘志迎、何婷婷：《有关科技成果转化的基本理论综述》，《科技情报开发与经济》2005年第4期。

[②] 高卫国、李忠斌：《科技成果产业化的理论与实践》，《中南民族学院学报》（哲学社会科学版）1999年第S1期。

[③] 林森等：《技术链、产业链和技术创新链：理论分析与政策含义》，《科学学研究》2001年第4期。

[④] 刘志迎、何婷婷：《有关科技成果转化的基本理论综述》，《科技情报开发与经济》2005年第4期。

新材料和新服务,达到一定市场规模,逐渐形成产业的过程。[①] 郝丽和暴丽艳从协同创新视角将科技成果转化划为四个阶段,即研发阶段、中试阶段、商业化阶段和产业化阶段。[②]

"科技成果产业化"与"科技成果转化"的实质都强调科研投入要获取经济回报(见图4-1),科技成果应能切实提高经济效益,深圳全过程创新生态链中的成果产业化这一环强调的也是如此,因此本章对"科技成果转化"与"科技成果产业化"两个概念并不进行严格区分。

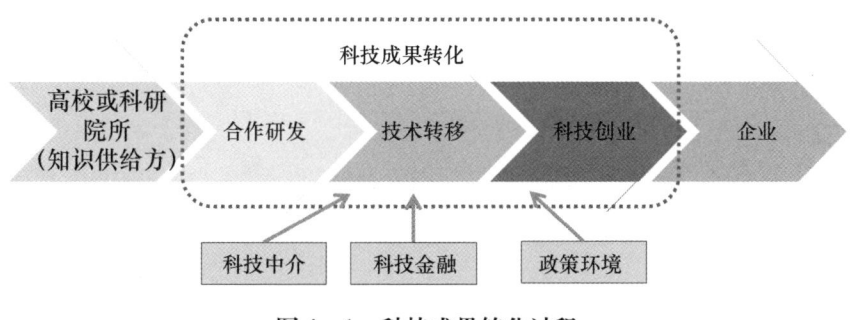

图4-1 科技成果转化过程

二 科技成果产业化链条的过程、主体与特征

科技成果产业化的具体过程是指通过科技研究、技术开发、试验、生产、销售等具体实践活动以实现知识和科技成果的商品化和产业化。科技成果产业化强调科技要最终转化为生产力,科技成果的产出必须能够产生具备经济效益的新产品和新产业。科技成果产业化受多种因素影响,是包含主体系统、支持系统、政策环境系统、中介系统、宏观调控系统在内的系统工程[③],其具体过程如图4-2所示。

[①] 窦珍珍、顾新、王涛:《我国科技成果产业化的过程、模式及问题分析》,《决策咨询》2015年第6期。
[②] 郝丽、暴丽艳:《基于协同创新视角的科技成果转化运行机理及途径研究》,《科学技术哲学研究》2019年第2期。
[③] 万金荣:《中国科技成果产业化问题研究》,博士学位论文,东北林业大学,2006年。

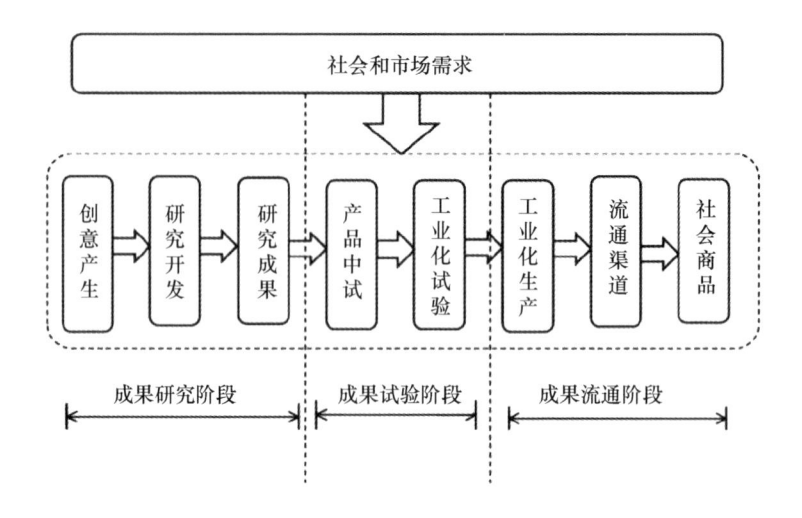

图 4-2　科技成果产业化过程

资料来源：引自窦珍珍、顾新、王涛《我国科技成果产业化的过程、模式及问题分析》，《决策咨询》2015 年第 6 期。

总的来说，科技成果产业化过程主要包含了四类主体。

第一，政府的支持是其中重要的一环，它是整个转化链条的基础支撑。为了提升科技成果产业化能力，中央政府和地方政府往往出台多项科技政策鼓励科技成果的转化。完善有力的政策措施能大大加强政府、行业协同创新，从管理、制度和服务支撑体系等方面促进科技产业化，为科技成果产业化提供保障。

第二，高校和研究院所作为整个科技成果转化链条的前端，是科技成果转化中的源头环节，是科技成果供给的主体。科技成果产业化的最终目的是使高校和研究院所的技术成果转换成产品后进入市场并产生经济效益。对于科学研究成果，应注重技术的实用意义，在研发的源头提高科研技术的创新性和实用性，为今后的技术成果产业化打好基础，从而实现经济效益和社会效益。

第三，科技中介和服务平台是高校院所与企业之间沟通的桥梁，也是促进科技创新的强劲力量。科技中介和服务平台可通过搜集科技创新情报等，发挥信息流通、资源对接以及资金分配等作用，成为科技成果产业化链条中的润滑剂与孵化器，促进区域科技成果产业化进程。

第四，企业是科技成果产业化最后的环节，是科研成果迈向市场的最后一步，一个科研成果能否成功从实验室转化到市场中，怎样对接企业，对接什么样的企业，是成果正式步入市场全链条的关键步骤。成果产业化过程具有复杂性、周期长、不确定性大等特点，这些特点广泛存在于基础研究、应用研究、试验发展等研究阶段。在成果转化的长链条中，技术风险、市场风险、运营管理风险和政策风险都十分容易导致产业化最终失败。在实验室科研活动向市场化商业活动转变的过程中，核心障碍是缺乏足够的开放性、流动性和资源，具体表现在科研机构掌握的市场信息不足和不准确，企业与科研机构缺乏联系渠道致使科技成果的供给与需求无法吻合。

对科技成果转化和产业化的详细过程（见图4-3）进行进一步研究，可以发现其有三大特征[①]。

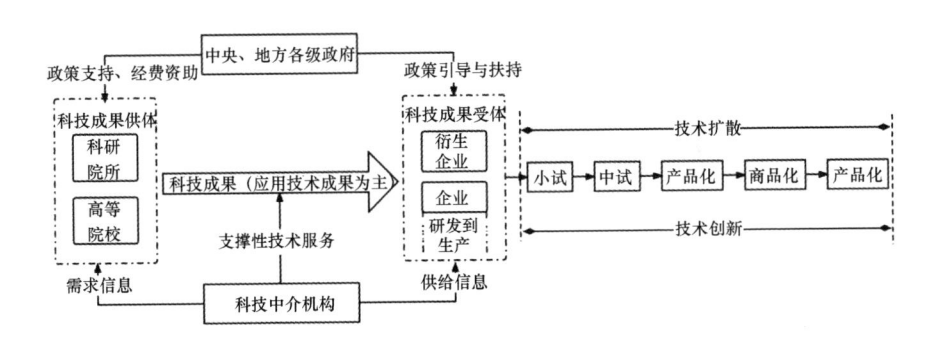

图4-3 科技成果产业化详细过程

资料来源：杨善林等：《技术转移与科技成果转化的认识及比较》，《中国科技论坛》2013年第12期。

一是系统交叉。科技成果产业化是一个复杂的系统性工程，主要包含产业化主体系统、条件支持系统、环境系统和宏观调控系统，这

---

① 孙彦明：《中国科技成果产业化要素耦合作用机理及对策研究》，博士学位论文，吉林大学，2019年。

些系统之间有些部分互相重合。产业化主体系统主要是企业、高校和科研院所;条件支持系统是指直接支持科技成果产业化的资源要素,硬件方面主要包括科技创新基础设施、试验和生产设备等物理要素,软件方面主要包括科技创新活动中的组织管理和内部文化价值观念;环境系统是对科技成果产业化带来直接或间接影响的各种外部条件,主要包括政策法规、产品市场需求、科技金融、人力资源市场、技术交易市场、科技中介服务机构、社会文化等;宏观调控是指政府通过发展规划和公共政策等手段为科技成果产业化整合创新资源,营造良好环境,激励和扶持重大科技成果产业化。

二是市场驱动。促进科技成果产业化的根本动力在于健全市场机制,为科技创新和产业发展注入新活力。市场机制在激励创新主体从事科技成果研发和产业化方面具有自动调节、自组织和自适应的功能,能够有效促进人才、技术和资金等要素的自由流动和优化配置。但是,如果市场机制不健全,市场结构不成熟,尤其是要素市场化配置比较滞后,就可能产生资源配置的随机性、外部性和局域性,甚至出现寻租等不良行为,不能达到事半功倍的优化效果。

三是方式多样。科技成果的产业化可以采取自行转化、技术转让、产学研协同发展、中介服务机构转化、高新技术园区转化、孵化器转化等多种形式。这些模式各有利弊,科技成果需求方或供给方可以根据外部环境的变化和市场经济的运行规律,选择适宜的产业化模式开展科技成果的产业化活动。

从广义和狭义两个角度看科技成果转化所包含的范围不同,广义上认为科技成果转化包含在从知识产生到形成生产力的全过程中,狭义上认为只有这一创新链条的末端即完成商品化、产业化的这一转化称为科技成果转化[1]。在上述理论分析中采用的是广义上的成果转化全过程,以方便理解整个链环的生态关系,但基础研究及技术攻关前文已讨论,本章后续的讨论中就不过多赘述,而是集中讨论科技成果商品化、产业化这一环,这也是全过程创新生态链中至关重要的终端验证环节。

---

[1] 贺德方:《对科技成果及科技成果转化若干基本概念的辨析与思考》,《中国软科学》2011年第11期。

三 成果产业化在全过程创新生态链中的关键作用

2018年，习近平总书记在中国科学院第十九次院士大会上指出："拆除阻碍产业化的'篱笆墙'，疏通应用基础研究和产业化连接的快车道，促进创新链和产业链精准对接，加快科研成果从样品到产品再到商品的转化，把科技成果充分应用到社会主义现代化事业中去。"[①]"科技成果只有同国家需要、人民要求、市场需求相结合……才能真正实现创新价值、实现创新驱动发展"[②]。科技成果产业化是实现创新驱动发展战略的关键，实现创新驱动发展，最关键的是要通过自主创新促进科技与经济紧密结合。

对于深圳构建和完善全过程创新生态链而言，实现成果产业化这一链环是其最终目标，其余链环如基础研究、技术攻关、科技金融与人才支撑需以成果产业化为目标指引。只有利用"四链"（知识链、技术链、金融链、人才链）融合促进深圳产业链与价值链持续提升，才能最终实现深圳整体创新生态链的升级重构。2022年6月，深圳发布了《深圳市培育发展未来产业行动计划（2022—2025年）》，明确了深圳将要重点发展的七大战略性新兴产业，二十大产业集群与八大未来产业，相关产业的规划与战略部署为全过程创新生态链的着力点指明了方向。

科技成果产业化既是全过程创新生态链的最终目标，也是全过程创新生态链的重要驱动力。科技成果只有成功实现产业化才意味着科研投入能够获得利润回报，创新唯有能够产生经济收益，才能持续吸引各类创新要素，如资金和人才集聚，从而激活深圳的整体创新生态。科技成果的产业化与市场化是激发创新活力和积极性、推动科技成果产生的重要动力，畅通科技成果产业化这一关键链环能够使科技投入转化为科技产出，并有效、快速地将科技成果转化为实际生产力，为深圳构建和完善全过程创新生态链提供了强大的动力驱动。

此外，重视科技成果产业化也是竞争发展的需要。如今随着科

[①]《习近平谈治国理政》第三卷，外文出版社2020年版，第249页。
[②]《习近平谈治国理政》第三卷，外文出版社2020年版，第124页。

技与经济的融合程度不断加深，经济的竞争越来越表现为科学技术的竞争，表现为科技成果（特别是高技术成果）转化数量、质量和转化速度的竞争，归根结底就是科技成果商品化、产业化程度及其市场占有率的竞争。对于深圳来说，科技成果只有实现产业化，才能有效地提升深圳产业体系的生产效率和竞争力，形成科技创新与生产要素增质的良性循环。同时，建成科技成果产业化最佳地也是深圳建设国际创新中心城市的必经之路，深圳通过大力发展新一代信息技术、高端装备制造、绿色低碳、生物医药、数字经济、新材料、海洋经济等战略性新兴产业，将科技创新内化为核心竞争力，从而整体提升全过程创新生态链，增强城市创新竞争力。

第二节 深圳科技成果产业化的领先发展与明显优势

相对于北上广等特大城市而言，深圳在科技创新领域最独特的价值就是科技成果产业化能力强。作为中国改革开放的前沿城市，深圳以市场为导向牵引科技成果转化与产业化，在此领域起步较早，发展较快。深圳以其体制机制更为灵活和产业体系更为齐备的优势吸引了大批企业来深圳参与科技成果产业化，在本土科技成果较少、成果转化链环前端在外的不利情况下创造了深圳科技成果转化与产业化迅猛发展的奇迹。事实上，早在21世纪第一个十年，深圳已经发展成为全国科技成果转化网络的关键节点。

一 科技成果转化政策体系支撑有力

深圳特区作为体制改革的试验场，为科技体制的改革创造了非常有利的条件。1985年11月，深圳召开第一次科技工作会议，把扶持工业企业建立新技术新产品科研开发机构，建立"以发展生产力为中心、企业为主体，科研生产一体化的研究开发新体制"作为特区科技体制改革的重点。时任深圳市市长梁湘提出了科技工业的五条思路：一是经济建设依靠科学技术，科技工作面向经济建设；

二是加快先进技术的引进、消化和吸收；三是大力开拓技术市场；四是充分发挥科技人才的作用；五是加强对全市科技工作的宏观指导和管理。在深圳市政府的鼓励和扶持之下，企业的研究所、开发中心、开发院、开发部、工程部、实验室等如雨后春笋般涌现，迅速形成总公司、行业专业公司、小型企业等多级科技开发网络。大量科技开发机构的建立有效补足了"科研生产两张皮"旧体制的短板，将科技和生产紧密结合起来，让企业能够生产一代、开发一代、预研一代，面向市场推陈出新，将科技实际应用到经济当中。这是深圳市政府早期提出的科技成果产业化发展思路。

随着市场化改革的深入，深圳越来越重视科技成果的市场转化能力。因此在1995年就颁布了《中共深圳市委、深圳市人民政府关于推动科学技术进步的决定》，提出要大力发展科技生产力，加速科技成果向现实生产力的转化。该文件的重点是：支持企业的技术创新、科技成果转化和引进技术的二次开发；鼓励企业提早介入高校和科研机构的研究开发活动，吸引高水平的科研成果到深圳实现产业化；提出加快深圳生产力促进中心的建设，使其尽早成为中小企业技术开发和成果转化的基地。

为提高科研人员参与科技成果转化和产业化相关项目的积极性，1987年深圳市政府颁布了《关于鼓励科技人员兴办民间科技企业的暂行规定》，为深圳轰轰烈烈的民营科技事业发展拉开了序幕。深圳市政府积极鼓励民营科技企业参与科技成果产业化，民营科技企业持续将多项专利技术转化为技术产品和技术商品，在市场竞争中独占鳌头，为深圳科技成果产业化做出了巨大贡献。2004年深圳市政府强调按照国家促进科技成果转化的有关规定，成果完成人可享有不低于该项目成果所占股份20%的股权，或享有不低于转让所得税后净收入20%的收益，此举保障了科技成果转化完成人的权益。2007年深圳市政府印发了《深圳市科技创新奖励办法的通知》，设立了深圳市科技创新奖，奖励在科技领域进行原始创新、集成创新、引进消化吸收再创新及在科技成果转化、产业化方面取得突出成绩、创造显著经济效益或社会效益的自然人或组织。该文件极大地激励了个人和组织参与科技成果转化和产业化过程，提高了科技成果转化和产业化的参与度。

为解决高科技成果产业化资金不足问题，1999年深圳市政府印发了《关于进一步扶持高新技术产业发展的若干规定（修订）的通知》，强调要推动建立和完善以政府为引导、企业为主体、直接融资和间接融资相结合的高新技术产业投融资体系，大力促进和支持高新技术成果产业化。从1999年起市政府每年出资1000万元设立出国留学人员创业资助资金，并在每年的科技三项经费中安排2000万元用于资助出国留学人员带高新技术成果、项目来深圳实施转化和从事高新技术项目的研究开发。此外，为补足人才缺乏的短板，该文件还强调要支持鼓励国内外著名院校和科研院所来深圳合作创办产学研基地、科研成果转化基地、培训中心、博士后流动工作站等，从事科学研究、技术开发和人才培养，为深圳高新技术研究、开发提供人才支撑。

2010年深圳颁布了《深圳经济特区加快经济发展方式转变促进条例》（以下简称《条例》），综合全面地推进深圳科技成果转化和产业化。《条例》第十二条明确规定：市政府应当制定促进科技成果转化的政策措施，提高科技成果转化率。市政府还应当利用高交会平台，鼓励和资助在深企业、科研单位参展参会，实现科技引领转型、创新驱动发展。同时，《条例》鼓励政府举办的科研院所、项目单位来深圳创立项目公司，建设官、产、学、研、资本及中介协同共建的技术转移机构和战略联盟，项目公司、技术转移机构、战略联盟可以按照合同约定共享科技成果转化收益。《条例》第十四条强调了科技成果转化和产业化过程中介与平台的重要作用，指出应鼓励技术咨询、指导、评估、孵化器等公共服务平台建设，推进技术成果产业化。《条例》第三十八条规定市、区财政每年应当从科技发展专项中安排一定比例的资金用于支持技术转移，推进科技成果转化。深圳因作为特区拥有较大的改革自主权，且在以市场化为基础的体制机制上敢闯敢试，加之政府对科技成果转化和产业化有着超前的战略规划与部署，对深圳科技成果产业化体系成型与迅猛发展起到了较为关键的作用。

二 成果转化的配套服务与机构建设完善

除了政策软件的支持，深圳不断加大对相关平台建设的力度。由点到面，由面到网络，各种为成果转化提供服务的机构和平台如雨后春笋般涌现。1987年深圳市政府成立"深圳市科学技术发展基金会"，其主要任务之一就是为企业、大专院校和科研单位提供科技成果工业化、商品化阶段所需的部分资金，以促进新兴技术产业化的形成和发展。1991年深圳市政府还联合国家科委和广东省政府，在深圳创办了中国科技开发院，中国科技开发院的使命之一就是探索用市场化机制推动科技成果的商品化、产业化、国际化。1993年深圳成立科技成果交易中心，该中心作为科技成果产业化的专业服务平台，主要负责建立科技成果库、技术开发、咨询服务、成果转让、技术难题招标、综合技术服务及相关技术培训，还有新技术、新产品的推广应用。1999年10月5日至10日，深圳成功举办了首届中国国际高新技术成果交易会，为高新技术成果实现产业化提供了一个卓有成效的转化平台。

深圳还积极探索科技成果转化的新路径，打造创新型的科技成果转化综合平台，如深圳虚拟大学园。深圳虚拟大学园建立于1999年，是深圳市政府为吸引和促进国内外名校、科研院所来深圳进行科技成果转化和产业化、中小型科技企业孵化和高层次人才培养，把大学的综合智力优势与深圳的市场环境优势相结合，按照"一园多校、市校共建"模式建设的产学研结合创新园区。多年来深圳虚拟大学园聚集了67所国内外知名院校，如清华大学、北京大学、香港大学、香港中文大学、中国科学院，在科技成果转化与产业化方面开展了卓有成效的工作。以深圳清华大学研究院为例，其成立于1996年，由深圳与清华大学合建，是集技术创新体系、支撑体系、孵化体系和资本体系为一身的综合创新体。深圳清华大学研究院自成立以来在成果转化、人才培养、企业孵化等方面取得了令人瞩目的成绩，探索出了一条促进科技成果产业化的新模式，为中国高等院校探索建设新型科研机构开辟了道路，实现了深圳弥补本地科研实力的短板和清华大学促进科技成果转化的双赢目标。

进入21世纪，深圳对科技成果转化服务更为重视和规范。2000年深圳成立了负责科技成果转化和产业化的主管部门（即深圳市技术转移促进中心），该部门是深圳市科技创新委员会直属单位，主要负责六大方面：贯彻落实技术转移法律法规以及技术转移有关的规划、计划；负责为技术转移机构的建设、运营提供咨询服务；承担技术转移公共服务平台建设、运营；推动技术转移交流、合作和技术转移联盟发展；负责技术合同登记与技术市场统计分析；为技术转移提供孵化、培育等其他公共服务。深圳市技术转移促进中心的成立明确了科技成果转化和产业化工作的责任单位，为深圳科技成果转化和产业化提供了强有力的政府支持。

除了上述大型综合性服务平台和机构，为了促进科技成果商品化、产业化和国际化，深圳还持续推进中小型专业化配套平台与机构的建设，先后设立深圳市技术市场促进中心、深圳市科技成果交易中心、深圳市无形资产评估事务所、深圳市技术经纪行等（见图4-4），逐步建立起全市性的技术交易、中介、评估、仲裁、审判等配套的技术市场体系，走在全国科技成果转化和产业化的前列。

深圳在改革开放几十年的时间里积极探索科技成果产业化发展的新方法、新道路，出台了一系列战略规划和政策措施，相继建立了众多科技成果产业化相关机构，为科技成果产业化链条的上游、中游、下游提供了完整的配套服务，形成了密集的科技成果供需交易网络。进入21世纪第一个十年，深圳科技成果产业化的全过程体系生态已然全国领先。

三 全国科技成果转化网络核心节点地位突出

深圳由于建市较晚，本土高等院校和科研机构数量稀缺，在相当一个时期内，本土科研成果产出较少，因此深圳早期在发展科技成果产业化方面大量利用"外脑"，专注于引进和吸收外来科技研究成果，利用市场化程度较高和产业链配套设施较为完善的优势，积极推动科技成果转化和产业化项目落户深圳。深圳原副市长唐杰曾经指出：与深圳经济联系最密切的国内城市是北京。就是因为早期深圳本土缺乏大学以及研究机构的支撑，而北京又是全球单一城

```
1991年 ——— 中国科技开发院
1993年 ——— 深圳市科技成果交易中心
深圳虚拟大学园 ——— 1999年 ——— 首届中国国际高新技术成果交易会
2000年 ——— 深圳市技术市场促进中心
2003年 ——— 深圳知识产权网
2005年 ——— 深圳市南山区人民法院知识产权审判庭
2006年 ——— 中国科学院深圳先进技术研究院
深圳首家专业技术经纪事务所
2009年 ——— 首届中国创新创业大赛
2012年 ——— 首届技术转移专员培训
```

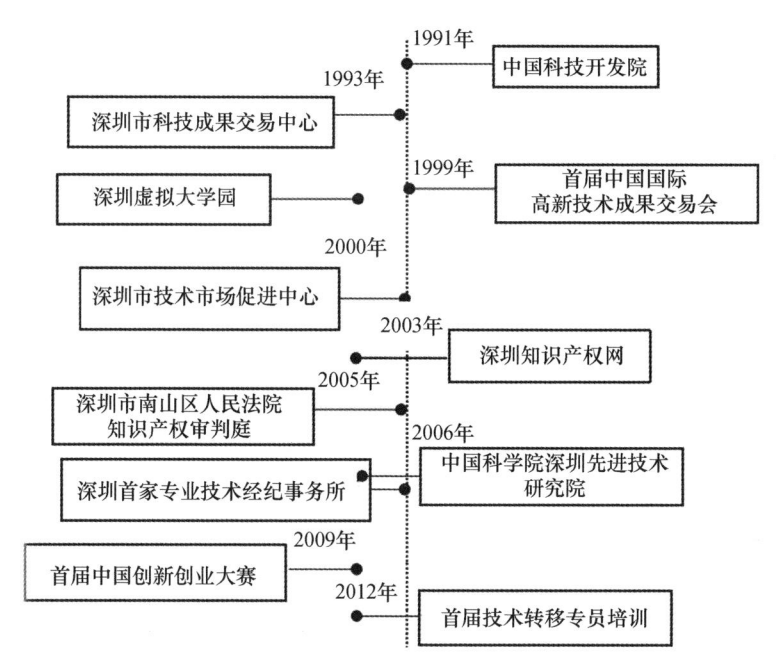

图 4-4 深圳不断建设科技成果产业化相关机构和平台

市中科学发明、科学发现最多的城市，因此深圳几乎五分之一的技术来自北京，北京成了深圳的技术来源。①

作为改革开放的先锋，深圳从无到有，白手起家，从创办大学、创设最早的科技工业园，到举办全国首届国际高新技术成果交易会、成立最早的专职科技成果转化组织，再到最早的虚拟大学组织，一直处于科技成果转化和产业的改革与试验的实践前沿。深圳在本土基础研究和技术攻关等原始创新环节先天不足的背景下，积极引进科技创新成果，把众多外来科技成果的"蛋"孵化了真正能够促进经济发展的"鸡"，在探索科技成果转化和产业化的道路上取得了一系列的骄人成绩，逐渐成长为全国科技成果转化和产业化网络中的核心关键节点。

以深圳大疆为例，大疆为什么选择在 2006 年落户深圳？对于自

---

① 唐杰：《深圳：科技创新的"国家名片"》，https：//baijiahao.baidu.com/s？id = 1718387407911217174&wfr = spider&for = pc，2022 年 1 月 5 日。

产自销的大疆来说，深圳完备的全过程产业链条至关重要。深圳在机械、电子领域供应链和产业配套的完善程度，是香港和国内其他城市无法比拟的。深圳的制造业优势涵盖上下游全链条，上游核心部件和中游的智能制造装备更是产业布局的重点。除了深圳完善的制造业的产业链发展，还有无人机的产业配套。无人机上下游所需要的碳纤维材料、特种塑料、锂电池、软件、摄像头磁性材料等关键原材料，深圳都已在此前形成了优势。在国外需要一个月甚至更久才能集齐的材料，在深圳只需几个小时。

总的来说，深圳齐全完备的上下游产业链配套与较低的生产成本使许多科研机构和企业选择了在深圳进行科技成果的转化，深圳虽然本土基础研究环节较为薄弱，但在科技成果转化和产业化环节上却遥遥领先，成为科技成果转化量较大、转化速度较快、转化比例较高的中国"科技成果转化之都"，深圳由此成为全国科技成果转化网络中的关键节点。

第三节　这十年来深圳科技成果产业化的效能跃迁

深圳之前的创新模式的特质在于，与一般先由高校和科研院所获得科技成果再产业化的路径不同，深圳遵循的是以市场为引导、以企业为主体的产业化发展路径，主要采用的是吸收外来科技成果到本地进行产业化发展的办法。但随着党的十八大以来创新驱动发展的新要求，以及"旧路子""老办法"越来越难以为继的事实，深圳直面挑战，开始加码原始创新，关注源头创新。这既是深圳自身实现可持续高质量创新发展的选择，也是百年未有之大变局的时代要求。向"国际创新中心"与"科技成果产业化最佳地"目标迈进的深圳必须在基础科技领域做出更大的创新，在关键核心技术领域取得更大的突破，才能占据世界科技创新和产业发展的制高点。这十年在科技成果转化链环上，深圳从加强本土科技成果池建设到出台相关制度政策，从完善科技成果产业化生态到提升科技成果转化效能，科技成果转化方面的服务水平不断提升，转化周期持续缩短，深圳科技成果产业化发展成效越发卓著。

一 加强本地科技成果池的建设

进入21世纪第二个十年以来，基础研究到产业化的周期越来越短，而深圳在基础研究上却较为缺乏，科研机构和高校都偏少，这意味着新时代的深圳要想继续推进科技成果产业化，就必须在基础研究这一链环上多下功夫。深圳"基础研究—原始创新—技术转化—科技企业"的科技成果转化链中的前两个关键环节较为薄弱。面对新形势的发展，深圳已经意识到不能光靠"外脑"，而是必须要强化本土创新的"大脑"，增强本土原始创新能力。深圳要从产业大城走向科学大市必然会依赖于更高层次的创新。深圳必须要提升本土高等院校和研究机构在创新知识生产中的驱动力，使它们成为引领基础研究的战略力量。唯有这样，才能不断产生新的科学成果和新的科技来源，为深圳持续创新增长输入动力。此外，随着国内其他大城市如上海、武汉、合肥、成都等本地产业园的建设与发展，国内各大城市都出台了系列配套政策，积极促进科研成果在当地实现转化和产业化。这意味着深圳的科技成果产业化将面临"巧妇难为无米之炊"的局面，要求深圳必须解决本地产业对接本土基础研究和技术攻关的难题，真正打通产学研相互成就的循环通道，因此，加强本地科技成果池的建设成为完善深圳科技成果转化链的一个突破点。

近十年来，为了避免基础研究链环与科技成果产业化链环距离过远，缩短基础研究到产业化的周期，深圳在追求更多的原始创新和更全面的本土自主创新方面不遗余力。截至目前，深圳已建设基础研究机构12家、诺贝尔奖实验室11家、省级新型研发机构42家，实现了大湾区综合性国家科学中心、鹏城实验室等国家战略科技力量的布局。深圳还积极推进河套深港科技创新合作区、光明科学城、肿瘤化学基因组学等重大创新平台和国家重点实验室建设，建设国家新一代人工智能创新发展试验区和高性能医疗器械创新中心，使5G、无人机、新能源汽车等领域技术创新能力处于全球前列。

这些措施推动了深圳本土的基础研究和原始创新发展，加强了本地科技成果池的建设，完善了深圳本土科技成果转化链条。这十年深圳通过将基础研究与应用研究、科研机构与产业有机结合起来，打造并激活本土科技成果转化链，为加快科技成果转化为现实生产力提供强有力的支撑，提升了深圳在全球价值链的位置，为深圳成长为知识创新与新技术产业化的高地和国际科技创新中心奠定了坚实的基础。

二 以制度建设助力科技成果产业化

深圳通过构建科技成果产业化的政策体系，着力打通科技创新"最后一公里"，为科技成果转化和产业化保驾护航，营造了良好的科技成果产业化环境，全面增强了深圳科技成果产业化过程中各主体科技成果转移转化能力。

2013年深圳市第五届人民代表大会常务委员会审议通过《深圳经济特区技术转移条例》，从立法入手，以硬规则来保障技术转化工作。完善技术转移立法，用法律法规的形式来保障技术转移转化成为构建深圳新型技术转移转化体系、推进深圳技术转移转化工作必不可少的关键一环和重要经验。

为激发社会各主体参与科技成果转化和产业化的积极性，2016年深圳出台的《关于促进科技创新的若干措施》被视为为企业技术转化"松绑"的重大改革举措。其中，第四条规定把科技成果的使用权、处置权和收益权下放给符合条件的项目承担单位，转移转化所得收入全部留归项目承担单位，处置收入不上缴国库。这条规定规范了科研院校的科技成果转化工作，极大地激发了科技成果转移转化的效率。2018年深圳又颁布《深圳经济特区国家自主创新示范区条例》，鼓励创业孵化基地为初创科技型企业提供辅助性增值服务，建设全链条产业孵化体系，提高运营服务能力，提升初创科技型企业存活率、知识产权拥有率和科技成果转化率。2020年深圳颁布了《深圳经济特区科技创新条例》（简称《创新条例》），提出要建立科技人员双向流动制度，赋予科技成果所有权或者长期使用权，充分发挥人才支撑作用，推动科技成果的转化。这项新政策具有很强的示范作用，它允许科技人员按照有关规定到企业兼职、挂职或者参与项目合作并取得合法报酬。在职创办企业或者离岗创新创业，有利于充分调动科技人员的积极性。《创新条例》还明确了科技人才成果转让、许可等方面的政策支持措施。其中，"科技人员与企业开展产学研用合作，以技术入股方式出资设立研发机构、中试基地"被列为鼓励措施之一。《创新条例》鼓励科技人员到企业兼职、挂职或深度参与项目合作，将相关奖励放在科技成果转化前，有利于激励科技人员发明创造更具市场前景的科技成果，更大限度地调动科技人员实施科技成果转化的积极性，提高科技成果质量和科技成果转化的活力。2021年6月深圳成果转化部门对《深圳科技悬赏项目管理办法》进行了修改完善，进一步精细化"科技悬赏"措施，切实保障了科技成果转化和产业化参与人员的经济利益。同时发布了《2021年技术转移成果转化培育资助指南》，加大了对科技成果产业化的培育和资助力度。

为积极发挥科技成果产业化中介和服务机构的作用，进一步畅通科技成果转化链条，2018年深圳颁布了《深圳经济特区国家自主创新示范区条例》，明确支持各类科技型创业服务平台发展，鼓励设立独立的自主创新信息公共服务平台，为企业提供政策法规、市场监管和科技成果、规范性技术文件、民生服务等方面的信息查询服务。2021年深圳市政府发布《深圳市关于进一步促进科技成果产业化的若干措施》，其中，第四条指出要支持高等院校、科研机构设立概念验证中心，为实验阶段的科技成果提供技术概念验证、商业化开发等服务。第五条强调要支持建设专业性和综合性小试、中试基地；建设科技成果中试工程化服务平台；小试、中试基地开展实验室成果开发和优化、投产前试验或者试生产服务。

三 科技成果转化中介生态愈发蓬勃

深圳这十年科技成果产业化的中介生态愈发完善主要表现在两个方面，首先是中介机构数量的迅猛增长与中介形态的愈加丰富，其次是专业化的中介人才数量和质量都有所提升。

2015年3月在市委、市政府的支持下，深圳成立了深圳市科技成果转化促进会。它是非营利性社会团体组织，由深圳具有强大经济实力的法人企业、优秀企业家、各行业与各领域的专家组成，旨在"整合交流，促进转化"，全面为深圳科技成果转化为生产力服务，引导企业健康科学地发展，团结深圳有志于科技成果转化的所有力量，最终实现企业、政府、科研力量、金融机构的多元协同发展。截至2021年7月，深圳已有92个技术转移机构进行了登记与备案，其中国家级技术转移示范机构11个，市级技术转移机构81个（见图4-5）。同时，深圳还大力支持科技创新载体的建设，各类创新载体数量从2019年的1877家增长到2021年的2693家，为科技成果转化和产业化起到了综合性的促进作用。截至2022年4月，深圳已拥有科技企业孵化载体570家，其中孵化器有219家（国家级孵化器39家），众创空间351家。在深圳，各类新形态和复合型的孵化器不断涌现，其中值得一提的是专业孵化器。专业孵化器长期深耕某一领域，具备概念验证的专业化能力和丰富经验，能为产学研深度融合提供坚实支撑。自2016年起，深圳专业型孵化器数量逐年上升，2020年达到50个，占深圳孵化器总数的23.26%，行业集中在电子信息、生物医药和医疗器械领域以及先进制造领域。各行业各领域的孵化器多元并进，全方位介入到科技成果产业化链环中，让转化中介生态愈加丰富多元，极大地强化了深圳的创新创业服务能力。

此外，深圳还在加大力度培养技术转移人才。2014年科技部对国家技术转移体系做出战略规划，要在全国构建"2+N"技术转移体系："2"是指在中关村建设国家技术转移集聚区，在深圳建设国家技术转移南方中心；"N"是指在中部、东部、西北、西南、东北等地区建设大区域技术转移中心，打造链接国内外技术、金融、资本、人才和资源高效配置的国家技术转移大平台。深圳市政府积极响应部署，于2014年携手科技部共同成立国家技术转移南方中心，共同推动科技成果转移转化人才培养工作。2020年至今，南方中心人才培养基地依托南方科技大学等4家机构共举办6次初级技术转移经纪人培训，合计已经培训近500名持证技术经纪人。深圳科技

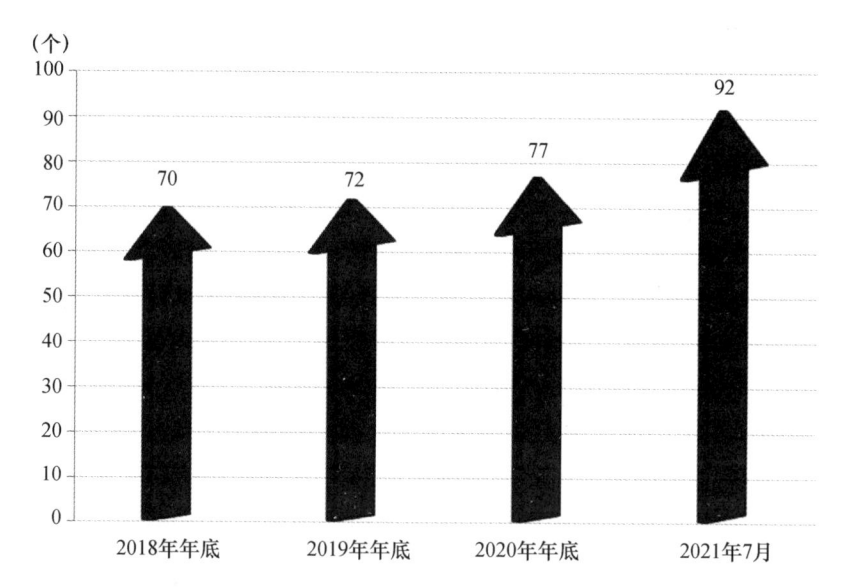

图 4-5 近几年深圳已登记备案的技术转移机构数量

资料来源：深圳市科技创新委员会网站。

成果转化和产业化的机构、平台和协会等相关组织和人才正如雨后春笋般涌现。

四 成果产业化的效益持续提高

近十年来，全市的技术合同成交额占全社会 R&D 经费支出的比重始终保持稳步增长态势，从 2011 年的 26.74%，迅速扩增到 2015 年的 50.81%，并连续 5 年保持在 50% 以上，表明深圳技术交易市场规模正处于持续增长态势。同时，深圳技术交易市场对地区经济增长贡献持续上升，技术合同成交额占全市地区生产总值的比重也在稳步增长，2020 年技术合同成交额占深圳地区生产总值的比重达 3.75%，同期相比平稳增长。2021 年上半年，深圳在后疫情时代技术交易市场活跃度快速提升，市场规模和交易质量增长显著，技术交易取得了跨越式发展并成为深圳科技进步的标志性指标，为深圳不断提升科技创新主体自主创新能力，增强科技成果产业化源头积极性做出了重要贡献。深圳认定登记技术合同 6064 项，同比增长 31.97%，占广东技术合同总量的 31.41%；成交额高达

1111.44亿元,同比增长88.68%（见图4-6）。2021上半年,深圳技术交易市场活跃度继续攀升,其中南山稳居全市技术交易的核心地位,不论是技术合同数量还是成交额,均领先于其他各区,但值得关注的是,龙岗区技术合同数量为462项,少于南山、福田,但成交额高达455.91亿元,位居深圳第一。深圳技术合同成交总额占广东省技术合同成交额的54.55%,在全省地市技术合同成交额中排名第一。

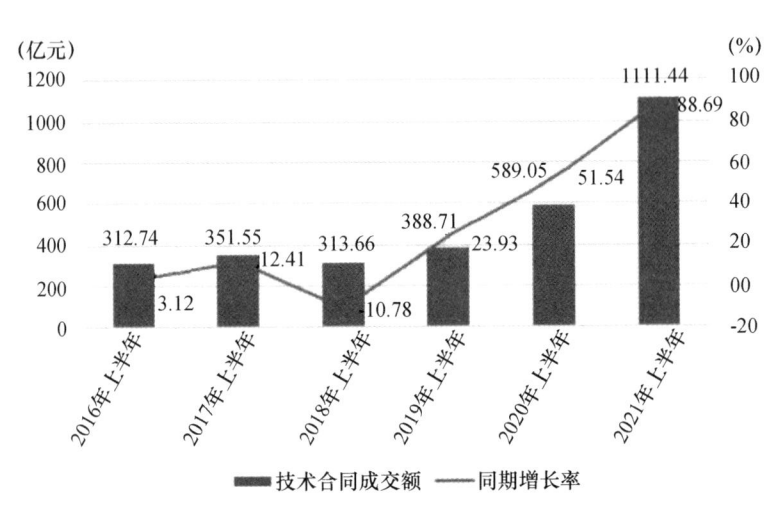

图4-6　2016年上半年至2021年上半年深圳技术合同成交额增长趋势
资料来源：深圳市科技创新委员会网站。

深圳科技创新更多是一种市场化牵引科技创新的发展模式,选择市场驱动、需求导向的创新路径,按照经济规律进行创新,发挥市场机制的关键性作用。科技成果产业化这一链环的高效运转让市场信号得到了积极反馈,使深圳能够构建起企业确定技术方向、市场决定要素配置、用户评价科研成效、政府提供创新服务的现代化创新体系,走出了一条"以产业创新牵引科技创新,以科技创新推动产业创新"的具有深圳特色的双向创新发展道路。

第四节 建设科技成果产业化最佳地目标下深圳亟待强化之处

当前，新一轮科技革命和产业变革快速兴起，新一代信息技术、生物技术、新能源、新材料等先进技术呈群体跃进与交叉融合态势，深圳顺应时代发展的潮流提出了建设科技成果产业化最佳地的宏伟目标，这意味着对深圳的科技成果转化和产业化提出了更高要求。深圳尽管在我国一线科技城市中转化效率名列前茅，但同许多国际知名的创新型城市相比仍有一定差距，在实践中还存在不少问题：中介机构专业性仍需提升，相关平台服务能力尚待加强，产业化动力机制仍有优化空间等。这些问题制约着深圳经济社会的高质量发展，反映的正是深圳在构建完善全过程创新生态链过程中仍需重视强化科技成果产业化这一链环。

一 成果转化中介机构专业性仍需提升

截至2020年上半年，深圳已登记备案的技术转移服务机构共77家，其中国家技术转移示范机构11家，市级技术转移机构66家；独立运作的企业法人或其内设机构有43家（其中国家级4家），事业法人及社团法人有33家（其中国家级7家），民办非企业机构1家。全市技术转移机构从业人员共计4175人，其中专职工作人员3004人，技术经纪人233人，均有不同程度的增加，但从总量上看与北京相比还差距较大，后续在中介机构和从业人员的培育和培养上仍需多下功夫。

深圳中介服务机构的专业服务能力仍待加强。中介服务机构作为科技成果产业化的核心参与者，其提供高质量、多元化服务的能力决定了科技成果产业化的效率。深圳的科技中介机构质量良莠不齐，人员鱼龙混杂，大部分机构提供的服务主要是科技信息的收集、整理和传播，以及组织各类公益性技术转移活动，这些服务主要适用于不同行业的共性服务，较为低端。部分中介对相关产业行业的市场发展并不熟悉,很少能提供类似先进制造技术、生产管理模式、风险投资咨询等差异化服务。深圳一些企业反映现有的一些中介服务机构职能不健全,仅能进行技术服务类、品种权许可等简单操作,对常规科技成果转化的5种方式并不熟悉,对于作价投资等需要提供系列专业化服务的转化活动更无法有效实施。有些中介机构甚至沦为代申请机构,实质上起不到促进科技成果转化和产业化的作用。此外,深圳有些科技企业孵化器只能提供一些较为低端的服务,例如在硬件上主要提供办公场所和转化厂房,缺乏提供中试放大和产品检测等具有专业性质的必备服务;而在软件上主要提供政策申报、创业培训等简单服务,对企业孵化和发展过程中出现的各种问题(如不了解产业供需现状和融资困难)缺乏专业性指导。

转化中介机构严重缺乏高素质复合型的技术转移人才是当前另外一个突出问题。科技成果产业化涉及知识产权、技术开发、法律法规、政策研究解读、财务会计、企业管理、商业谈判等诸多方面,对专业的服务人才要求非常高。国外技术转移机构往往会集了大量高学历、多元化的专业人员。而当前深圳科技成果转化专业人才缺口较大,技术转移机构人员构成难以应对复杂的技术转移活动需求,特别是涉及操作跨国技术贸易的专业型人才更是奇缺。由于高等院校和科研机构对转移转化人才的培养重视不够,没有建立合理的人才培训与晋升机制,导致愿意从事相关职业的人员较少。此外,科技成果产业化人才在原有体系内较难定位归类,无法享受到诸多地方人才优惠政策,对吸引高层次人才进入该行业形成较大障碍。没有一个高质量的为成果转化和产业化服务的专业中介群体,科技成果转化市场的运作效率就会受到影响。中介服务机构从业人员优秀的服务质量和水平将对科技成果转化和产业化这一链环的繁荣与高效起到显著的正面影响。因此,在强化中介服务机构人才建设方面,深圳需要吸引更多高端人才进入中介服务机构,鼓励具有科技管理与科技创新知识的中介人才以各种方式为科技成果转化与产业化助力。

二 相关平台服务能力尚待加强

首先,深圳的科技成果产业化服务平台(包括相关联盟和协会)多是围绕本系统资源和自身业务建立自己的信息系统,缺乏资源聚合与分享合作的功能,相关行业的统筹参与度较低,共享协作的良好机制尚未形成。现存的各类科技成果转化和产业化的信息平台缺少规范和管理,普遍存在新闻信息多、统计分析少、重复信息多、前沿资讯少,零散数据多、有效资源少等突出问题。

其次,平台缺少信息共享的利益分配机制,不同功能的平台(如交流平台、展示平台、交易平台)之间联动较少,形不成合力,导致深圳科技成果转化和产业化服务平台网络中的关键节点无法打通,进而增加了市场需求方和技术供应方之间进行有效交流的难度,严重影响科技成果信息服务平台的使用效率。

最后,产业联盟和行业协会是相关产业内各类技术创新主体的共同利益联合体,与终端市场联系密切,有利于提升科技成果转化和产业化效率,充分实现科技成果的经济效益。但当前深圳各行各业的创新联盟和行业协会的发展水平高低不一,在整合行业创新资源、研发关键共性技术、交流共享科技成果信息、促进科技成果向生产转移的过程中还存在不足,需要更好地发挥出作用,特别是在一些关键核心技术领域,如半导体和新能源的协会建设尤其需要重视。

三 成果产业化的动力机制仍有优化空间

首先是科学合理的评价机制有待进一步落实。目前,一些高等院校的"五唯"问题仍然突出,尚未找到合理有效的评价方法来替代"五唯"。高校对科研人员的评价和激励主要以科研成果的数量和获奖等级为基础,而一般不考虑科技成果有没有实现商品化和产业化。科研人员的考核评价标准对科技成果转化和产业化方面不太重视,导致高校科研人员把研究重点放在发表论文和著作上,很少重视科研成果的可行性、实用性,更谈不上重视市场需求。如何将科技成果转化和产业化效果纳入职称晋升的考核体系仍未有统一方式。而一些高校已经将科研成果转化纳入科研人员的考核标准范围内，但是考核标准较为单一，具体考核较难实现，导致科研成果转化工作给科研人员带来的好处有限，相关机制仍有较大改善空间。

其次，促进成果转化的利益激励机制还有待完善。深圳市政府虽然出台了一系列相关政策，如《深圳经济特区技术转移条例》《深圳经济特区科技创新条例》《深圳市关于进一步促进科技成果产业化的若干措施》，强调科研人员在科技成果转化中应获得一定的收益分配，鼓励科研人员参与科技成果转化和产业化，但实际上科研人员收入与对成果转化的实际贡献的匹配程度还有待改善。转化费用及知识产权维持费用分担比例还需健全，科技成果权属比例与科技成果转化收益分配比例仍有优化空间，否则，科研人员的付出与收获长期不成正比将大大挫伤其参与科技成果转化与产业化的积极性。

最后，科研人员的收益保障机制仍需完善。当前科研人员的流动性在不断加快，如果没有合理的产权界定，一旦离开单位，科研人员就没有办法保护原有的科技成果，这对科研人员创造科技成果的积极性是极为不利的。另外，部分科技成果转让到企业后，由于企业对成果的作用定位或者因为开发实力的问题，被闲置的情况更是家常便饭。由于专利权所有者发生改变，经营权不在高校，学校无法控制此种情形，最终使成果被"浪费"，成果开发人员也无法收到后续收益。

第五节　科技成果产业化的国际经验借鉴

虽然与国内特大城市相比，深圳最独特的优势就是科技成果产业化的优势，深圳的市场经济较为发达，产业链丰富且完备，能够快速将科技成果商品化、产业化。但是与国外发达国家相比，深圳的科技成果产业化还有很大的进步空间。因此，深圳必须学习和借鉴国外先进的科技成果产业化经验，为建设科技成果产业化最佳地而不懈努力。

一 美国科技成果产业化经验探析

美国是世界上领先的科技强国，是最发达的资本主义国家。早在18世纪中叶，英国就已经开始第一次工业革命，而美国则较为落后。但没过多久，美国的现代科技就迅猛发展，美国利用欧洲的科技成果成就发明了电报、电话、电灯、飞机等，只用了100多年就超过了英国、法国和德国等传统欧洲工业强国。美国成功的关键是"科学技术与生产的紧密结合"。重视科学研究和技术发明，重视科技成果产业化和商业化，是美国的一项基本国策。第二次世界大战以来，美国一直将科学技术作为国家经济和社会发展的战略重点，并取得显著成效。美国制定国家政策的理论原则是科学技术必须服务经济社会发展，长期坚持科技与生产的紧密结合。科学技术促进了美国工业产业的发展，工业产业的进步则进而扩大了科技成果的应用领域，最终构成了科学技术与经济生产相互推动的良性互动循环。

数十年来，美国在科技成果产业化中取得了令人瞩目的成就，积累了许多成功的经验，其中最主要的有以下几个方面：一是政府高度重视科技成果转化工作，不断完善健全法律制度体系，提高科技成果转化率。二是通过多样化手段全方面促进科技成果产业化。三是推陈出新，持续探索推动科技成果转化和产业化的新路径方法。在科学技术必须与生产紧密结合、必须为经济社会发展服务的总方针下，美国根据实践发展随时进行调整和改进，这些都值得我们学习和借鉴。

（一）科技成果产业化的法律法规与政策完备

自20世纪80年代以来，美国出台了大量法律法规和相关政策来促进科技成果产业化。1980年美国国会通过并颁布的《专利和商标法修正案》（即《拜杜法案》）和《史蒂文森—威德勒技术创新法》、1982年的《小企业技术创新法》、1984年的《国家合作研究法》、1986年的《联邦政府技术转移法》及20世纪90年代以后陆续出台的《国家竞争力技术转让法》《国家技术转让与促进法》《技术转移商业化法》《开启未来：迈向新的国家科学政策》《走向全球——美国创新的新政策》等。此外，为建立规范有序的市场竞争秩序，使科技发展产生更多正向的经济社会效益，美国先后出台了《反垄断法》《投资法》《资本市场规范法》等一系列知识产权保护法案。这些法律法规为美国科技成果产业化提供了坚实的制度政策基础。

美国科技成果产业化相关政策从宏观层面可以分为四类。

第一类是高校科研经费资助政策。这是对学校承担和完成大批基础研究和成果转化项目的资金支持。美国大学获得政府科研经费有以下几种方式：一是基于某个科研项目的竞争性研究经费，主要由美国国家科学技术委员会、国家自然科学基金委员会等六部委出资，由高校通过申报竞争方式获得。例如，美国国家科学基金会（NSF）每年支持100多个科学研究计划。其中一半以上为基础性研究课题，另外一半则是应用性研究课题。二是政府直接支付的委托代管国家实验室的实验费用，这只有一些拥有国家实验室的大学能够获得。三是地方州政府对地方公立大学相关研究的直接科研拨款，这是州政府公共科研投入领域的财政支出。所有经费中都包含了一定比例的成果转化费用。

第二类是金融和财政等优惠政策。美国的主要做法是：一是设立专门机构如风险投资基金进行资金扶持；二是制定优惠政策，实行贷款担保、信用及风险担保和低息贷款来承担企业科技成果转化和技术开发的成本，鼓励科技成果产业化。比如，特斯拉公司依靠4.65亿美元的低息贷款开发了新型电动汽车，而它在短短几年内席卷了美国甚至全世界。此外，对从事科技成果转化的企业还能享受税收优惠。

第三类是落实开展科技成果的科技成果信息服务。美国政府要求科技成果管理机构和研发者充分利用互联网技术，及时向企业和社会各界提供科技成果信息，加速科技成果的产业化和商品化进程。例如，国家技术信息服务中心是美国政府设立的最权威的科技成果信息服务机构，它是世界上最大的科技成果信息资讯中心之一，也是美国最重要的科技信息中心。其主要任务是利用庞大的先进计算机网络作为平台，汇总700余家国有及国有出资的国家实验室、研究机构、高等院校开发的具有生产应用和商业开发前景的科技成果信息，并迅速向社会和企业发布，使企业尽快了解各类科技成果的内容，帮助企业寻找能够解决技术难题的科技人才，发挥科技成果转化的全方位服务功能。

第四类是积极推行国际合作，协同实现科技成果产业化。美国政府高度重视国内科技成果"走出去"，利用国外优势资源进行有效转化。美国会挑选外国合适的科技成果转化机构，在全球范围内寻求同行业、同领域强强联合或优势互补的合作伙伴开展国际合作，积极探索把自己或双方的科技成果结合转化的新方法，推动大量国内科技成果向国外市场转移，实现商业价值。这种方式可以减少成果产业化所需时间，拓宽本土研发者的国际视野，扩大成果产业化的渠道，缩短转化周期，提升产业化效率，更重要的是有助于本土企业家和科学家学习和掌握国外同行业、同领域合作伙伴的研发能力和经验，并为自己的新技术、新产品开拓国际发展空间和国外市场。当前，美国政府支持的国际合作转化科技成果的方式主要有四种：一是政府间签订合作协议；二是企业自主的跨国合作转化。比如，美国通用与日本丰田、德国大众等汽车企业在新能源汽车相关技术研发和成果转化应用方面的合作项目；三是民间开展的项目合作，主要是高校、私人研究机构或科研人员个人在成果应用方面的合作；四是两国或多国共同出资设立开展成果转化应用的实验室、研发中心或企业。

（二）促进科技成果产业化方式灵活多样

美国促进科技成果产业化有三个主要途径。

第一，政府通过开展科技成果转化与技术开发项目的方法，支持和鼓励企业特别是研发力量较弱的中小企业积极把最新科技成果应用到产品中去，自主开发新产品。20世纪90年代，美国政府斥资20亿美元用来发展科技成果转化项目，先后建立了"小企业创新项目""制造技术推广伙伴项目""小企业技术转移项目""能源创新项目""农业技术创新伙伴项目""水回收利用项目"等，项目的重心放在鼓励小企业提升技术水平、主动应用科技新成果、开发具有经济效益的新产品上。21世纪以来，美国政府基于国内科技成果产出量迅速攀升的原因加大了对科技成果转化的支持力度，特别是对高新技术成果的产业化。美国政府在新能源汽车领域投入就超过200亿美元，先后立项了"能量效率与再生能源研究与开发项目""新一代汽车燃料电池研究与开发""高科技车辆制造激励""燃料汽车节能与能源替代""新一代汽车先进电池研究与开发""汽车电池回收利用技术""电动汽车充电技术"等十余项重大项目，推动相关项目的企业和研究机构利用最新科研成果完成项目开发。

第二，通过建立科技园区来促进科技成果的产业化。多年以来，美国政府持续鼓励研究型大学和科研院所建立科技园区，通过创办小企业将科技成果直接转化为具有商业价值的新产品。在这方面，硅谷的做法给了我们很多有益的启示。斯坦福大学1951年创建的硅谷高技术产业园是美国产学研模式的成功案例，它将科学研究、技术开发、生产应用和培养人才紧密结合在一起。经过60多年的迅猛发展，硅谷已成为一颗璀璨的高科技产业明珠。如今的硅谷，不仅是科技成果实现产业化的最佳试验区，也是科技成果创新者的天堂，是孕育科学家+企业家+技术发明者的新式复合型人才的"摇篮"，是大量新技术、新工艺、新产品的发源地。高校创立科技园区加快实现科技成果产业化的方式，已成为当今世界许多国家和地区学习和借鉴的模板。

第三，通过专利成果转让的方式。这是通过国家技术转移中心将科技成果转移给企业，由企业开发并应用于生产。专利成果转让有三种具体方式，其中比较值得借鉴的是研发者直接将专利成果以折价入股的方式与企业合作开发、技术入股、深度参与成果产业化全过程。这是许多大学提倡鼓励的一种方式。这种方式使研发者与企业紧密结合起来，成为该项成果的利益共同体，使双方都更加重视产业化效果，因此成果产业化的成功率更高。这种方式还为长期在大学工作的研发者参加生产实际、了解企业最新的生产技术情况提供了机会，激发了科研人员和企业开展长期合作的积极性。

（三）积极探索推动成果产业化的新方法

2013年，美国政府发布了《加速联邦研究成果技术转移和商业化——为企业高增长提供支持》的政策性文件。该文件提出了一些推动科技成果转化工作的新措施，其主要内容是要求政府有关部门采取强力措施提升技术转移成效，缩短科研机构特别是国家实验室的研究成果产业化、市场化的周期。据此，拥有国家实验室的能源部、国防部、宇航局、农业部、商业部、卫生与人类健康服务部六大部委都制定了本部门加速科技成果产业化的相关计划和具体措施。

首先是进行成果产业化过程中的技术再开发。科技的日新月异使知识产品更新加速，尤其是大幅缩短了一些高科技产品的生命周期，传统的一次性转让专利成果的方式让企业担心新产品上市所赚取的收益还不够支付成本，企业还没有获得足够的科技成果产业化收益就面临更新换代的问题，致使企业利益受损，阻碍企业后续应用新成果、开发新产品。因此，美国政府提出，科研机构和国家实验室应当对此种科技成果转让承担二次研发和持续研发的责任，以解决企业利益受损的问题。

其次是提高相关部门转化工作效率。美国政府强调，政府管理部门必须简化行政流程，尽全力为企业应用科技成果、开发新技术、新产品缩短相关流程，减少走程序的时间。各大部委的技术转移机构必须重新审查和梳理各自的工作制度、操作流程，从各个环节完善工作程序，缩短办事时间，提高办事效率，让企业满意和让社会信服。例如，能源部对影响生产力的因素进行了一项调查研究，将能源部所属国家实验室转让研究成果的申报—评估—批准时间从150天缩短到45天。农业部对承担所属国家实验室科研成果转化的产业部门相关人员进行专业培训，以保证成果产业化工作顺利开展。商务部全面清理检查和评估了原有的涉及科技成果转化工作的文件、政策和规定，将科技成果"申报、评审、核准"协议签订时间压缩10%以上，消除企业对科技成果应用的一切不必要限制和障碍。

二 日本科技成果产业化经验探析

日本在20世纪90年代中期泡沫经济破灭后，用于科技研发的资金连年减少,其科技发展遇到了前所未有的困难。与此同时,由于政府在研究开发领域投资力度较小、国立大学和国立试验研究机构设备长期无法更新、信息和知识基础建设几近停滞、科研体系不完备和缺乏竞争力等诸多因素,日本在科技创新方面落后于欧美。因此,面向21世纪,日本把从根本上改善日本的科学技术活动的环境,提高官产学研整体的合作能力,并将研究成果应用到国民经济中作为国家发展的重中之重。

(一) 相关管理机构较为完善

为了最大限度地缩短科技成果从实验室到工厂的时间,日本政府一方面成立了专门的机构,将科技成果与企业联系起来;另一方面制定了政策法规,鼓励企业开发新的科技成果并加以应用。日本早在1961年就成立了科技成果产业化的专门管理机构,即新技术事业团。为推动科技成果的普及和扩散,促进科技成果转化和产业化,1996年新技术事业团与日本科学技术信息中心合并为日本科学振兴机构,隶属于日本文部科学省。

文部科学省下设两个机构,共同推进科技成果的转化工作。一个是独立法人机构日本科学振兴机构(Japan Science and Technology Agency),其主要任务是基于国家科研目标和任务,发布科研人员申报项目和国家科研目标的政策指南,在全国范围内遴选合适的科研组织和科研人员,给予中长期的科研经费资助,涵盖了专利申请、专利实施、技术转移咨询、人才培养等方面的支持。另一个是独立法人机构日本学术振兴会(Japan Society for the Promotion of Science),主要任务是通过实施研究合作计划来推动技术转移。

此外,日本经济产业省、总务省、农林水产省和厚生劳动省等都设有促进科研成果转化和产业化的部门或独立行政法人。日本还通过促进专利转化中心、工业所有权综合信息馆、产业技术综合研究所、大学专利技术转让促进中心之类的部门机构促进科技成果的转化和产业化。

(二) 多主体协同有序

日本科技成果转化体系内的成员包括大学以及大学知识财产本部、技术转移组织机构、国立实验机构、区域研究中心、民间机构、社会团体组织、企业等,它们分工合作,共同推动科技成果转化工作。具体如下:日本的科技成果很多来自大学,大学的知识产权部门承担了重要的角色。大学知识产权部门的主要目标是大学的知识产权的创造、管理和使用,这意味着知识产权部门的主要工作之一就是促进科技成果转化和产业化;地域共同研究中心的主要功能是通过开发先进技术促进区域经济的发展,一般设立在大学,以推动产学研共同研究为目的;技术转移组织机构是把科技成果专利化并转移给企业进行生产,在学术界与产业界之间起到中介作用;一些民间的社会团体组织也主动参与相关的科技成果产业化工作,有些组织甚至是专为促进科技成果转移转化而设立的,其中较具代表性的是一般社团法人发明推进协会,主要推进动日本原创能力,促进科技成果的商业化应用。

(三) 国立科技中介机构手段多样

日本科技中介机构通常以两种方式运作:委托开发和开发斡旋,这也是日本最具代表性的科技中介即科学振兴机构(JST)进行科技成果开发的两种方式。委托开发是指日本政府通过国立科技中介机构向企业进行委托去开发具有战略性意义的基础技术以及产业化较困难的新技术,国家财政负责支付研发期间产生的全部成本。研究开发的相关成果归国家所有,但参与研发的相关企业将获得优先使用权。在选定具体的应用开发项目时,日本科学振兴机构会根据国家发展的重大战略需要,在广泛获取各类科研成果信息的基础上,挑选出对国民经济可能产生重要影响并有较大发展前景,但私营企业又难以单独承担巨额开发成本的科研成果作为初步选定的开发项目。接着日本科学振兴机构把初定项目交由新技术审议委员会的专家进行集体审议,待专家审议通过后,就会依据不同企业的技术开发能力选择合适的企业进行开发委托。在开发过程中,日本科学振兴机构不当"甩手掌柜",而是与项目承接企业保持紧密接触,准确获得项目的进展状况,并协助项目承接企业促进项目最终成功。日本科学振兴机构每年都要选定数十项战略性新兴高科技产业(如电子信息、新材料、新能源、生物技术等)重大技术项目,委托给企业进行开发。

至于开发斡旋指的是在开发风险较低和更接近于应用的技术时，日本科学振兴机构将自身化为联通技术所有者和具体企业的桥梁。日本科学振兴机构采用合伙、技术入股和买断等多种方式，从技术所有者手中获得具有一定经济价值的科研成果，然后为技术所有者挑选有兴趣开展合作开发的企业，帮助并监督二者签订开发合同，促使科技成果顺利产业化。这种方式转化风险不高，转化成本较低，比较适用于中小型企业采用新技术、开发新产品、占领新市场，从而获取经济收益。日本科学振兴机构每年实施的开发斡旋项目达数百项之多，其中绝大部是某个产业或行业的新技术开发项目。

作为全国性的国立科技中介机构，日本科学振兴机构还有三种运行模式。一是培育独创性研究成果。为了使仅具有概念但尚未具体化、商品化和产业化的创意能够尽快发展壮大，日本科学振兴机构通过在创意提供者和开发企业之间进行协调，使创意尽快具体化，并从中获得可实现商业化和产业化的新技术。二是支持成果专利化。对于一些商业化和产业化可能性较高的科研成果，日本科学振兴机构通过专利申请等方式保护科研成果及其所有者权益。三是建立失败知识数据库。日本科学振兴机构在综合各领域各行业开展成果产业化过程中出现的事故和失败案例的基础上，将相关经验教训录入数据库，供研究人员免费查阅，帮助研究人员吸取教训，少走弯路。

三 德国科技成果产业化经验探析

世界经济论坛发布的《2018年全球竞争力报告》显示德国在创新能力方面位居世界第一，领先于美国、英国等发达国家。德国创新能力的领先源于德国国家创新体系的领先，作为世界公认的工业强国，德国的国家创新体系经过长期进化，最终发展成独具德国特色的创新体系，这也体现在德国科技成果的产业化上。职责明确、定位准确的科技创新体系，强大的应用型科研机构以及世界闻名的优秀中介及服务组织在很大程度上打造了德国科技成果产业化的全球领先地位。

（一）科技创新体系极其完备

第二次世界大战后，德国重塑了国家公共科研体系，围绕创新链逐步确立了覆盖全过程的科研系统布局,环环相扣,优势互补,形成了从基础前沿探索到应用技术研究再到工业技术开发紧密匹配的科技成果转化链,使科技成果遵循转化链逐步产生正向的经济效应。

德国拥有完整的结构合理、分工明确、协调一致的科技创新体系:德国政府各部门履行立法、规划、管理监督等职能,高等院校、国立和非营利性科研机构与企业共同开展科技研究和开发,中介组织负责技术转移和与研究、创新相关的服务。德国技术创新的三个主体(高校、研究所、企业)职责清晰、分工明确:高校主要负责基础研究,侧重于自然科学领域的理论性和基础性研究。研究所主要负责应用技术研究,其中包含了技术攻关和科技成果产业化,一方面,将高校的基础研究成果应用到具体某个产业行业领

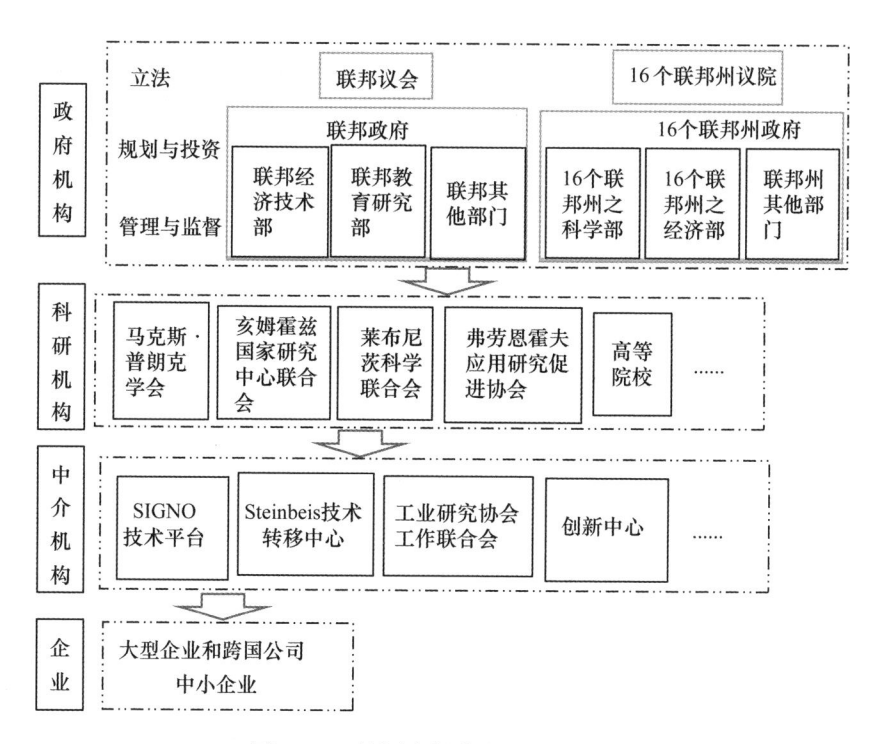

图 4-7 德国成果产业化相关机构

资料来源:参见梁洪力、王海燕《关于德国创新系统的若干思考》,《科学学与科学技术管理》2013年第6期。

域，从而挖掘科技成果的经济价值；另一方面，承接企业特定的技术攻关任务，针对企业科技成果产业化过程中遇到的具体技术难点，提供专业的技术攻关服务，企业主要是面向市场产品的创新，更强调技术风险可控、成本可接受、时间可预期，更多是各种应用技术的组装。

（二）应用型科研机构力量强大

德国的非营利性科研机构是独立的但具有官办性质的科研机构，是德国极为重要的科研力量。德国共有800多所由公共资金资助的研究机构，虽然此种研究机构的经费大部分来自德国联邦和州政府的财政支出，但是它们在法律上仍独立于政府，以"责任有限公司""基金会"或"注册社会团体"形式自主管理和运作。据统计，在这些由国家资助的科研组织中的工作人员大约占联邦、州政府共同资助及联邦政府单独资助的科研人员总数的70%，其中最具代表性的是四大国家级科研机构。马克斯·普朗克学会的研究重点是基础研究，亥姆霍兹国家研究中心联合会侧重于能源、航天等领域的前瞻性研究，莱布尼茨科学联合会侧重于与应用相关的基础研究，弗劳恩霍夫应用研究促进协会则直接面向产业开展应用技术研发工作。

弗劳恩霍夫应用研究促进协会的主要任务是以市场与产业为导向进行科技研究与开发，是德国也是欧洲最大的应用型科研机构。它是一种面向具体应用和科技成果的特殊的企业创新模式，在德国境内拥有近百个研究所，20000多名员工，每年承接6000—8000个产业项目，成为推动技术熟化开发的国家级枢纽和平台。它的主要服务对象为中小企业、政府部门和国防安全部，其科研使命主要是为市场提供具有相当技术成熟度的科研创新服务。弗劳恩霍夫应用研究促进协会推动科技成果产业化主要有以下五个途径：合同科研、衍生孵化公司、授权许可、掌握技术的人才流动、创新集群。合同科研是指政府与企业借助合同手段，促使科学技术和经济发展进程朝着自己需要的方向发展。合同制保证在最短的时间内获得最经济、最有成效的结果。其中，由技术人才流动所带来的技术转移机制影响较为广泛，该协会每年有15%—25%的人员会携带技术进入企业开展工作交流。通过将训练有素的研究人员纳入企业的创新团队中去这种方式成功地向企业转让技术诀窍，而不是简单的研究报告和设计图纸。其中具有鲜明特色的方式是创新集群，它可将代表价值链集群所有环节的不同公司集结在一起，交流共享信息和技术，齐力研发共同标准和系统解决方案。弗劳恩霍夫应用研究促进协会促进科技成果产业化的成功经验主要是三点。第一，适应国家创新体系的组织定位，定位清晰明确有效。第二，嵌入式服务。根据企业创新的具体需求为中小企业提供专业化和多元化的嵌入式研发项目服务。第三，先进的技术转移理念。技术转移理念从最初简单的技术转移，进化到技术转移+沟通交流，最终发展到技术能力的转移。

除了国家级的应用型科研机构，在地方层面，为满足当地不同产业的发展需求，各州也设立了一批以市场化和产业化为导向的应用型技术开发机构，如1985年起，巴符州财政拨款成立了12家与各领域的产业紧密结合的应用技术研究所。此外，德国还逐渐成立了一大批面向产业的应用技术院校，如亚琛应用技术大学，为相关产业提供应用型技术研发和人才培养。

（三）相关专业机构和人才众多

德国科技成果产业化体系最突出的特点是在科研体系内设立高度专业的成果转移转化服务机构。高等院校特别是工科大学，通常都建立了专门的科技成果转移转化中心。四大国立科研机构都高度重视科技成果转化工作，探索出不同类型的科技成果转化模式。除了大学和科研机构，德国还有很多独立的市场化的科技成果转移转化机构。其中，最具代表性的是史太白经济促进基金会，它是极为专业化的技术转移机构，是全球技术转移的标杆和先锋，是世界上最成功的科技成果转移转化机构之一。

史太白经济促进基金会体系齐全完备，囊括了经济促进基金会、咨询中心、研发中心、技术转移中心、史太白大学等众多相关组织机构。史太白经济促进基金会拥有近千家转移、咨询和研究中心；一大批来自世界各地的科研专家；60多个国家或地区的合作伙伴，每年顺利完成的技术转移项目达10000多个。史太白经济促进基金会以把研究成果转化为有竞争力的产品为目标，充分充当了政府、学术界、产业界的沟通桥梁，广泛吸引高等院校研究机构和企业加入联盟，并为它们提供技术咨询、研究开发、人才培训等服务。

史太白经济促进基金会的工作人员多为专业从事知识和技术转移的项目经理，他们通过举办研讨会、培训班等为企业或员工提供在职培训。项目经理与对科技成果转化感兴趣的教授合作，寻找适合技术产业化的企业，或者寻找能够针对企业需求解决问题的教授，找到后三方共同探讨、创新和开展新技术的小试和中试。在试验过程中，意外技术风险造成的设备损坏等损失由史太白经济促进基金会赔偿，由巴符州政府提供财政担保。巴符州技术转移活动的蓬勃开展和完善的技术扩散网络在很大程度上归功于史太白经济促进基金会、弗劳恩霍夫应用研究促进协会等科技中介。以史太白经济促进基金会为代表的技术扩散中介成为知识资源与众多中小企业沟通协同的直接渠道，满足了中小企业对新技术的需求，促进了德国技术扩散和技术创新活动的发展[①]。

史太白经济促进基金会综合利用公共资源和市场资源，实现了政府宏观规划与市场化原则的完美结合。史太白经济促进基金会建立之初不仅享受税收优惠，而且还能得到巴符州政府的大笔资助，目前仍能从州政府得到大量项目。此外，德国400多所大学和应用技术大学构成了高密度的人才培养网络，向德国各地源源不断地输送高素质的成果产业化人才，为德国科技成果产业化构筑起坚实的人才支撑。德国高等院校中几乎所有最高等级的教授都有大企业研发部门任职甚至高管的经历，这对工业和学术的结合形成了非常良好的正面影响。

综观美、日、德三国，虽然它们在科技成果转化和产业化上基于本国国情采取了诸多具有本国特色的手段，但通过归纳分析仍可以发现一些共性。第一，政府在促进科技成果转化和产业化方面发挥了非常重要的作用。虽然在科技成果转化和产业化过程中企业是占据主导地位的（也应当占据主导地位），但是政府的作用往往也

[①] 丁明磊、周密：《德国私营技术转移机构的营运模式及其启示：史太白技术转移中心的经验借鉴》，《科技进步与对策》2012年第23期。

是不可忽视的。发达国家在促进科技成果转化和产业化上并没有简单地放任市场和私人企业自行行动，而是极大地发挥了政府宏观规划的功能。美国政府积极探索设立促进科技成果转化的政策法规，日本不断更新完善科技成果转化主管机构，德国中央和地方政府都大力扶持建设科技成果转化相关机构。因此，对于深圳来说，市政府和区政府应当更加有所作为，更加重视科技成果转化和产业化，通力合作部署和规划好深圳科技成果产业化最佳地建设。

第二，科技成果转化和产业化相关的中介机构是重中之重。科技中介机构是为科技创新主体提供社会化、专业化服务的组织，在合理调配科技资源，整合各类专业知识，在市场各种主体、要素市场之间建立沟通桥梁，为科技创新和科技成果产业化发挥了纽带和润滑剂的重要作用。发达国家的科技中介服务业经历了很长的发展过程，积累了丰富的发展和管理经验，形成了完善的规范和制度。它们的科技中介服务业十分发达，科技中介机构非常多，其功能和作用也有所不同，互为补充，既有官方组织和半官方性质的联盟、协会组织，也有大学里的技术转移办公室和私营专业服务机构，同时还有各类行业协会与技术转移中心，其中行业协会门类很多，涉及行业广泛，组织体系完善。在信息、咨询、职业教育三个方面，技术转移中心是德国的一个全国性组织，该中心以中小企业为主要服务对象，其基本功能是：为中小企业提供技术咨询和科技创新服务、国内外专利信息查询以及申请专利咨询等；对中小企业的技术创新活动提供财政补助，帮助企业从欧盟申请科技创新补助经费及在欧盟范围内寻找合作伙伴；帮助研究院所、大学和企业的新技术、新产品进入市场。

第三，科技成果转化和产业化从业人员素质很高。在发达国家，科技中介咨询业属高薪阶层，在公司招聘雇员时，都要进行严格的筛选，一经录用，即给予优厚的待遇。"招聘最优秀的人才，给予最佳的培训，培养最好的咨询顾问，为客户提供最优质的服务"，已成为许多科技中介公司的行为准则。发达国家的科技中介机构能够成功，其关键因素就在于拥有这样一批高水平的人才。可以说，这些机构的主要财富就是它们的专业人员。以美国为例，其科技中介机构的人员素质很高，公司要求从业人员有相应的学历、工作经验和职业操守，大型公司每年还要对员工进行培训。美国著名的兰德公司从业人员达数千人，其中硕士、博士占80%以上。日本著名的野村综合研究所、社会工学研究所、未来工学研究所等科技中介机构，其员工都在100人以上，其中硕士、博士占一半左右。

综合对比分析各国的科技成果转化和产业化链条，不难发现它们都非常注重打造强大的政策环节、制度环节、人才环节与中介环节，使知识链、技术链、产业链、价值链、人才链等的交织融合更加紧密，营造了科技成果产业化的活跃生态。深圳在成果产业化这一链环仍有需要学习借鉴的地方，主要有三个方面：首先就是要有高度发达的科技成果转化中介体系。美、德等国的高度专业化的转化中介以多元主体、多种机制参与发挥了科技联络人的作用，是推动区域创新发展的重要组成部分；其次是注重对产业相关的联盟、协会等平台的建设。产业联盟能够通过合作研发、制定标准、完善产业链协作、共同开发市场等，提高一国或地区特定产业的整体竞争力。从实践来看，美国和日本都在积极推动产业联盟建设，将产业联盟作为实施产业政策的重要抓手，积极推动国内产业联盟发展，抢占产业技术制高点；最后是要加强对科技成果产业化人才的培养。如德国高度重视科技成果产业化相关的人才培养，从应用型科研人员的培育到熟悉相关产业领域科技发展的企业负责人，再到精通科技成果转化的产业化的高质量中介，形成了全方位、总覆盖的科技成果产业化人才培养体系。综上，对于深圳提升科技成果产业化链环的效能、建设科技成果产业化最佳地而言，美、日、德三国在科技成果转化和产业化上的方法具有重要借鉴意义。

第五章　深圳全过程创新生态链的支撑力

——科技金融

金融是现代经济的核心，科技创新和金融创新紧密结合是人类社会变革和生活方式的引擎。[1] 深圳向来重视科技金融的发展，从早期复制国外科技金融的先进经验，到后期不断突破科技与金融融合的瓶颈，建立起包括银行信贷、证券市场、创业投资和政府创投引导基金等覆盖创新全链条的科技投融资体系，逐渐走出了一条独具特色的科技金融发展道路。2021年4月，深圳市第七次党代会指出："实施科技金融深度融合行动，提升创新支撑力。"未来，深圳的金融资源要更加广泛和深入地融入科技创新产业链，通过完善和创新科技金融相关配套服务，进一步满足科技创新企业的发展需求，构建充满活力的科技创新生态体系。

在全国，深圳科技金融业态是具有领先优势的。政府科技金融政策的持续创新加之头部创投企业对科技公司的金融支持，深圳逐渐形成科技金融发展的良性生态。但与欧美发达国家相比，深圳科技金融在平台、规则、生态等方面仍有差距。想更好发挥科技金融的催化作用，深圳就要凝神聚力于科技前沿，避免金融投机对创新生态的污染破坏。科技金融要繁荣，更要有序。

---

[1] 赵昌文、陈春发、唐英凯：《科技金融》，科学出版社2009年版。

第一节 科技金融链环的系统构成与催化效能

科技创新活动这个完整的创新生态链包含了如孵化器、公共研发平台、风险投资等众多相关金融服务。一个运行良好的金融体系能够迅速识别与资助进行创新的企业活动，从而促进经济发展与刺激科技创新。[1] 也就是说，金融与科技创新之间的关系，并不是金融向科技创新提供服务的单向促进关系，而是科技创新与金融相互依赖、共生互促的关系。科技金融这一概念在国内被广泛提及，而国外则更多强调创新金融以及金融对科技创新的推动作用。

一 科技金融的相关理论综述

美国经济学家熊彼特[2]把创新放在理解资本主义的中心位置，由于创新必须有资金支持，金融也必须是资本主义经济理论的中心。他论证了货币、信贷和利率等金融变量对经济创新与经济发展的重要影响，还强调功能齐全的银行可以通过识别和支持那些能够成功运用新产品和生产过程的企业家来促进技术创新。King 和 Levine[3]认为，科技创新和金融的结合是促进经济发展的主要原因。同时，他们认为金融体系可以为科技创新提供评估、为企业家筹集资金、分散风险和评估技术创新活动预期收益这四种服务。Atanassov 等[4]通过对 1974—2000 年美国上市公司的数据研究，认为债券和股票市场的发展对公司的技术创新活动发挥积极作用，这种积极作用进而会影响到技术进步和经济增长。Peneder[5]从知识所具有的非竞争性和非排他性角度出发，得出加大金融创新力度能够更有效地

---

[1] Pyka A. and Burghof H., *Innovation and Finance*, London：Routledge, 2013.
[2] ［美］约瑟夫·熊彼特：《经济发展理论》，商务印书馆 1990 年版。
[3] ［美］兹维·博迪：《金融学》，中国人民大学出版社 2011 年版。
[4] 王国刚：《资本市场导论》，社会科学文献出版社 2014 年版。
[5] 毛道维：《科技金融的逻辑》，中国金融出版社 2015 年版。

支持科技创新的结论。Benfratello 等[1]通过对意大利部分企业的研究分析,认为地方银行的发展是影响中小企业科技创新活动的重要因素之一。Hsu 等[2]研究分析了 1976—2006 年 32 个国家的股票和信贷市场数据样本,发现在股票市场更发达的国家,依靠外部融资的科技创新企业呈现更高的科技创新水平,而信贷市场的发展会抑制依靠外部融资的科技创新企业。

国内学者关于科技金融的体系构建问题已有较为系统的研究。1985 年《中共中央关于科学技术体制改革的决定》提出,要设立创业投资,开办科技贷款,以有效提升金融与科技创新活动的关联性,切实推动金融支持科技创新活动。关于科技金融的概念,学界普遍认可的是赵昌文等在《科技金融》一书中所下的定义:科技金融是促进科技开发、成果转化和高新技术产业发展的一系列金融工具、金融制度、金融政策与金融服务的系统性、创新性安排,是由向科学与技术创新活动提供融资资源的政府、企业、市场、社会中介机构等各种主体及其在科技创新融资过程中的行为活动共同组成的一个体系,是国家科技创新体系和金融体系的重要组成部分。房汉廷将科技金融界定为科技创新活动与金融创新活动的深度融合,认为科技金融是一种技术即经济模式,是一种科技资本化过程,也是一种金融资本有机构成提高的过程。综上所述,科技金融就是针对科技创新型企业的各个发展阶段,尤其是初创阶段,通过持续的金融创新形成的集金融市场、金融产品、金融服务于一体的,以促进科技创新创业、科技成果转化为目标的完整的科技金融体系。

二 科技金融的系统构成

从参与主体角度来看,科技金融主要由商业银行——供给方、科技企业——需求方、科技金融中介机构和政府四类主体构成(见图 5-1)。科技金融的主要供给方为商业银行。然而,商业银行追求利润的本质属性,导致它偏好于风险回报比相对较好的投资。也

---

[1] [英]霍华德·戴维斯等:《全球金融监管》,中国金融出版社 2009 年版。
[2] 贝多广:《金融发展的次序——从宏观金融、资本市场到惠普金融》,中国金融出版社 2017 年版。

正因如此，很多科技企业，尤其是初创科技型企业，很难达到商业银行的投资标准，进而导致其融资需求难以得到满足。因此，科技金融供给体系也涵盖了风险投资机构、科技担保机构等主体。这些主体以吸收能承受较高风险分散资金的方式对科技企业进行投资，有效缓解了科技企业的融资约束。科技企业是科技金融的需求方。一般来讲，处在种子期和初创期的科技企业会有较大的融资压力，融资需求相对较大。也正因如此，初创型科技企业成为了科技金融服务的需求主体。科技金融中介机构将科技金融服务的供求双方联系起来，以弥补由于信息不对称造成的沟通成本大、效率低的损失。一般而言，非营利性中介机构为政府部门下属事业单位，负责科技金融信息平台的搭建、引导金融资源流动等工作；营利性中介机构一般是如信用评级机构、资产评估机构等提供有偿服务的机构。这些科技金融中介机构有效解决了供求之间的信息不对称问题，提升了金融资源配置效率。

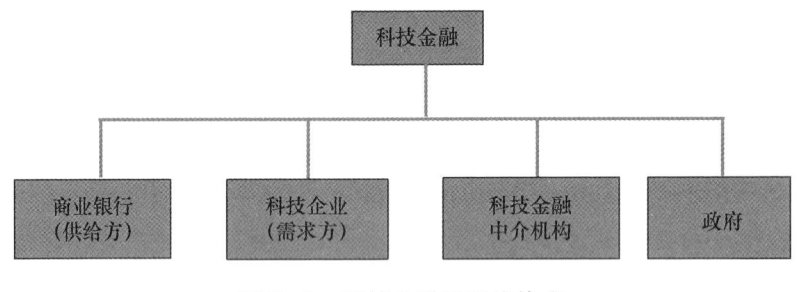

图 5-1 科技金融的系统构成

一般来讲，科技金融有政府主导的基金投资科技企业和科技企业股权融资这两种传统模式。而在具体的科技金融实践当中，各国根据自身实际情况对传统科技金融模式进行发展与创新。美国的科技金融是典型的资本主导型模式，拥有高效、成熟的创新投资体系。同时，美国政府也通过制定相关法律法规对科技金融发挥重要作用。日本和德国都是金融中介主导的金融体系，以间接融资为主，有着类似于银行主导的科技金融模式。以色列采取政府引导型科技金融模式，形成政府机构与企业的有效联动、快速反应的网格构架，以及相对完善的管理与服务体系。我国政府充分借鉴以色列的科技金融体系，探索形成了"银行+政府+担保+保险+创投+科技服务中介"统一结合的科技金融体系。

此外，我们也要关注在互联网金融日益发展的背景下诞生的新融资方式——众筹。简单来讲，众筹是创业人员以互联网平台为沟通展示渠道，通过转让一定比例的股权，吸引大众投资者进行投资的一种融资方式。因互联网平台的广泛影响力，众筹有门槛低、受众广、风险分散等特点，较为适合中小型科技创新企业。

三 科技金融对创新生态链的催化作用

作为全过程创新生态链上的重要一环，科技金融对我国科技创新发展的催化剂作用是不可替代的。如图5-2所示，科技金融对创新生态链的作用机制可以分为政府机制、市场机制和社会机制三个方面，其中市场机制是起主导作用的。这三者之间的有机结合保障了科技金融链环在全过程创新生态链上的正常运行和发展。换言之，完善的科技金融体系可以为发展高新技术产业提供贯穿整个生命周期的创新性、高效性的金融资源，有利推动高新技术产业链加速发展，从而有效带动城市产业结构优化，构建充满活力的全过程创新生态链。同时，营造创新生态链良性循环的健康环境，要正确认识和把握资本的特征和行为规律，支持和引导资本规范和健康发展。特别是在以美国为首的西方国家对中国科技产业不断打压的大背景下，科技金融对建设全过程创新生态链进而推动中国走高水平科技自立自强道路的意义重大。第一，科技金融作为一个强大的手段，能够充分发挥财政资金的杠杆作用，吸引和引导金融资本和其他资本进入科技创新领域。第二，科技金融能够有效提升科技企业在成长发展过程中的风险可控性，保证企业发展主动权。第三，科技金融也是促进创业资源配置化、市场化的重要手段。科技金融在资源配置、风险管理、项目选择、资金监督管理方面能够发挥更好、更多的功效。此外，金融安全就是国家安全。良好的科技金融业态在有效催化创新生态链发展的同时，能够承担起国家数据网络安全和用户个人信息安全的职责。

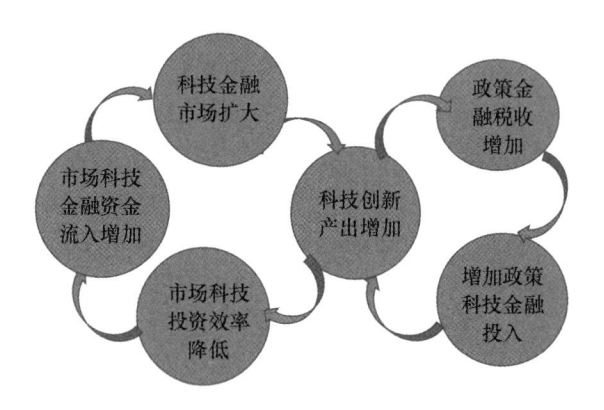

图 5-2 科技金融与科技创新的良性循环

在科技自立自强的基础上,深圳充分发挥市场在资源配置中的决定性作用,充分利用财政资金引导、放大和激励作用,推进科技金融的创新发展,走出一条具有深圳特色的科技金融发展之路。深圳未来将通过开发科技金融产品和服务,进一步满足中小型科技创新企业的发展所需,以推动构建良性循环、持续发展的全过程创新生态链。

第二节 深圳科技金融的先行突破与转型规范

作为中国改革开放的前沿,深圳长期处于我国科技创新发展的第一梯队。多年来,深圳培养了一大批如华为、腾讯、大疆、比亚迪、中兴等具有国际竞争力的科技龙头企业。同时,深圳也是我国科技金融发展最早的城市之一,形成了科技金融发展的深厚积淀。多年来,深圳资本市场实现了从无到有、从小到大的跨越式发展,初步形成了主板、中小板、创业板的多层次资本市场体系,呈现出证券业、基金业等共同蓬勃发展的良好局面。

一 深圳科技金融的先行突破

1990 年,深圳证券交易所成立。1993 年,深圳市科技局发表文章《科技金融携手合作扶持高新技术企业》，该文章将金融作为推动科技与经济共同发展的重要媒介。这是科技金融概念在中国的首次出现，也是深圳开始发展科技金融的重要标志。深圳科技金融的萌芽与其高新技术产业的发展是密不可分的。随着"三来一补"企业的高能耗、高污染等问题开始显现出来，深圳产业转型势在必行。1995年，深圳在"八五"规划中明确提出了"以高新技术产业为先导、先进工业为基础、第三产业为支柱"的产业发展战略，确立了"把深圳打造成高新技术产业开发生产基地"的目标。同年，深圳出台《关于促进科技进步的决定》，其中第26条指出，建立科技与企业融资相结合的机制，利用银行信贷资金支持高新技术产业发展。该文件有力地推动了深圳早期科技金融业的发展。

深圳创业投资发展较快。1994年12月，深圳高新投成立。1996年，深圳知名科技企业大族激光利用与高新投的创新金融合作迎来了技术腾飞。2008年大族激光被认定为深圳第一批自主创新的行业龙头企业。1996年9月，深圳开始着手建设高新区。深圳高新区是"建设世界一流高科技园区"的六家试点园区之一，是"国家知识产权试点园区"和"国家高新技术产业标准化示范区"。高新区成立后，凭借其在土地、税收、公共服务等方面的一系列优惠政策，迅速吸引了大批高新技术企业、孵化器群和知名高校的入驻。1997年，深圳引进北美VC管理制度，开始着手创建创业风险投资体系。自此，我国本土创投行业进入高速发展阶段。1999年8月，深圳市创新投资集团有限公司成立。中国本土创投行业进入高速发展阶段。同年，高新技术企业有研硅股成为中国第一支上市的科技类股票。从历史发展观察，高新技术产业园区为早期科技企业发展创造了良好条件，同时为技术发展、成果转化提供了优质平台，园内科技企业的融资模式和渠道为早期的科技金融奠定了基础。[①]

二 深圳科技金融的转型规范

进入21世纪，面临着"四个难以为继"的严峻现实，深圳的

---

① 王苏生、陈博：《深圳科技创新之路》，中国社会科学出版社2018年版。

比较优势不再明显，迫使深圳加快产业转型。[1] 随着深圳科技创新的硬实力不断增强，企业科技金融的服务需求的不断扩大，科技资源和金融资源的高效结合更加迫切，深圳科技金融行业进入了转型规范阶段。

深圳通过出台一系列的政策法规积极引导社会资本推动科技创新创业的发展。2003年2月，《深圳经济特区创业投资条例》发布，制定了《创业资本投资高新技术产业项目指南》，《深圳经济特区创业投资条例》规定政府应当鼓励和支持创业投资机构对列入《创业资本投资高新技术产业项目指南》的项目进行投资，根据需要对创业投资机构予以政策资金引导和扶持。2004年1月，深圳市政府出台《关于完善区域创新体系推动高新技术产业持续快速发展的决定》，为提高深圳高新技术产业的核心竞争力，推动深圳高新技术产业持续快速发展提供有力支持。该文件鼓励创业投资，培育创业投资市场；鼓励海内外投资者在深圳设立创业投资机构；鼓励完善科技金融中介机构，培育技术产权转让平台。同年，深交所推出中小企业板，为鼓励、支持深圳中小企业通过规范运作、上市融资谋求更大的发展进一步营造了良好的环境。同年7月，深圳市政府出台《加强发展资本市场工作的七条意见》（简称"深七条"），旨在通过提高本地上市公司质量、大力发展资本市场中介服务机构、完善资本市场创新机制等措施，努力将深圳建设成为中小企业的成长基地、创业投资的乐土、资本市场中介机构和机构投资者的聚集中心，力争在5年内使资本市场的总体规模和实力再上一个台阶。"深七条"的出台，推动了深圳多层次资本市场的有力发展。

2009年10月，深交所推出创业板。创业板一经推出就承载着推动产业升级、建设创新型国家的重负，对深圳乃至中国多层次资本市场的建立以及资本市场逐步走向完善均具备重大意义。截至2010年年底，深圳上市公司总数达149家。其中中小企业板、创业板上市公司共73家。上市公司筹资额为704.4亿元。资本规模和机构数量与2000年相比分别增长了近25倍和近20倍。经过近15年

---

[1] 白积洋：《"有为政府+有效市场"：深圳高新技术产业发展40年》，《深圳社会科学》2019年第4期。

的发展，深圳成为中国创业投资最为活跃的地区。2011年7月，科技部发布的《国家"十二五"科学和技术发展规划》提出，完善科技和金融结合机制，建立多渠道科技融资体系；加快发展服务科技创新的新型金融服务机构，积极探索支持科技创新的融资方式。同年10月，科技部下发了《关于确定首批促进科技与金融结合试点地区的通知》，确定深圳为首批促进科技与金融结合试点地区之一。

随着深圳科技金融政策规范体系的确立，深圳持续多样的资金支持也开始更加保障"硬科技"的加快发展。深圳不断突破传统的投融资渠道，广泛调动社会多方力量，不断加大对硬科技的支持力度，以满足其发展周期长、投入资金大、"重资产"较多的发展特点，以此避免金融市场的"脱实向虚"发展。在金融支撑硬科技进步的同时，硬科技发展需求也不断推动着金融服务模式的创新和优化，使金融服务更加智能化和多样化，金融与科技深度融合，从而引领深圳科技金融走向全新的时代。通过政策与服务体系"双轮驱动"，2012年前后深圳已初步构建出一个立体化、多元化的科技金融服务体系，以此来覆盖创新型中小微企业整个生命周期的成长。

第三节 这十年来深圳对科技金融链环的活化

在早期科技金融发展所形成的深厚积淀基础之上，深圳在近十年进行了进一步的突破与活化，取得了卓著成效。截至2021年年底，深圳已出台科技金融有关政策文件100余件，其数量之多、涉及范围之广均位居全国前列。2012年11月，深圳出台《关于努力建设国家自主创新示范区实现创新驱动发展的决定》，第21条提出要建立科技资源与金融资源有效对接机制，营造科技、金融产业一体化的生态环境，构建覆盖科技创新全链条的金融支撑体系。深圳初步构建了一个立体化、多元化的科技金融服务体系。2017年5月27日，深圳提出科技金融的深度融合加速科技成果转化，把深圳建设成为更高水平的科技金融深度融合先行区的目标。2020年10月，国家发改委发布了《深圳建设中国特色社会主义先行示范区综合改革试点首批授权事项清单》，提及了与外部投资机构加强合作，表明政策旨在推动科技金融模式的深化发展，引导银行业金融机构与外部投资机构互通有无，进而对高新技术企业、创新型中小技术产业等联合赋能，加强对科技产业的资金资本支持。2022年3月，国家高端智库中国（深圳）综合开发研究院与英国智库Z/Yen集团联合发布的"第31期全球金融中心指数报告（GFCI31）"中深圳位列第十位，是全球前十大金融中心排名和评分上升幅度最大的城市。

总的来说，深圳立足科技产业与金融产业的自身优势，大力推动科技与金融相结合，成为全国首批科技与金融结合的试点城市，其先行先试的做法，对于当前全国推动金融服务实体经济、助推经济转型升级具有重要启示意义。[1]

一 多层次资本市场发展日趋完善

在深圳经济特区40余年前进发展的道路上，资本市场发挥了极为重要的作用。简单来讲，资本市场是金融创新与产业创新相结合的产物，具有筛选发现、企业培育、风险管控和资本配置等诸多功能。资本市场是实现科技创新风险分散的重要手段。然而，不同规模、类型、发展阶段的科技创新企业需要采取不同的融资手段，这就体现了多层次资本市场的重要地位。除此之外，深圳在积极建立国际板、推动海外红筹股回归资本市场以及推进科技创新型企业的债券市场发展等方面也有不少有益举措。

（一）构建金字塔形多层次资本市场

深圳积极构建金字塔形的多层次资本市场，以"新三板"为依托，支持广大中小科技创新企业，并向其提供必要的资金支持和融资服务，帮助其规范运行管理，厘清股权归属，提供融资渠道，从而为日后的上市融资奠定基础。此外，深圳积极吸收西方发达国家资本市场经验，细化并严格执行各项标准，完善退出机制，激发企

---

[1] 杨柳：《催化与裂变　科技联姻金融》，海天出版社2017年版。

业活力，确保上市企业质量过关，积极打造竞争有序、流动规范的多层次资本市场体系。退出阶段是风险投资运作的重要阶段。有效合理的退出机制可以为风险投资提供持续的流动性，促进风险投资的有效流通。企业风险投资要想实现收益的最大化，就必须建立完善的资本市场和股权转让市场，完善风险投资的退出机制。深圳探索将区域性股权市场纳入多层次资本市场体系，推进以科技成果交易、企业股权流转为核心的场外市场建设；建立场外市场与创业风险投资机构的良性互动机制，为创业风险投资提供多元化的退出赛道。此外，深圳进一步规范并购市场，完善第三方产权评级机构和地方性产权交易市场，鼓励风险投资企业通过转让股份退出市场。

（二）积极推进国际板建设，吸引红筹股回归

近些年来，深圳在推进国际板建设、吸引红筹股回归上做出了不少努力，旨在让科技企业龙头能够获得足够的金融支持。同时，深圳采取了诸多政策措施积极培育国际领先的科技创新企业，加快资本市场国际化，使市场更加稳定成熟。不仅如此，为提升运营效率，深圳积极借鉴西方发达国家的成熟经验，加快提升国内证券市场的软硬件水平，特别是交易结算、信息披露等技术系统。同时，深圳还积极吸收国外先进的监督管理经验，建立和完善相关监督管理制度，实行严格监督。此外，深圳正积极筹划以回归意愿强、试错成本低的海外红筹股为试点，计划通过建设国际板来推进其回归进程。在充分估计国际板上市对本土市场的影响，限制上市企业规模和数量的同时，对现有股价体系过度冲击、中小科技创新企业融资空间被挤压等情况做好充足的评估预测和必要的补救准备。同时，深圳努力细化上市企业的选择工作，做好产业导向，发挥优秀企业的市场示范作用。

（三）发挥债券市场功能

债券市场在整个金融体系中扮演着越来越重要的角色。也因其具有发行灵活、融资成本低等优点而备受重视。近些年来，深圳市政府积极发展科技企业债券市场，扩大科技企业债券发行规模，提高科技创新企业直接融资的比重。同时，政府也积极引导民间资本流动，努力改变科技创新企业融资只能单纯依赖银行的窘境。以深

圳担保集团为例，在缓解企业融资难问题上，深圳担保集团多策并举，在国内最早探索推出中小企业债券融资产品，帮助企业打开资本市场之门；针对深圳科技型企业集聚的特点，打造科技型企业专属融资产品"科技通"，直击其融资痛点；深化金融同业机构间的合作，开通绿色融资审批通道，对于500万元以下的贷款，企业可在一周内获得资金，在新冠肺炎疫情期间最快可在2天内完成审批放款。

深圳借鉴美国债券融资经验，探索放松债券融资审批管制，创新债券融资工具，加快中小企业集合债的发展。此外，深圳积极探索建立多层次的债券交易市场体系，培育机构投资者，健全债券评级制度，创新企业债券监管方式，为企业进行债券融资营造良好的市场环境。[1] 目前，由于股票市场的调整，仅仅依靠股市难以支撑起科技创新企业的融资需求，更难以承担刺激实体经济的重要任务。相比于债券市场，传统的银行信贷更像是"锦上添花"，难以满足广大中小科技创新企业的"燃眉之急"。大量中小科技企业处于信贷市场边缘，资金较为匮乏。而面对实体经济对资金的迫切需求，债券自然而然就成为重要的融资工具。因此，深圳一直通过采取大量积极措施，大力发展债券市场。这为深圳的大型科技项目和大型科技创新企业融资提供了便利，同时也帮助了中小科技创新企业顺利获得融资支持，从而为深圳科技创新事业的发展增添更多活力。

二 持续满足中小型科技创新企业金融需求

近年来，深圳持续加大对针对科技创新企业的投入力度。2018年2月，深圳印发《关于加大营商环境改革力度的若干措施》，希望进一步增强对初创企业的投入，推广创业创新金融平台应用，提高中小微企业融资效率，鼓励银行开展特许经营权、政府采购订单、收费权、知识产权新型融资方式。同年3月，首期50亿元的天使投资引导母基金由深圳市政府投资成立。同年6月，深圳市知识

---

[1] 杨正平、王淼、华秀萍：《科技金融创新与发展》，北京大学出版社2017年版。

产权质押融资风险补偿基金正式启动。

（一）深圳天使母基金促进种子期科创企业发展

科技创新企业是深圳科技创新创业发展的重中之重，应得到政府资金的大力支持，以作为政府激励企业技术创新和技术开发活动的重要形式。尤其是作为种子期的科技创新企业，更应得到政府资金倾斜。参考以色列设立上市前科技创新型企业金融支持的经验，深圳依据自身情况设立种子基金，通过财政投入予以支持。通过种子基金的设立帮助科技创新企业平稳度过种子期。种子基金的主要运营模式是对种子期的科技创新型企业进行非控股股权投资或提供短期贷款，并进行贷款贴息，同时不参与企业管理，大力扶持科技成果产业化。同时，种子基金受企业管理部门的监管。

成立于2018年3月24日的深圳天使母基金，是深圳市政府投资发起设立的战略性政策性基金，是深圳对标国际一流，补齐创业投资短板，助力种子期、初创期企业发展的政策举措，目前规模100亿元，是国内规模最大的天使投资类政府引导基金。深圳天使母基金在当时成立不是一个孤立事件，而是深圳推动产业结构"调速换挡"的一系列重大部署之一。设立天使母基金，是新的"筑巢引凤"，早期深圳的招商引资是发展"三来一补"企业，现在深圳要承接全球领先的基础科研成果，要打造科研成果转化率全球领先的平台。

与政府引导型基金艰难的市场化运作不同，深圳天使母基金凭借优惠的政策、全新的直接投资业务和先进的管理体系，成功走出了一条不同于政府引导基金的市场化运营管理新模式。天使母基金充分发挥其子基金规模大、出资率高等政策优势，在全球范围内精选知名的企业风险投资，邀请全球优质投资机构、科技源单位与其他相关机构共同打造天使基金。为实现优势最大化，天使母基金管理公司由深投控和深创投共同组建。此外，为专注于在信息通信技术、生物技术等关键核心领域的布局，天使母基金提出了为其建立占总规模的10%的两种类型的子基金用来直接投资一些国内外关键核心"硬技术"项目，并通过子基金投资的项目吸引一大批科技创新人才。值得一提的是，天使母基金专注于投资战略性新兴产业和未来产业。截至2020年5月底，围绕子基金，共有19个子基金完成124个项目的投资决策。无一例外，其投资的天使项目均为包括信息通信技术、新材料新能源、生物技术等领域在内的战略性新兴产业和未来产业。

深圳天使母基金致力于引领天使投资行业，培育优秀初创企业，坚持"政府引导、市场运作、杠杆放大、促进创新"原则，完善"基础研究＋技术攻关＋成果产业化＋科技金融＋人才支撑"的全过程创新生态链，成为全球领先的天使母基金，为深圳打造国际风投创投中心和国际科技、产业创新中心提供有力支撑。

（二）科技创业发展银行助力解决创业融资难题

深圳充分发挥先行先试优势，积极设立以各大商业银行支行为载体、面向科技创新企业的、以投资贷款相结合为主要特征的科技创业发展银行，努力解决草根创业融资"卡脖子"难题。只要是具有发展潜力和竞争优势的科技创新企业，就是科技创业发展银行的服务对象。传统银行在系统设计上更倾向于服务大客户，缺乏服务草根创业的理念，难以解决种子期科技创新企业的融资问题。因为具有准政策性银行的功能定位，科技创业发展银行拥有相对较大的政策灵活性，这也就为其服务的种子期科技创新企业创造了较为良好的市场生存空间。此外，为增加资金来源，深圳市政府积极优化金融创新的政策环境，如允许科技创业发展银行发行金融债券，在冲销逾期坏账方面给予更大的灵活性和自主权，并给予相应的税收减免政策。

深圳市政府积极鼓励商业银行加大对科技创新企业的支持力度。美国硅谷银行的实践表明：以商业银行支撑科技创新企业的贷款融资需求的办法是行得通的。深圳积极尝试在南山等地设立商业银行的专业科技金融服务部门，以此满足对中小科技创新企业的金融服务需求。在充分评估风险后，深圳政府支持有条件的银行设立科技支行，主要为中小科技创新企业提供金融服务。此外，深圳政府积极引导商业银行在信贷管理、风险管控等多方面的体制机制建设，从而全面提高金融服务对科技创新的支撑作用。同时，深圳鼓励商业银行开展科技创新企业集合债券、票据、信托等多种金融产品创新，并鼓励商业银行在科技创新企业高收益债券等金融产品开发方面的有益探索。不仅如此，深圳政府还持续加大对商业银行科技金融产品的补贴力度，探索贷款投资、股权投资相结合的银行信贷链，为企业融资提供最大便利。

（三）企业风险投资助力科技创新企业发展

进入 21 世纪以来，在全球范围内互联网平台型企业迅速崛起。通过企业风险投资活动（CVC），密集投资初创企业，扩大商业生态系统，是这些平台型企业在演化过程中呈现的重要特征之一。[①] 2019 年 4 月，华为成立了一家投资子公司——哈勃投资（见表 5 - 1）。这一决定与中美贸易摩擦大背景下美国对华为的技术封锁、芯片禁售等有很大关系。从华为的角度来讲，其对外投资的动因一是为了抵御海外经营业务可能发生的风险；二是为了培养自身供应链，塑造其智能终端生态的抓手，这一点与腾讯类似。但从科技金融的角度来讲，华为投资有效带动了国内以半导体企业为主的科技创新企业的集群发展，这为我国解决芯片等关键核心技术"卡脖子"难题，繁荣科技创新产业生态，增强我国高新技术产业的协调发展能力做出了重要贡献。

表 5 - 1　　　　华为哈勃投资的多家科技创新企业

序号	公司名称	主营业务
1	无锡市好达电子股份有限公司	滤波器
2	庆虹电子（苏州）有限公司	连接器
3	苏州东微半导体有限公司	功率半导体
4	山东天岳先进材料科技有限公司	第三代半导体碳化硅
5	思瑞浦微电子科技股份有限公司	模拟芯片
6	新港海岸（北京）科技有限公司	高速传输芯片
7	杰华特微电子（杭州）有限公司	电源 LED 推动

[①] 王松：《风险投资如何影响企业的价值创造——以腾讯商业生态系统为例》，《清华管理评论》2020 年第 4 期。

续表

序号	公司名称	主营业务
8	常州富烯科技股份有限公司	石墨烯导热
9	深圳中科飞测科技有限公司	半导体检测设备
10	深思考人工智能机器人科技（北京）有限公司	类脑人工智能
11	常州纵慧芯光半导体科技有限公司	光电半导体 VCSEL
12	上海鲲游光电科技有限公司	光电 AR
13	苏州裕太微电子有限公司	以太网芯片
14	新共识（杭州）科技有限公司	计算机系统软件
15	南京芯视界微电子科技有限公司	激光雷达芯片超高速光电互联芯片
16	陕西源杰半导体技术有限公司	2.5G 到 10G 的半导体激光器芯片
17	北京昂瑞微电子技术有限公司	射频前端芯片和射频 SoC 芯片
18	宁波润华全芯微电子设备有限公司	半导体设备 新型电子器件生产设备

与华为类似，腾讯在企业风险投资领域也有颇多成就。截至 2020 年年底，腾讯总计投资企业超过 800 家，其中 70 多家已上市，逾 160 家成为市值或估值超 10 亿美金的独角兽企业。腾讯在重点布局投资京东、美团、拼多多、蔚来等这些耳熟能详的企业的同时，也投资了众多初创科技型企业。如图 5-3 所示，仅 2020 年，腾讯就对 161 家涉及多个行业的初创企业进行了投资，投资总额超过了 120 亿美元，而腾讯也成为中国非金融企业中对初创企业投入最高的企业。在这些企业当中，腾讯深挖产业互联网蓝海，投资了以明略科技、太美医疗、数美科技、星环科技、东华软件为代表的 50 余家正在快速发展的中小科技创新企业。新冠肺炎疫情之下，众多企业受到了冲击，其中不乏优秀的初创科技型企业。由于经营高度的不确定性，很难用短期的收益率考核它们。当年腾讯初创的时候，就是因为商业模式不被认可，深陷融资难窘境，成长为巨头之后，更加愿意助这些初创科技型企业一臂之力。

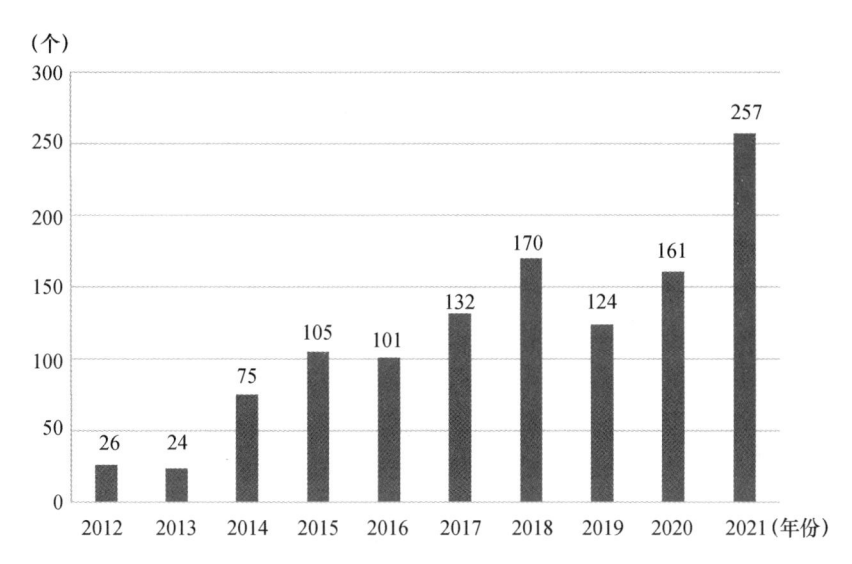

图 5-3 腾讯近十年对外投资项目数量

资料来源：腾讯网。

以明略科技为例，2017 年，腾讯参与了大数据与人工智能领域独角兽企业明略科技 C 轮融资，并在 2019 年继续增持，领投了其 D 轮融资。该投资也是腾讯投资开放性的典型表现。腾讯作为一个大的"航空母舰"，其自身发展很好，同时又可以带着很多小的"舰队"往前走，这样的一种生态系统既有利于企业自身的独立发展，同时也有利于跟战略投资人进行很好的协作。

除此之外，腾讯企业风险投资活动因其本身强大的产业互联网生态优势而具有"独特赋能"。具体来讲，包括以腾讯云为代表的计算、存储、服务器等的底层基础技术能力；以通过微信、小程序、公众号等产品触达到 C 端用户的腾讯独特连接能力；以及 AI、音视频、安全为代表的模块化产品或应用能力。正因如此，腾讯企业风险投资在产业互联网赛道上收获了众多伙伴，也让腾讯产业互联网生态快速发展。

与传统的独立创投公司不同，企业创投更强调与自身价值链的协同。[①] 也就是说，腾讯的企业风险投资活动是具有明确的战略

[①] 宋德铮：《腾讯到底在做什么样的投资》，《企业观察家》2019 年第 6 期。

目标的，那就是以腾讯独特的战略价值为根本，构建庞大且极具竞争力的产业互联网生态系统。这在一定程度上决定了腾讯在企业风险投资活动上更侧重于"软科技"而忽视了"硬科技"。以腾讯2020年对外投资行业分布为例，不难看出，腾讯投资主要分布于企业服务、金融、文娱传媒等行业，而对包括智能硬件、医疗健康、新工业等在内的高端制造行业投入较少（见图5-4）。

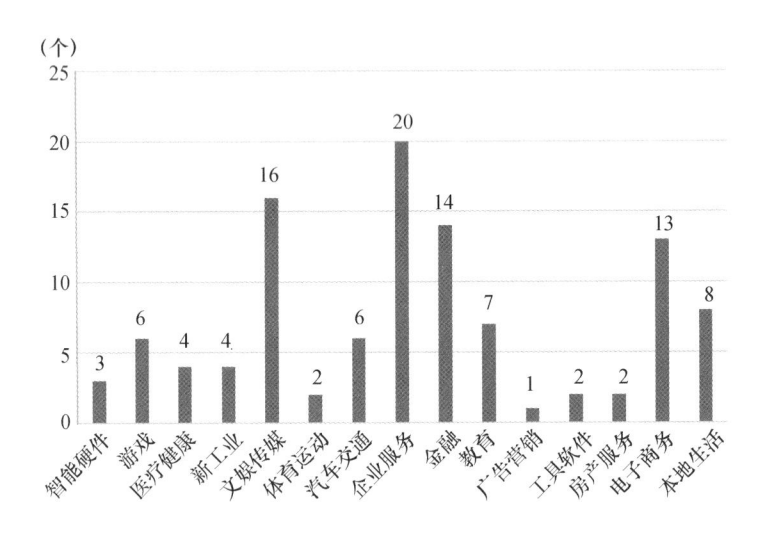

图 5-4 腾讯 2020 年对外投资行业分布

资料来源：腾讯网。

总的来说，作为企业投资，腾讯的产业互联网投资早于市场概念和规模的形成前沿布局，经过十年探索积累，腾讯投资已经是产业互联网领域创业团队的"首选类"资方之一。但从本质上来讲，与独立的科技金融服务机构相比，腾讯企业风险投资的首要目标是，在高速变动的环境中，为腾讯尽量地分散风险，最大化捕捉机会。只要腾讯企业风险投资的底层逻辑不变，腾讯投资重视"软科技"而忽视"硬科技"的情况就难以得到根本性转变。

三 政府财政资金投入机制持续创新

多年来,深圳政府一直努力在为深圳科技金融的健康发展构建良好的生态,积极利用政策资源,加强市场引导,力图在更高水平上整合平衡现有科技金融资源。因此,深圳政府尤其注重对分散在不同部门的财政投入资金的整合管理,希望通过不断梳理重叠冲突的政策脉络,积极疏导科技和财力资源向局部过度集中,实现布局均衡,提高科技金融的政策效果。[①]

(一)深圳政府积极创新财政资金对科技企业的供给方式

近年来,深圳积极调整科技项目资金结构,提高股权融资、贷款贴息、信用担保、风险补偿的比例,引导金融资本。同时,为进一步提升财政科技投入的引导和放大作用,深圳政府鼓励多方社会资本参与深圳各类科技项目的实施运行。不仅如此,深圳积极探索建立科技企业贷款风险补偿机制,通过银行业的有效参与和配合,出台了不少有关科技担保风险补偿、知识产权质押贷款补贴等措施,为科技企业融资提供了有效助力。对于通过政府评估的资质较好的初创科技型创新企业,政府给予一定的贷款优惠和政策性补贴。此外,政府支持银行部门为发展潜力较大的科技企业提供融资服务。对一些能产生重大科技贡献的科研成果,深圳政府借鉴欧美发达国家的政府购买政策,分期拨付资金,最大限度地提高财政资金的使用效率。

为解决中小微企业"融资难、融资贵"的难题,深圳高新投首创"投保联动",以及"股权+债务"融资服务,以创投公司为载体,重点发展针对处于创业初期科技企业的风险投资。"投保联动"模式有力推进了深圳乃至全国的金融创新以及科技金融行业的转型升级,为中小微科技企业的生存发展提供了资金保障。初创科技型企业的爆发式增长属性决定了其资金需求可能会在短时间内极速增加。再加之科技企业的轻资产特征以及其科技成果变现相对较难的特点,如仅仅依赖银行进行融资,则很有可能陷入企业资金链断裂

[①] 王苏生、陈博:《深圳科技创新之路》,中国社会科学出版社2018年版。

困境。而初创科技型企业有了这种较好的股权融资渠道，就能有效解决企业成长期的融资需求问题，进而拥有更广阔的生存发展空间。① 近些年来，在深圳高新投的支持下，先后有 300 余家中小微企业在国内外公开上市，被称为资本市场的"高新投"（见图 5-5）。其所支持的华为、比亚迪、大族激光、欧菲科技、沃尔核材等一大批高科技企业近年来成长迅速，已发展成为国内外知名企业；多次荣获主流媒体和评选机构"年度最佳服务实体经济综合大奖""年度最佳 VC 机构""最佳品牌创投机构"，是全国同行业最具知名度和品牌影响力的金融服务机构之一。

图 5-5 高新投扶持的多家知名科技创新企业

（二）深圳政府积极探索运用间接型科技投入方式

近年来，深圳政府积极探索运用间接型科技投入方式。政策方向措施从单纯的补助、奖励、引导转移到组织协调全社会科技和金融资源，构建协同高效、充满活力的科技金融生态系统上来。② 利用政策杠杆对科技创新资源要素进行集聚和整合，既利用好政府的直接科技投入，也更加注重利用政府的间接科技投入，充分发挥科技金融的杠杆撬动作用。一般地，政府可以调动的间接资源是远超直接

---

① 赵卫国：《深圳高新投"投保联动"业务模式的实践与启示》，《中国产经》2021 年第 4 期。

② 王苏生、陈博：《深圳科技创新之路》，中国社会科学出版社 2018 年版。

资本投资的。具体来讲，这些可获得的间接资源包括相关科技产品开发的免税政策、政府对科技创新产品的采购优惠政策、科技创新企业的免税政策、企业风险投资的所得税优惠政策。而财政对科技创新的直接投入则主要用来进行科技创新的顶层设计，建立高效的管理运行体系，采购相关社会服务等。通过不断完善税收政策持续满足支持科技创新计划实施的条件。总之，深圳市政府不断创新科技创新计划，充分协调各项科技资源（资金、政策）投入，有效解决科技资源配置低效的难题，初步构建起了有效的政府引导和市场化运作机制，通过对政府计划外的大量科技创新要素和资源的有效凝聚，充分动员全社会科技创新力量支持深圳科技创新事业的快速发展。

以深创投为例，作为本土创投机构的引领者，深创投始终坚持以"三分投资、七分服务"的理念为指导，通过资源整合、监管规范、培训辅导等方式，促进投资企业有序健康发展。宁德时代是世界领先的动力电池系统提供商，专注对新能源汽车动力电池系统和储能系统的研发、生产和销售。在电池材料、电池系统、电池回收等产业链重点领域具有可持续研发能力和核心技术优势，并拥有完备的生产与服务体系。2020年全球前十的动力电池企业使用量占比为92.5%，其中排名前三的分别为宁德时代、比亚迪和LG化学，宁德时代在全球市场占有率已经超过30.0%，国内市场占有率已达50.0%（见图5-6）。宁德时代在短时期内能够取得如此巨大的成功，深创投无疑是背后的一大功臣。从开始投资到2018年宁德时代上市，深创投为宁德时代在企业收购、咨询服务以及企业上市申报等多方面提供了增值服务。

"以30%的精力做投资，70%的精力做服务"，一直是深创投坚持的理念。深创投也在无数次的投资实践中体现出了对投后服务的重视。深创投认为，在股权投资市场竞争白热化的背景下，未来投资机构竞争的重点将聚焦在投后的管理和服务方面。总之，好的投资需要经营和服务。

（三）深圳积极建立健全财政科技投入的监督机制及绩效评价机制

建立高效的财政投入体系，必须有一个行之有效的监督管理机

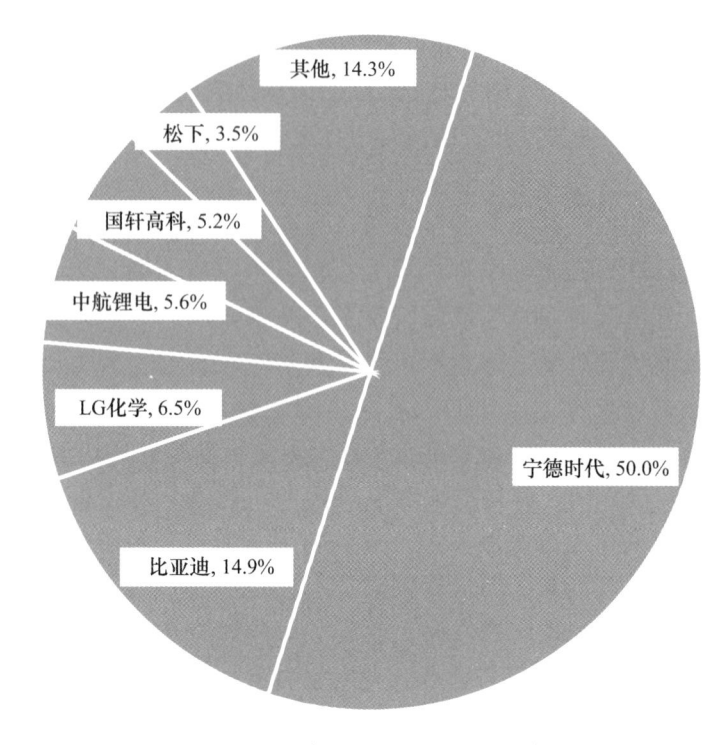

图 5-6　2020 年中国动力电池市场集中度分析

资料来源：中国汽车动力电池产业联盟。

制和绩效评价机制。多年以来，深圳市政府不断通过制定科技专项资金的监督管理办法，大力加强科技投入的监督管理，完善财政资金的跟踪与反馈机制，强化制度约束，有效监督科研项目论证经费分配和效益评价的全过程。同时，深圳市政府根据实际需求逐步建立起审计、项目承办单位、金融中介等科技项目的财务监督体系，严格落实相关项目的财务审计和财务验收。值得一提的是，为改变以往重投资、轻管理，强调项目的启动，忽视项目日常效果的现象，深圳市政府加快构建财政科技投入资金使用的绩效评价体系，具体包括制定有效的科技投入绩效评价方法，建立反映专业特点的科技投入绩效评价指标体系。同时，深圳市政府在规范绩效考核的程序上做了较多努力，包括推进绩效考核的数字化管理，确保绩效考核规范化协调性等。

四 大数据赋能科技金融发展更加成熟

大数据技术手段能够为解决科技创新企业融资过程中的信息不对称难题发挥较大作用。近十年来,深圳努力构建以数据驱动的科技金融服务平台,加快提高科技金融服务质量,从而切实推进科技创新企业"轻资产"价格评估体系建设水平,提升科技企业风险转移能力,更大发挥融资平台、股权交易平台效能。

(一)以大数据提升信贷风控水平

深圳积极通过运用大数据技术,帮助银行提升信贷风控水平,同时增强小微科技创新企业融资的"可得率""满足率"。2021年8月,深圳担保集团与腾讯云在深圳签署战略合作协议。双方在产业金融生态圈打造数字化人才培养等方面开展全面合作,携手打造融资担保行业内首个大型国有担保机构全面数字化转型标杆,支撑深圳担保集团为小微企业提供更加安全、便捷、高效、低成本的金融服务,助力实体经济尤其是中小微科技创新企业更好发展。

一直以来,深圳都在努力加大银行大数据智能风控产品的研发力度,通过构建智能风控系统,准确识别企业客户的资产属性和生产经营特点,测算企业发展阶段、经营情况、财务情况及经营稳定性。在小微科技创新企业经营性贷款的线下审批过程中,依托平台实时输出企业风险量化评估结果,提升银行在小微科技创新企业信贷场景中的风控能力,降低小微科技创新企业融资成本,助力缓解小微科技创新企业融资难、融资贵的问题。此外,在中国人民银行的统筹指导下,深圳积极引导持牌金融机构和科技公司利用新一代信息技术守正创新,深化金融供给侧结构性改革,更快更好推动深圳科技金融行业的数字化转型。

(二)发展国家金融大数据实验室

深圳积极推进国家金融大数据实验室的建设发展。以国家金融大数据实验室为依托,加快相关数据资源和服务资源的整合与应用。通过搭建子平台,进一步完善覆盖金融机构服务、金融决策支持的完整业务体系,从而为包括宏观经济决策部门、金融监管部门、市政府、金融市场机构等在内的金融市场的所有参与方提供精准有效的金融服务。国家金融大数据应用平台承担着诸多重要的金融职责，包括决策指标体系研究与建立、金融决策和科技创新大数据服务平台建设、金融产品大数据服务平台建设、金融市场机构大数据综合服务平台建设、地方金融监管大数据服务平台建设。用大数据切实推进金融行业数字化转型，提升管理效率，降低管理成本，为政府部门和金融市场机构提高大数据应用能力提供支撑。国家金融大数据实验室始终坚持满足金融业务的核心需求，坚持以应用为导向，支持金融产业的数字化转型发展。通过建立大数据与金融产业创新的合作关系，为金融市场大数据解决方案的开发提供精准有效支持。

第四节　深圳打造科技金融深度融合地愿景的差距所在

深圳市科技金融相关政策力度较大，市场环境活跃，无疑是众多科技创新企业成长发展的沃土。与国内其他主要中心城市相比，深圳市科技金融发展较为迅猛，一直保持着良好的发展趋势，且处于我国科技金融发展的领先地位。但是目前仍存在如科技金融管理体制机制滞后、政府各项相关工作开展不充分等众多亟待解决的问题。

一　金融为"硬科技"服务的导向需更鲜明突出

总的来说，深圳的科技金融行业仍处于发展的初级阶段，缺乏政府、科技金融机构与科技创新企业三者之间的协同配合、协调发展。尤其是政府对科技金融的治理架构还不够健全以及政府监督管理的作用发挥不到位。近些年来，披着科技外衣的金融乱象层出不穷，试图通过概念游移和科技外衣来改变金融的本质。同时，一些科技金融主体只有金融没有科技，对"硬科技"的支持力度仍有待提升。现如今，互联网金融的传染性、涉众性很强。部分市场主体不尊重金融规律，激励扭曲。在技术快速迭代更新的大背景下，真技术、假技术鱼龙混杂，一些市场主体缺乏足够的识别能力，劣币驱逐良币现象突出。过于强调技术，或过于强调金融，要么一哄而上，要么一哄而散。

有些企业打着金融创业、"互联网+"的旗号从事非法的金融活动。科技金融行业乱象丛生。以筹集创业资金的名义，进行非法圈钱。部分所谓"P2P"企业通过层层包装，设置复杂的企业结构，具有极强的隐秘性和欺骗性。[1] 有些不具备资金或其他条件的科技创新企业滥竽充数，通过某些低质量的科技创新成果，或干脆伪造相关数据资料来骗取资金。这就极易导致金融资源的错配，进而大大降低科技金融效率的发挥。上述现象反映了科技金融市场监管制度不够健全和政府监督的不到位。若政府不能采取强有力的监管手段，不但会影响科技金融的健康发展，更会形成一种不良的市场风气，甚至影响整个市场经济的健康有序运行。

二 无形资产的评估和交易体系亟待加强完善

这里提到的无形资产主要是指科技创新企业的专利及科技成果，对于处于初创期的中小科技创新企业而言，"高风险、轻资产"是其普遍特点。因此，初创期的科技创新企业往往因为其自身实力较弱以及市场融资体系的不健全而导致融资较为困难。一方面，这是因为目前我国商业银行在贯彻执行"三性"（安全性、流动性、营利性）原则的贷款时，一般还是以信贷审批和抵押担保为主。中小科技创新企业具有资产轻的特点，在申请银行抵押贷款时就不可避免地因有效抵押资产少而难以获得高额抵押贷款。另一方面，从理论上来讲，中小科技创新企业可以通过中小板和创业板直接进行融资，但事实上能够在中小板和创业板上市只是少数已经处于成长期且优质的企业。因此，对于处于初创期、融资难的中小科技创新企业来说，上市直接融资的门槛很高。这样来看，深圳中小科技创新企业获得资金支持的最好选择就是通过风险投资的方式进行融资。但是怎样凭借自身的无形资产优势来满足融资需求，即深圳如何建

---

[1] 罗清和、朱诗怡：《新时期深圳发展科技金融的思考——基于科技金融投入产出效率研究》，《科技管理研究》2018年第16期。

立完善的无形资产价值评估服务体系，是当前突破困境的关键。

三 风险投资对中小型科技创新企业支持力度仍需适度增强

风险投资在推动高科技产业发展过程中发挥了巨大作用。风险投资一方面为有投资意愿的资金所有者提供了投资渠道，另一方面也给有创新能力的企业家提供了融资机会。[①] 而本章上一节已经提到，处于初创期的中小科技创新企业往往因为自身特点很难从银行获得高额贷款或融资。风险投资自然就成为初创期的中小科技创新企业融资的重要渠道。

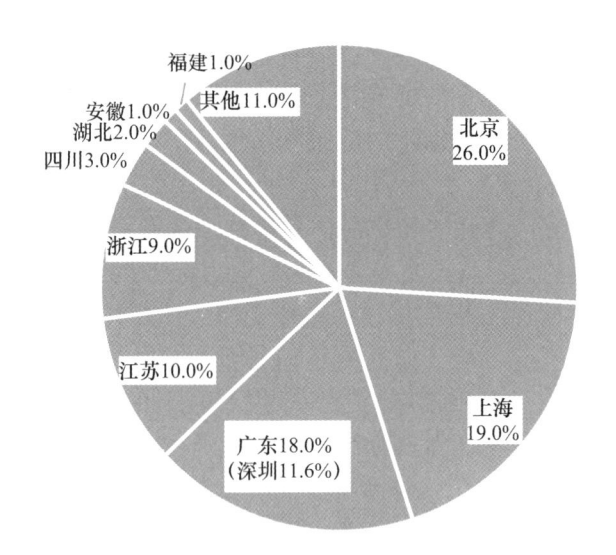

图 5-7 2020 年中国新经济投资热度区域分布（按事件数）

数据截止日期 2020 年 12 月 31 日。

总体来看，深圳投资事件变化趋势与全国趋势一致。近十年，深圳对风险投资机构的吸引力正在慢慢增长——深圳的风险投融资交易事件在全国的占比从 2010 年的 7.8% 已上升至现在的 11.6%。如图 5-7 所示，深圳的风险投融资交易事件在全国的占比虽处于领先地位，但是与北京（26.0%）、上海（19.0%）相比，仍存在不

---

① 杨正平、王淼、华秀萍：《科技金融创新与发展》，北京大学出版社 2017 年版。

小的差距。作为中小科技创新企业成长的热土,深圳在用好创投资本,为中小科技企业持续提供创新能源与经济活力上依然任重道远。

四 现行科技金融管理体制和运行机制仍需统筹优化

虽然 2006 年之后,我国科技部、财政部以及"一行三会"等相关政府部门陆续出台了一系列科技金融相关的政策法规,但其往往针对的是当下科技金融发展过程中亟须解决的紧要问题,大多是出现灰色边缘问题后或为完善市场发展背景所做出的被动之举,只能在某些个别的方面显示出政策效果,却无法从整体上对科技金融未来的稳固发展给出系统性的指导。[1] 目前,深圳市政府财政科技投资的管理与运行机制还没有完全理顺。

具体表现为:一是深圳科技投资资金来源分散,管理混乱。政府的科技投入分散在不同的部门,由多个部门管理,导致这些科技资源没有通过系统设计很好地整合起来,形成强大的合力。在具体的管理和使用过程当中,事实上存在着各部门在项目安排上缺乏沟通的困境,也存在不少项目资金重复、交叉安排的问题。二是资金主管部门与科学技术主管部门之间的协调沟通问题。从当前的运行机制来看,科技项目的施行往往由科技部具体运作。财务部门从加强资金监管的角度,不断加强项目的审核、评价、实地考察和可行性论证工作。然而,由于科技项目的复杂性和专业性,对项目的理解和把握与资金管理的要求存在不小差距,这就会导致资金管理与项目管理的脱节。

第五节 科技金融的国际经验借鉴

欧美等发达国家无论是科技金融的相关理论研究还是科技金融行业都起步较早。美籍奥地利经济学家熊彼特的经济发展理论在

---

[1] 李茜茜:《科技金融支持中小科技企业发展的实证分析》,硕士学位论文,吉林大学,2018 年。

1911年就指出，理解创新与金融两者之间的关系，是理解经济发展变迁的核心内容。熊彼特对科技创新和金融的相关性做出了肯定，他强调说，如果没有金融的支持，企业的创新和发展几乎是不可能实现的。① 实际上，欧美等发达国家因科技发展水平、金融发展成熟度和具体国情的不同，对科技金融的认识和实践也不同。由于其金融市场和现代产业起步相对较早，发展出了较为丰富的金融工具，科技金融行业的管理也相对成熟。② 欧美等发达国家科技金融的一些做法给中国提供了许多值得借鉴的地方。

根据运行机制的不同，本章把科技金融模式分为资本主导型、银行主导型、政府主导型、社会主导型四种运行模式。因社会主导模式并不适用于较大的经济体，在较大的国家和地区采用较少，本章主要探讨前三种科技金融运行模式在欧美等发达国家的创新运用。

一　美国——资本主导型科技金融模式

美国科技金融属于典型的资本主导型运行模式。资本主要通过风投市场、风险贷款市场和资本市场进入美国科技创新行业。在充分发挥市场作用的同时，美国政府并非放任不管，而是在其中扮演了重要的角色。美国政府通过制定一系列的法律法规，进一步为科技金融行业的发展扫清障碍。

（一）多层次资本市场促进科技创新企业发展

美国拥有成熟的风险投资市场，多种风险投资供给主体共同对企业的科技创新给予风险投资，这些主体有企业、政府、投资银行、养老保险基金、天使投资者等，它们在投资上相互补充，使技术资金在美国的企业和金融机构之间流动十分活跃。每年新投资的项目以及金额都稳居全球首位，比如2012年，风险投资新投资的项目数为3826项，新的投资金额为271亿美元，平均投资额为10

---

① ［美］约瑟夫·熊彼特：《熊彼特：经济发展理论》，邹建平译，中国画报出版社2012年版。
② 杨正平、王淼、华秀萍：《科技金融创新与发展》，北京大学出版社2017年版。

万美元。① 2015—2017 年，仅在美国的科技金融创业公司就获得了 180 亿美元的投资。有超过 13 家的科技金融创业公司估值都超过了 10 亿美元。

美国资本市场形成了一个层次分明的"金字塔结构"。塔尖是纽约证券交易所、纳斯达克全球精选市场和纳斯达克全国市场；塔中间是纳斯达克小资本市场和全美交易所；塔基是 OTCBB 和粉单市场。其中，纽约证券交易所和纳斯达克小盘股市场构成了美国以高新技术企业和中小科技创新企业为主的全国市场。纳斯达克小盘股市场是美国专门为高成长性科技创新型中小企业服务的市场。因其上市要求相对较低，可以满足中小科技创新企业高风险、高成长的上市要求。值得一提的是，中国不少互联网科技企业都是该市场的上市公司。此外，美国股票市场的"转板升降机制"是中国不断完善的多层次资本市场亟须借鉴的地方。

风险投资市场、风险贷款市场与资本市场形成了美国最完善的、资本主导的科技金融结合机制，体现了市场在科技创新与产业化中的强大力量，是美国独占世界科技发展鳌头的最重要动力。②

（二）保护中小微科技创新企业的法律法规较为完善

美国政府对中小微科技创新企业提供了较好的法律保护。从最早的《小微公司法》到后来的《复兴金融体系法》《机会均等法》等相关法律法规，美国政府针对保护中小微科技创新企业的法律法规愈加成熟完善。美国政府根据《小企业技术创新法案》制订实施"小企业技术创新计划"（SBIR）。《小企业技术创新法案》规定，研发预算超过 1 亿美元的，联邦政府需要拨出 2.5% 的资金来促进小企业的科学研究和创新。《Gramm-Leach-Bliley 法案》使投资银行进入风险资本市场的条件变得相对宽松。值得一提的是，《Gramm-Leach-Bliley 法案》还规定银行在基金公司中的持股比例可以达到 100%。美国政府通过立法为科技金融发展提供了良好的制度土壤，实现了"大市场、小政府"的科技金融模式。

---

① 资料来源：National Venture Capital Association。
② 李善民：《科技金融结合的国际模式及其对中国启示》，《中国市场》2015 年第 5 期。

二 日本——银行主导型科技金融模式

日本科技金融属于典型的银行主导型运行模式。日本是全球第三大经济体，也是世界经济强国之一。日本科技金融体系的最大特色在于充分发挥自身优势，依托成熟的间接金融市场，为科技创新企业提供低成本的融资渠道。

（一）日本高度依赖银行金融体系

相较于美国成熟的直接融资系统，日本利用银行作为实现资本供需对接的中介机构。这种以银行为中心的金融体系在经济追赶期能较好地解决科技创新企业与资本之间的信息不对称问题。同时，也正是这种过于依赖银行业的金融市场，使日本政府通过建立政策性金融与信用担保机制，有效地实现了对科技型中小企业的金融扶持措施。[①] 但是，联系高度紧密的银行业与科技创新企业关系也高度捆绑了双方的利益关系，导致银行和企业间的"荣辱与共"，也放大了其金融体系的风险。

（二）日本建立完备的政府信用保证体系

日本发挥银行业在科技金融系统中的主导优势，建立起中央与地方风险共担、担保与保险有机结合的信用保证体系，为中小企业提供融资担保。以日本商工组合中央金库银行股份有限公司（简称商工中金）为例，商工中金是由政府和中小企业团体合办的政策银行，专为中小企业提供融资服务。截至2017年年底，商工中金股本金9460亿日元，贷款余额为86481亿日元，为中小科技创新企业融资服务发挥了重要作用。神户大学经济经营研究所教授家森信善曾指出：日本政府担保的比例非常高，约三分之一的中小科技创新企业都会利用信用担保制度（见图5-8）。针对中小型金融机构坏账问题，金融机构确立了扎根于与客户共同创造价值的商业模式的改革方向。2014年9月，日本政府又出台了《金融检测基本方针》，要求要合理评估企业的运营价值和可增长性，通过这种评估发挥金融机构的咨询功能，实现企业的良性增长。

---

① 李善民：《科技金融结合的国际模式及其对中国启示》，《中国市场》2015年第5期。

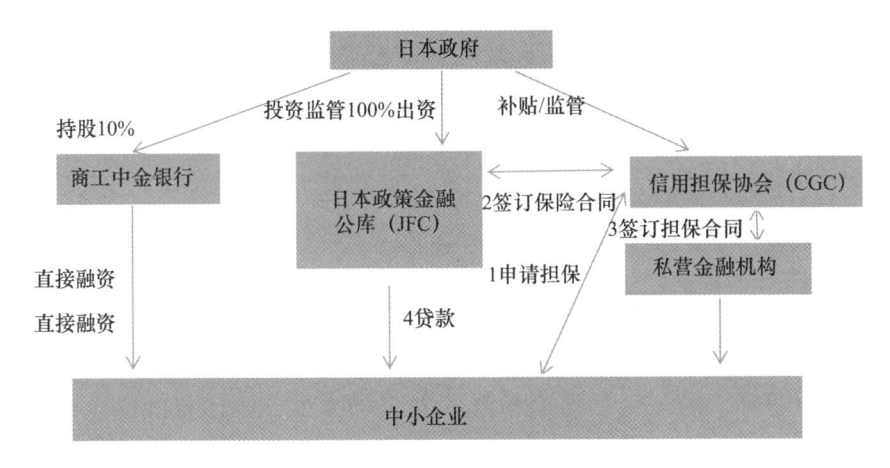

图 5-8　日本政府信用担保制度

资料来源：日本中小企业厅有关资料。

三　以色列——政府主导型科技金融模式

以色列政府直接参与科技企业孵化的全过程，通过种子基金与政府引导的风险投资基金，为初创期的科技型中小企业提供充分的金融服务与管理帮助。[①] 以色列创新产业形成了独具特色的高效运行体系，既有配套丰富的国家创新产业支持政策，也有多层次的风险资本市场。

（一）政府扮演"母基金"角色，为种子阶段科技创新企业提供资金支持

1993 年，以色列政府本着"共担风险、让利于人、甘当配角、合同管理、及时退出"的原则，以 1 亿美元的风险投资成立了 YOZMA 基金，以此来有效发挥基金的引导作用。同时，以色列政府积极引进国外知名的风险投资公司，以有限合伙的方式成立多支基金，利用杠杆把对初创期的科技创新企业的资本支持无限放大。1998 年以后，YOZMA 基金进行私有化改革，通过转让股份、拍卖等形式逐渐撤出国有资本，推动形成风险资本市场公开有序的良性竞争机制。得益于此，覆盖国内和海外机构投资的多层次资本市场

---

① 李善民：《科技金融结合的国际模式及其对中国启示》，《中国市场》2015 年第 5 期。

逐步形成，也进一步促进中小科技创新企业的资本融资。不仅如此，为向企业家提供资金支持，以帮助他们顺利完成创业启动、专利注册和商业规划等各项创业事宜，以色列政府还设立了早期种子基金计划。该种子基金计划支持科技创新企业的设立，并共同承担投资风险。企业则可以在一定期限内回购政府股本。

（二）以色列创新局（Israel Innovation Authority）

以色列创新局负责对政府支持的孵化器的集中管理，并实行私有化。无论是本国企业还是跨国公司，都可以对色列孵化器的经营权进行投标。经过以色列创新局的程序化筛选，中标者可以获得8年（一个周期）运行权。在以合同的方式明确权责关系后，以色列创新局与孵化器都不会派代表进入孵化器董事会，也不会干预孵化器的管理。但政府会承担建设孵化器的全部基础设施投资。以色列创新局支持的孵化器的孵化项目主要集中在医疗设备、信息通信技术、新能源新材料、高端农业、生物技术等领域。一个孵化器通常可同时孵化8—12家初创科技型企业。平均单个项目的孵化周期为2年。创业项目先由孵化器进行遴选后再向以色列创新局提出申请，经以色列创新局评审委员会批准审核之后才能入驻孵化器。创新局和孵化器共同负责项目所需经费。其中，以色列创新局投资项目经费的85%，不占有企业股权；孵化器投资其余15%，可占不超过40%的股权。本着采取"风险共担、收益不共享"的原则，如果孵化企业失败了，则不需要偿还创新局投资；企业孵化成功且有了市场销售后，每年以销售额的5%归还，直至完毕。此外，创新局还设立了多项创新计划，为研发活动提供资金补助。

从设立政府基金到创新局的资金补助，作为"从0到1"不可或缺的"点火器"和"助推器"，以色列政府为其国家科技金融行业的发展提供强大的支撑力量。这也非常值得借鉴和学习。

通过对美国、日本和以色列三个国家科技金融的发展分析与特征梳理，可以看出各国具体政策不同，但在科技金融生态构建上仍有相通之处，这对深圳乃至中国未来科技金融的深化发展都具有一定的启示意义。第一，科技金融的发展离不开良性发展的生态系统。良好的科技金融生态系统是科技金融服务平台以及科技创新企业发展的土壤。也只有良性发展的科技金融生态系统才能真正清除妨碍科技创新成长的金融乱象，使科技金融催化出真正有益于科技进步的"硬科技"。而成熟的科技金融生态系统必须要有配套的法律支持，这对科技金融发展环境的塑造，对中小微科技创新企业的保护发挥基础作用。第二，政府要发挥对科技金融的引导作用。科技金融的创新发展，离不开政府的顶层设计和战略规划。政府要尽量减少明显的直接干预，而是要制定好制度的框架，统筹各方，提供好保障措施，发挥引导功能，为科技金融发展提供最优质的公共服务，构建激励科技和金融深度融合的政策体系，让政府的科技金融政策真正起到"四两拨千斤"的作用。第三，科技金融的发展必须遵循市场规律，遵守市场规则。企业是市场的主体。在科技金融发展过程中，要发挥金融机构和产业机构的微观经济主体作用，充分尊重其在资源配置中的主动性、能动性。

第六章　全过程创新生态链的原动力
——人才支撑

进入21世纪后，深圳转向创新驱动高质量发展阶段，对人才的需求从制造端的"招工潮"转向重点吸纳高层次人才。尤其是现阶段，深圳更加突出高新技术产业的发展，更加强调高科技人才在创新驱动中的作用。正如习近平总书记强调的："我国要实现高水平科技自立自强，归根结底要靠高水平创新人才。"[①] 深圳要想打造高质量的全过程创新生态链，没有科技人才的支撑就是无本之源。

本章先对科技人才链环所涉及的相关概念、发展生态相关理论及其链外融合发展机制进行解析，并对科技人才链在全过程创新生态链中的支撑作用进行探析。科技人才在一定程度上反映了区域的科创实力，深圳的科技人才队伍的规模、结构与质量，都随着产业的转型而不断提升。经过30年的建设，21世纪头十年深圳已逐步变成"人才旺地"，吸引越来越多的科创相关人才在此集聚融合。党的十八大之后，深圳把科技创新摆在城市发展更突出的位置上，从科技人才的培养、引进、服务、评价、激励等方面，对深圳科技人才链环做了相应的优化提升。经过近十年的发展，深圳在高层次科技人才的吸引与发展等方面已有质的突破，但是，当前在如何对人才形成较强的黏性，实现人才资源的效能最大化，提升人才的获得感方面，仍有较大提升空间，与全球一流科创人才向往集聚地的目标还有一定距离。深圳科技人才链环仍需进一步补链、强链与延链。为此，本章在最后一节，特对美国、英国和日本的科技人才发展战略进行综合分析，为深圳提升科技人才链环的强韧性提供国际

[①] 《习近平重要讲话单行》（2021年合订本），人民出版社2022年版，第76页。

经验借鉴。

第一节 科技人才理论研究与支撑作用

全过程创新生态链作为一个生态整体,其成果转化、技术攻关、基础研究等环节,都需要相关的管理、经营、设计、创意等高端服务人才,所以人才支撑链环是一个广纳天下英才的意涵。但本章为了讨论方便,将这些人才都集合于"科技人才"这一概念下,保持前文讨论科技促进创新的逻辑连贯性,也体现将科技创新摆在经济发展核心位置的精神。本节对科技人才的内涵、分类、发展机制、发展生态等方面进行了详细的梳理,并探讨科技人才链与其他相关链条的融合及其在全过程创新生态链中的支撑作用。

一 科技人才相关概念辨析

(一) 科技人才的内涵界定

盛楠等将科技人才分为两类,一类是科技创新人才,是指长期从事原创性科学研究和技术创新活动的科技人才;另一类是科技创业人才,指利用自身所具备的知识产权或核心技术进行创业的科技人才。[1] 张国初认为所有具备大专及以上学历的劳动者,甚至是不具备大专及以上学历但从事科技相关职业、具有中级及以上职称的劳动者都属于科技人才。[2] 吴晓香从广义和狭义两个视角对科技人才进行界定,广义的科技人才泛指从事科技工作的所有人才,狭义的科技人才是指对高端科技发展做出巨大贡献的精英人才。[3]

综上,关于科技人才未能有一个统一界定。但本章从广义的角度出发,认为科技人才是指能够从事科技创新活动和相关研究工

---

[1] 盛楠、孟凡祥、姜滨、李维桢:《创新驱动战略下科技人才评价体系建设研究》,《科研管理》2016 年 S1 期。
[2] 张国初:《关于科技人才、高技能人才相关内涵的探讨》,《北京观察》2008 年第 2 期。
[3] 吴晓香:《关于科技人才培养的思考》,《安徽科技》2021 年第 4 期。

作，在生产活动中运用专业知识或技能促进技术进步和创新，对社会的发展做出一定贡献的人。并且从科技人才政策支撑角度，其对象不仅仅是传统的科研人员，而是包括在整个创新生态链里对科技向社会生产力转化起推动作用的系列群体，包括科技创业人才与高端服务人才等，都属于本章科技人才的讨论范畴。

（二）科技人才的构成分类

根据韩冰的研究，科技人才的分类模式可分为四大类：一是基于社会专业分工，将科技人才分为自然科学人才和社会科学人才；二是基于职业属性及岗位特点，将科技人才分为科研型科技人才和应用型科技人才；三是基于产业链和创新链理论，将科技人才分为科研管理人才、基础研究人才、技术研发人才、产业支撑人才；四是基于主要从事的活动，将科技人才分为科技研究人才、技术研发人才、工程开发人才、产业化支撑人才和科技公共服务人才。[①]此外，也有学者依据科技人才在经济生活中所处的层次以及在科技活动分工中所处的环节做出分类。例如，赵伟等将科技人才划分为基础研究与应用基础类科技人才、技术研发与应用类科技人才及创新创业类科技人才。[②]

本章根据科技人才在全过程创新生态链中扮演的角色，将科技人才具体划分为基础研究型、应用研究型、技术开发型、成果转化型四种类型。基础研究型科技人才为各项科技活动提供知识储备，是科技活动展开的前提。应用研究型科技人才进行科学研究活动，不断挖掘和拓展未来可用的空间。技术开发型科技人才通过开发活动对基础研究的可行性成果实行应用性转化，从而实现科技领域新的突破。成果转化型科技人才则能够实现科技的再创新、再创造。这几种不同类型的科技人才相互衔接、相互配合，贯穿科技创新工作的全过程，推动科技创新的长效发展。

（三）科技人才的发展机制

从过程角度出发，人才的发展一般包括培养、选拔、引进、激

[①] 韩冰：《科技人才分类评价研究》，https://www.cnis.ac.cn/ynbm/bzpgb/kydt/202112/t20211201_52374.html，2021年12月28日。

[②] 赵伟、包献华、屈宝强、林芬芬：《创新型科技人才分类评价指标体系构建》，《科技进步与对策》2013年第16期。

励、评价等环节，其完善与否在很大程度上会影响人才的长期发展。本章将科技人才发展体制分成引进、培养、流动、评价、激励五个机制进行讨论。通过五大环节的相互融合，形成科技人才发展的闭环系统，将助力于科技人才在创新生态链中发挥源头驱动作用。

引进环节是指通过制度、政策、服务保障等手段吸引来自世界各地的人才，满足地区或者国家在高端人才上的不足，完善科技人才结构，使整个人才链环更加强劲。培养环节是人才发展过程中的一个重要环节，能够加快人才的成长与发展。一个完善的科技人才培养机制应该是全方位的，在培养途径、培养对象、培养时限等各方面应该给予更多的灵活性。流动环节是释放和增强创新发展活力的重要引擎。形成合理公正、流畅有序的人才流动机制，可以为科技人才的跨区域、跨行业流动提供便利，为科技人才的成长与发展创造更广阔的天地。评价环节是科技人才高质量发展的动力，人才发展离不开科学全面的评价机制，科学有效、公平公正、多元开放的评价机制，能够引领科技人才的健康长效发展。激励环节是科技人才长远发展的关键，对于科技创新发展具有重要的黏合作用。有效的激励能够调动科技人才的积极性和创造性，从整体上推动创新驱动的发展。

总而言之，人才工作是一个系统性的工程，要想构建具有全球竞争力的科技创新生态，必须要在科技人才群体发展上进行顶层规划，从人才的引进、培养、流动、评价、激励环节着手推进科技人才队伍建设，形成引才聚才、育才用才的良性循环，全面强化科技人才在国家战略发展中的支撑作用。

二 科技人才的发展生态相关理论梳理

（一）科技人才的流动与集聚

当今世界，科技人才在全球范围内大规模流动已成为常态。由于科学、技术、工程等领域的专业人才长期向发达国家集聚，全球人才流动网络整体上呈现典型的"金字塔结构"特征，美国处于"金字塔尖"的地位。21世纪以来，各国都大力实施有针对性的引才政策，在一定程度上打破了传统人才单向流动的格局，显著促进了科技人才的双向循环流动。[①]

随着科技人才的大规模流动，世界各国科技人才呈现地区集聚的态势。这种集聚发展到一定程度就会产生集聚效应，给集聚地带来先行发展的优势和机会，从而推动当地经济的发展。同时还可以促进科技人才自身价值的实现，提升人才的幸福感和满意度，进而加速科技人才的进一步集聚，最终形成良性的正反馈循环。随着我国国家经济的增长，科学技术的进步及产业结构的调整升级，一些区域科技人才不断集聚，并由集聚现象逐步发展成为集聚效应。在集聚的过程中，大量高素质的科技人才聚集在一起，相互碰撞产生智慧的火花，最终形成"1+1>2"的社会效应，因此，适度的科技人才集聚是区域创新生态跃迁的一个重要前提。

（二）影响科技人才集聚的生态环境因素

一个地区的人才生态环境是吸引人才的重要因素，越来越多的国家或地区开始重视人才生态环境建设，关于科技人才发展生态环境因素研究也逐渐增加。例如，文魁、吴冬梅认为，科技人才生态环境由内部环境和外部环境共同构成。内部环境一般是指科技人才所在组织的微观环境，外部环境一般是指国家、地方政府所影响的宏观环境，包括经济、政治、文化、自然和信息五个方面。[②] 钟江顺认为人才生态环境分为经济发展情况、社会服务及保障情况、城市发展情况、科教与国民素质情况、地理位置情况、人才创业和发展保障情况六个方面。[③]

本章将从宏观生态环境的角度出发探讨影响科技人才集聚的生态环境因素。总的来说，如图6-1所示，经济发展、科技创新、文化教育、宜居环境和公共服务等宏观生态环境是影响科技人才集聚的重要因素。经济发展是影响科技人才流动进而形成科技人才集聚

[①] 魏立才、张雨晴：《新形势下世界科技人才流动规律与趋势研究》，《成才之路》2021年第3期。

[②] 文魁、吴冬梅：《北京市科技创新人才环境：实证分析与政策建议》，《北京市经济管理干部学院学报》2008年第1期。

[③] 钟江顺：《人才生态环境评价指标体系构建与测度——以浙江省为例》，《生产力研究》2014年第3期。

现象的主导性因素，对科技人才来说具有长期的决定性吸引力。[①] 科技创新是最直接的吸引力，能够引导科技人才的最终选择。而文化教育、宜居环境和公共服务等因素虽然不是吸引人才的最终因素，但是它们之间形成的相关配套政策在短期内跟不上的话，对人才的长期发展会形成"挤出"效应。

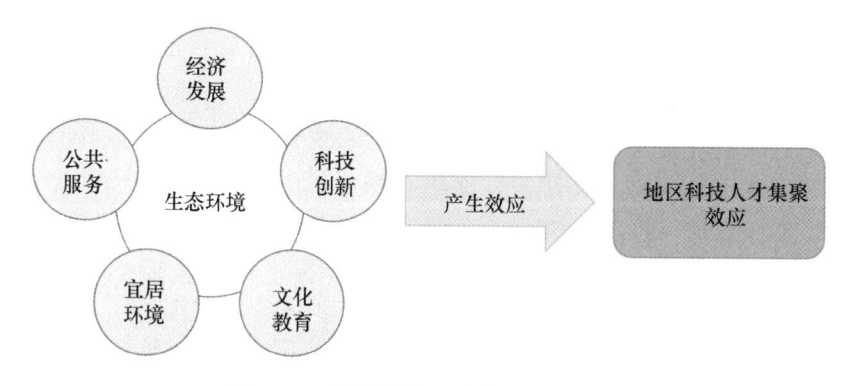

图 6-1 地区科技人才集聚效应模型

三 创新生态中人才链与其他链的融合支撑

在科技创新过程中，创新链、产业链、资金链、政策链、服务链、人才链的融合对科技人才的成长具有强大的推动力。推动以上"六链"的深度融合，有利于探索促进科技人才发展的有效路径，为科技创新发展提供雄厚智力支撑。

第一，创新链。在科技人才工作中，创新链是基础，是必须打好的根基。创新链主要是指科学技术知识经过技术创新环节实现产业化的过程，主要包括整合要素、创造研发、成果转化、产业化应用等环节。通过调动和整合人力、资金、信息和知识等创新要素，形成完整的链状体系，将科研力量与企业的市场需求有效衔接，实现知识和技术的转化、增值以及经济化。同时，围绕创新链条建立从基础研究到成果转化的科技创新平台体系，可以形成强有力的创新人才磁吸效应。将人才工作贯穿创新全链条，能够营造良好的科

[①] 李作学、张蒙：《什么样的宏观生态环境影响科技人才集聚——基于中国内地31个省份的模糊集定性比较分析》，《科技进步与对策》2022年第10期。

技创新发展生态，同时也为科技人才开展基础研究、技术攻关、创新创业等提供有力保障。

第二，产业链。一般来说，产业链是指在某一区域由龙头企业牵头，通过整合产业上下游资源形成的链条。为了实现自身长远发展，企业及其产业须在市场供需的导向下，不断改进技术，提高企业创新活力，从而有效带动产业聚集。依靠产业发展推动科技型企业、高新技术园区、孵化育成体系等创新主体高质量成长，有利于集聚更多科技人才，为科技创新的发展夯实根基。

第三，资金链。资金链是科技创新的重要支撑，是在整个产业环节过程中获取资金支持，并提供金融服务的系统性链条。一般来说，资金充沛、投融资健全的区域，往往是创新的集中地带，能够吸引创新企业的落地成长和壮大，进一步有效吸引创新人才加入，形成人才集成效应。

第四，政策链。科技人才的发展，离不开外部环境的支撑。通过明确目标任务、工作方式、行动原则等政策流程，形成政策集合效应，为科技人才的引进、培养、评价、激励保驾护航。创新链、产业链、资金链等都需要在政策的引领下，才能实现精准投向。通过政策联动，充分发挥各创新要素间的协同效应，才能实现人才链的功能最大化。

第五，服务链。科技创新的发展除了需要创新的驱动、产业的扶持、资金的注入、政策的支持、人才的支撑，还离不开良好的服务。服务链又称科技服务，是由政府相关部门、行业协会、平台类服务机构等科技创新服务相关主体组成，向高校、科研机构、企业等各类创新主体提供政策支持、人才引进、技术转移、科技咨询、知识产权、创业孵化等一站式综合性的科技服务体系。

第六，人才链。人才，既是人才链环的构成要素，也是各个链环的主体。在科技创新中，创新思维的产生、产品的研发、成果的市场投入，都需要发挥科技人才的作用。为此，"六链"融合要以提升人才张力为出发点，发挥人才链的引擎作用，才能最大限度地发挥科技创新过程中各链条的实际效果。

基于以上分析，"六链"融合要发挥各链条优势，打通各链条间的连通壁垒,实现优势互补,以求提升科技创新能力。通过战略引导,以产业链集聚人才链,以人才链引领创新链,以创新链提升产业链,以政策链和服务链为"两翼",并配备最优资金链,最终实现创新链、产业链、资金链、政策链、服务链、人才链"六链"闭环融合发展(见图6-2)。"六链"的发展将推动科技人才群体创新活力的爆发,并强化科技人才在全过程创新生态链中的支撑作用。

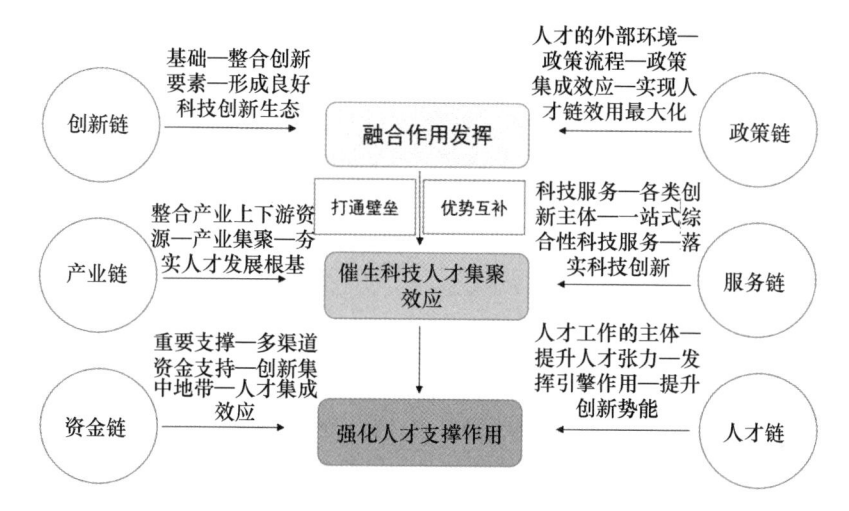

图 6-2 创新链、产业链、资金链、政策链、服务链、人才链"六链"融合

第二节 深圳科技人才队伍的发展 壮大与集聚融合

人才,一直是深圳科技创新发展的主题,深圳的发展很大程度上得益于科技人才队伍的逐步壮大与集聚。深圳特区成立之初,科技力量十分薄弱,是一片"人才荒地",全市最早只有1名工程师。20世纪八九十年代,大批人才从内地涌入深圳打拼,被喻为"孔雀

东南飞"。21世纪的头十年,深圳科技人才队伍的规模和层次已经发生了质的飞跃,深圳从"人才荒地"发展成为"人才旺地",成为国内首屈一指的科技人才集聚之地。

一 党的十八大之前深圳科技人才队伍建设历程

伴随着特区改革开放的步伐,深圳的人才政策和体制机制不断深化革新,广聚天下英才而用之。科技人才作为科技创新的重要驱动者,在深圳经济特区的发展过程中发挥着关键性的作用。总体来说,深圳科技人才队伍建设逐渐呈现从简单劳工型向高层次复合型的转变,大致可以分为三个发展阶段(见表6-1)。

表6-1 深圳三个发展阶段的人才要求

发展阶段	产业模式	增长方式	增长动力	人才要求
1979—1992年	劳动密集型产业为主	粗放式	劳动和资本驱动	劳动生产工人
1993—2002年	先进制造业和高新技术产业	粗放式向集约化过渡	技术和资本驱动	技术工人和高技术工人
2003—2012年	高新技术产业、战略性新兴产业、现代服务业	集约化增长	技术、资本和创新驱动	高层次复合型人才

注:王苏生、陈博:《深圳科技创新之路》,中国社会科学出版社2018年版,第132页。

(一)科技人才队伍"起步"

1978年党的十一届三中全会召开后,深圳作为改革开放的四个特区之一,肩负着改革与发展的重大使命。中央政府希望深圳走出一条独特鲜活的改革之路,在全国范围内形成示范。在国家和城市发展的要求下,人才的需求非常迫切,被摆在首要地位。

在这一阶段,为了适应城市的人才需要,深圳在全国较早成立市人才工作领导小组,专设人才工作局作为专职部门。当时注重从全国各地吸引人才,不断创新人才引进渠道,探索适应时代的用人机制。如深圳在全国率先试行劳动合同制,对全国劳动用工制度改革起了探路作用。为培养科技人才,深圳建设了第一所高校——深圳大学。还率先改革劳动分配制度,实行结构工资制等。随着公平开放的人才竞争空间的建立,深圳灵活和宽松的用人机制吸引了一大批人才,使这一阶段的特区人才数量呈现爆发式增长。截至1990年,深圳累计引进国外技术专家26801人,有27名留学回国人员来深圳工作,截至1992年年底,深圳引入技术人才约25万人,吸收应届高校毕业生约8万人。

(二)科技人才队伍"起跑"

科技人才队伍建设在这一阶段开始由"起步"转向"起跑",市场化改革也逐渐走向深入。在这一阶段,人才的发展方向开始向如何吸引和留住高水平技术人才群体转变。此时,华为、大疆、中兴等高新技术企业快速兴起,市场配置科技人才的重要性日益突出。

此阶段,深圳在用人的思想观念、体制机制、实际工作等方面走在全国前列。如深圳对公务员制度不断深化改革,率先试点公务员考试制度,因才录用,吸引一大批科研人员来深圳建设。率先推行全员劳动合同制,打破了干部之间的身份界限,促进了企业用人自主化及人才的合理流通和公平竞争,是企业市场化经营体制转变的关键一步。率先改革推动人才流向企业,突破人才体制限制,支持民营企业。例如批给华为人事计划的单列权,确保华为的人才需求。同时,大量引进高校毕业生,加快高素质人才向企业的流动,促进深圳企业发展和产业升级。加强对高端技术人才的培养,先后建立了高等职业技术学院、高级技工学校等高技能人才的培养基地,并与国内外大学共建虚拟大学以加速高端人才的集聚。截至2001年,深圳共认定高新技术产业314家,其中90%的科技人才集中在企业,这一年全市专利申请量达6033件,科技创新能力大幅提升。在这一阶段,得益于完备的市场配置人力资源,深圳人才交流规模不断扩大。

（三）科技人才队伍"壮大"

进入 21 世纪，深圳转向创新和高质量发展阶段，高新技术产业迅速发展，对人才的需求发生了根本性变化，从制造端的"招工潮"转向重点吸纳国内外高层次科创人才。2002 年，深圳开始实施《关于引进国内人才来深工作的若干规定》，这是引才重点的一个标志性转变。

这一时期，为进一步吸引和留住优秀科技人才，深圳在"人才强市"战略下，通过借鉴其他地区人才政策的经验，不断突破政策限制，综合性地提出了个性化引才机制，在全国引起强烈反响。从 2005 年开始，深圳对原有的人才政策进行了系统性修订，针对性地出台了一系列新的人才扶持政策。例如，针对科技人才队伍建设中存在的问题，2008 年深圳制定了首个加强高层次专业人才队伍建设的"1+6"文件，包括创新引进使用政策、加强载体建设、加大培养力度、健全激励和保障机制四个方面，瞄准住房、子女入学、配偶就业等一系列痛点，为高层次人才的工作和生活提供适宜环境。2010 年年底全市两院院士 21 人，广东省科技领军人才 4 人，"百千万人才工程"国家级人选 16 人，国家有突出贡献的中青年科技专家 34 人，高层次科技人才总量达到 1796 人。在这一阶段，深圳的科技人才队伍进一步壮大，科技人才结构不断优化和完善，形成了一个高层次人才聚集小高峰。

二 深圳科技人才队伍集聚融合的总体态势

（一）科技人才规模逐渐扩大

纵观深圳的发展史不难发现，对人才的渴求与重视从未改变。在短短三十多年的发展历程中，深圳通过制定一系列人才引进优惠政策、不断优化人才服务保障、建设人才集聚载体等举措，积极吸引和支持高层次人才落户深圳。到了 21 世纪头十年，深圳的科技人才队伍已经颇具规模。截至 2012 年，深圳 R&D 人员[①]达到 218090

[①] 即从事基础研究、应用研究和试验发展这三类活动的人员。

万人，占全省的 34.7%，R&D 人员折合全时当量①为 192584 人年，在人员投入上处于全国领先地位，整体呈现不断增长的趋势（见图 6-3）。由于深圳拥有华为、中兴等领军型高新技术企业，其工业企业 R&D 人员的投入量占比一直维持高位水平。据不完全统计，截至 2012 年，深圳各类人才总量达到 400 万人，各类专业技术人员 115.66 万人，其中具有中级技术职称及以上的专业技术人员 37.63 万人，科技研发人员超过 30 万人，引进海归人才总数突破 4 万人。

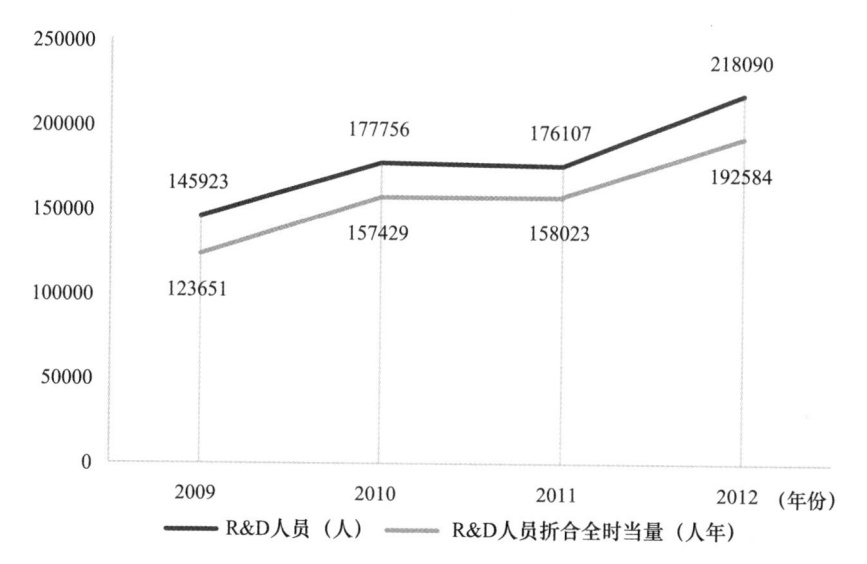

图 6-3 2009—2012 年 R&D 人员及折合全时当量情况

资料来源：深圳市统计局。

（二）科技人才结构不断优化

深圳从 20 世纪 90 年代中后期开始，重点发展高新技术产业，并成为深圳经济发展的长期动力。随着深圳向高新技术产业成功转型，对人才的重点需求也随之向高层次复合型人才转变。截至 2000 年年底，深圳引进 5 名院士，全市开发、生产高新技术产业的企业

---

① 即全年 90% 以上工作时间从事 R&D 活动的人员的工作量与非全时人员按实际工作时间折算的工作量之和。

年末职工总数达到20.62万人,其中高新技术企业年末职工总数约13.85万人;全市从事高新技术产品研发的科技人员约3.34万人,其中高新技术企业从事技术开发人员约2.54万人。2008年国际金融危机后,深圳开始谋划布局战略性新兴产业,急需大量的高端科技人才。可以说,随着产业结构的调整升级,深圳的科技人才结构也随之不断优化。自2008年9月开始,深圳在全国率先发布高层次专业人才认定标准。截至2011年,高层次专业人才"1+5"计划取得了显著的成效,已累计认定1847名高层次专业人才,其中国家级领军人才116人[①]。这一阶段的深圳正处于产业转型升级的关键时期,深圳继续坚持"人才立市"战略不动摇,重点引进高层次创新创业人才,特别是领军型人才,科技人才结构持续优化。

(三)科技人才质量显著提升

深圳围绕引进、培养、评价、激励等环节,逐步建立健全与人才相关的服务保障体系,吸引了一大批高质量人才在深圳落地。2011年5月,深圳正式启动了"孔雀计划",即人才和团队的引进工作。截至2011年年底,首批被认定为深圳"孔雀计划"的海外高层次人才有61人,其中博士55名,占总数的90.2%,部分还拥有国际发明专利,或拥有核心技术国内发明专利。他们从事的领域新且前沿,申报的项目都是当前国际上的热点和难点技术领域,如计算机、半导体、人工智能等,研究水平超半数处于国际先进水平。

根据发布的《2011中国创新城市评价分析》,深圳的"人才实力"与"创新产出"两项指标位居第一。2012年,深圳专利申请总量73130件,增长15.1%;专利授权量48662件,增长23.6%;PCT国际专利申请量8024件,这些指标都居全省第一,且连续八年居全国第一,并呈现整体上升的趋势(见图6-4)。深圳自主创新成绩瞩目的背后,离不开"人才"这个重要的要素,以及深圳在发展过程中不断积累起来的科技人才优势。

---

① 张国锋:《深圳:引进逾百国家级领军人才》,《人才资源开发》2011年第7期。

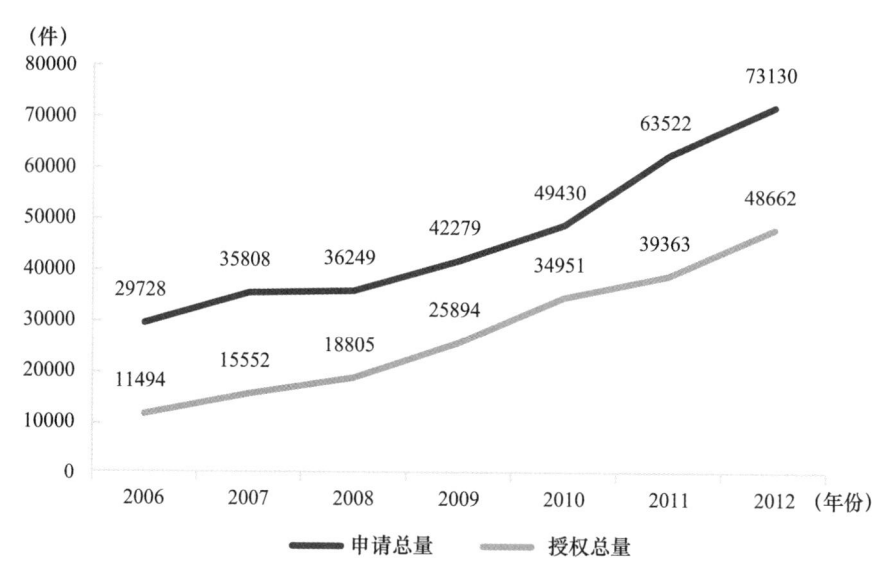

图 6-4 2006—2021 年深圳市专利申请授权情况

资料来源：深圳市统计局。

第三节 这十年深圳科技人才发展生态的优化提升

党的十八大以来，深圳新引进各类人才超过 187 万人，各类人才总数超 600 万人，新增认定国内外高层次人才 4278 人，引进落户各类人才 25.6 万人，全市在站博士后 5137 人，深圳成为名副其实的极具创新力和吸引力的人才之城。深圳的人才发展由单项比较优势向综合环境优势转变，人才集聚态势由"孔雀东南飞"向"全球英才聚鹏城"转变，在科技人才链环上更具韧性，这很大程度上得益于深圳科技人才发展体制机制的不断优化改进。

一 科技人才引进力度加大为创新链注入持续动力

随着高科技产业的蓬勃发展，深圳日益成为青年人才创新创业的"追梦地"。这也得益于这十年在人才强国战略下，深圳对人才引进工作的高度重视、对人才发展空间的持续优化以及人才优惠政策的陆续出台。据 2021 年不完全统计，深圳新引进人才 22.91 万人。深圳人才吸引力指数常年保持在全国前列，体现了深圳对相关人才的较强吸引力（见表 6-2）。

表 6-2　　　　2019—2020 年最具人才吸引力城市前十

序号	2019 年	2020 年	2021 年
1	上海	北京	北京
2	深圳	杭州	上海
3	北京	上海	深圳
4	广州	深圳	广州
5	杭州	广州	杭州
6	南京	南京	成都
7	成都	苏州	苏州
8	济南	成都	南京
9	苏州	宁波	武汉
10	天津	长沙	长沙

资料来源：智联招聘。

（一）筑巢引凤，各类人才落地的载体不断夯实

为了吸引和留住来自国内外的高端人才，深圳不断夯实人才落地的各类载体，提升人才平台的承载能力，努力打造国际水平的创新载体平台，吸引海内外人才集聚深圳。

近十年来，深圳的创新载体不断增加，创新载体总量实现了翻一番（见图 6-5）。目前，深圳拥有国家、省、市级重点实验室、科研机构、企业技术中心等各类创新创业载体超过 3000 家，包括鹏城实验室、深圳湾实验室、光明科学城、大湾区综合性国家科学中心、河套深港科技创新合作区、诺贝尔奖（图灵奖）实验室等，吸引了一大批顶尖的人才和团队来深圳发展，为科技人才集聚搭建了创新创业的重要平台。

在深圳，约三分之二的世界 500 强企业来此落户，本土诞生了华为、万科、平安等世界 500 强企业，有大族激光、大疆、比亚迪

等一大批本土成长的名企，成长型企业、创新型企业更是随处可见。截至2020年，深圳每千人拥有商事主体253户，企业159户，商事主体总量和创业密度居全国大中城市首位（见图6-5）。深圳展示了强劲的发展势头，企业对人才的需求越发广泛，为人才提供了广阔的发展空间。

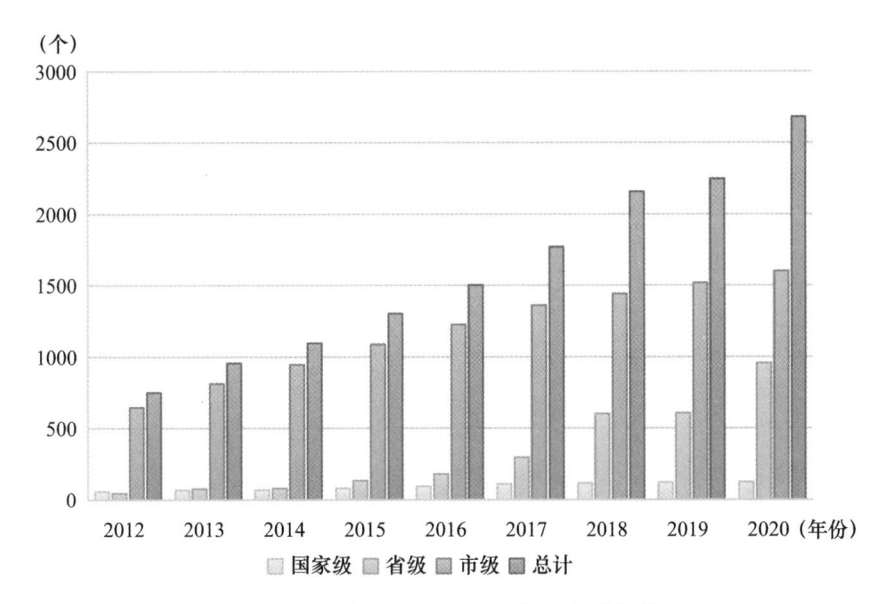

图6-5 深圳市2012—2020年创新载体情况

资料来源：深圳市统计局。

通过促进深圳与海内外一流大学、科研机构的交流合作，以及举办全球招商大会、中国国际高新技术成果交易会、中国国际人才交流大会等科技交流活动，深圳吸引了一大批世界各地优秀人才来深圳进行创新创业，以国际交流活动、比赛等招揽和集聚人才的良好局面逐渐形成。

（二）开放包容，海外高端人才不断聚集

深圳在海外人才的引进方面起步较早，前期积累了一定的人才优势。特别是这十年，深圳陆续加大对海外人才的引进力度，吸引了一大批海外高端人员来深圳工作。2020年7月，科技部发布《科技部办公厅关于下放高端人才确认函审发权限的通知》，正式赋予深圳外国高端人才确认函审发权限。借此东风，2021年，深圳印发了《深圳市外籍"高精尖缺"人才认定标准（试行）》，强调注重衔接国内外先进标准，结合深圳实际的发展需要，引进更多具有国际一流水平的科技领军人才、顶尖科学家、青年科技人才等。这一系列措施，为海外高端人才来深圳创新创业和生产生活提供了极大的便利。从近几年的海外归国人员去向城市的统计来看（见图6-6），北京对人才的吸引力保持上升，上海对海外归国人才的吸引力虽然有所下降，但仍然保持着绝对的吸纳人才优势。深圳对海外归国人才的吸引力紧随北京、上海，且后劲充足，成为海外人才去向的热门工作地。

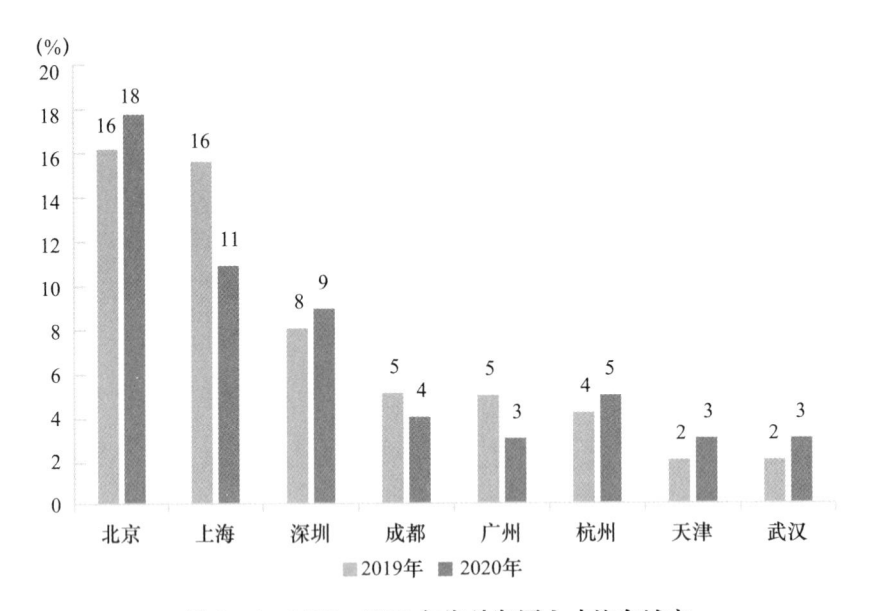

图6-6 2019—2020年海外归国人才流向城市

资料来源：智联招聘。

（三）因势而变，人才引进政策持续发力

在人才引进方面，深圳一直走在全国前列。近几年先后出台了《深圳经济特区人才工作条例》《关于促进人才优先发展的若干措施》及"鹏城英才计划"等一系列人才政策法规，为吸引大批国内外创新人才来深圳工作提供坚实的政策支撑。截至2021年，深圳高层次人才总数超 2 万人,留学回国人员近 17 万人。

2011 年 4 月,深圳启动"孔雀计划",大规模、大手笔、成体系地引进海外高层次人才。自 2011 年推出起,深圳"孔雀计划"认定标准修订了三次,截至 2021 年,A 类、B 类、C 类"孔雀人才"的奖励补贴金额分别为 300 万元、200 万元和 160 万元,按五年任期分次发放。2020 年 11 月,在第二十二届高交会上,深圳表明将推动"鹏城孔雀计划"升级改版,以更大力度引进和培育世界顶尖创新人才,让全球人才齐聚深圳。

总之,得益于深圳的创新生态、载体建设、人才引进政策等,深圳"高精尖缺"人才持续会聚,人才链更具韧性,为创新链提供了持续的动力,深圳的创新势能越发强劲。同时也要深刻地认识到,深圳的科技人才引进不论是数量还是质量,都与北京、上海存在相当差距。尤其在吸引战略科学家、学术领军人才以及高水平创新团队方面还有较大的空间,必须完善创新人才引进渠道和方式,提升深圳的人才吸引力,不断引进和留住高端的科技人才。

二 科技人才多元化培养体系下人才链环更具韧性

近十年来,深圳为了适应城市产业发展需求,形成具有竞争力的高端人才队伍,不断加大力度引进高层次科技人才,在高层次人才引进方面成绩显著。但是,深圳发展不能一直依赖人才引进,还要学会自己培养人才,为深圳科技创新提供阶梯式的人才支撑。尤其是近些年来全球人才"抢夺战"越来越激烈,国内也受到"新一线"城市的强力竞争,越发重视对科技人才的"本土"培养。

(一)实施深圳人才培养支持计划

围绕做好人才培养开发,深圳全方位加大人才发展体制机制改革力度。为深圳科技创新发展和基础科学研究提供不同层次的人才支撑,深圳相继出台了《关于实施"鹏城英才计划"的意见》《深圳市关于加强基础科学研究的实施办法》《深圳市科技计划项目管理办法》《深圳市科技研发资金管理办法》《深圳市优秀科技创新人才培养项目管理办法》等规定,如表 6-3 所示。

表 6-3　党的十八大以来深圳关于人才培养的相关文件

年份	文件名称	主要内容
2018年8月	《关于实施"鹏城英才计划"的意见》	一是高标准实施重点领域人才培养专项，包括杰出人才、基础研究人才、核心技术研发人员等15类人才在内的培养专项；二是高质量打造人才培养聚集平台，包括前瞻布局重大科技基础设施集群、着力建设源头创新平台、加快培育新型科研机构等；三是全周期给予人才创新创业激励，加大对科技研发、创业等的扶持和激励力度；四是全链条深化人才发展体制机制改革，包括推动人才管理部门简政放权、创新人才评价机制等；五是全方位营造更具吸引力的人才发展环境，包括强化人才法治保障、加大安居保障力度等
2018年12月	《深圳市关于加强基础科学研究的实施办法》	以打造新时代一流创新人才为目标，建立成长型的人才激励体系。按照科技人才成长路径，从博士、优秀青年、杰出青年设置了梯度支持项目，切实增强潜心基础研究的获得感，造就一批新时代创新人才
2019年7月	《深圳市科技研发资金管理办法》	进一步简政放权，激发科创活力，加强事中事后监督，防范财政资金风险，从而赋予科研人员更大的人财物自主支配权
2021年3月	《深圳市优秀科技创新人才培养项目管理办法》	一是分层次阶梯式培养，为国家输送青年人才后备队，如对申报人年龄进行优化调整；二是简化申请审批手续，优化项目审核流程，如采取举荐制；三是调整项目资助强度，打造人才精准资助模式，如适当提高博士启动项目资助金额；四是规范项目过程管理，强化个人监督和服务

资料来源：深圳市人民政府、深圳市人力资源和社会保障局。

（二）构建创新创业人才成长扶持体系

对于符合深圳创新驱动和产业发展的企业，政府会给予资金引导和政策支持，鼓励企业加强内部在岗培训，逐渐构建起学校教育、企业培训、职业培训等有机结合的多层次产业人才培养体系。支持企业与高校合作成立特色学院、建立特色专业，定向委培城市产业发展所需要人才。同时，对于深圳人才创新创业活动给予大力支持和鼓励，充分发挥高新技术产业开发区、创业服务中心、留学生创业园等造就人才、孵化项目、培育企业的功能，搭建资本与项目、企业与人才等多种创新创业要素的对接，促进科技创新、创业的资本运作以及人才集聚。

（三）加强"本土"创新人才教育体系建设

一个时期以来，全国各地都在开展"抢人大战"，但光靠"拿来主义"，是不可持续的，只有建立自己的具有竞争力的培养体系和生态，才能持续地满足城市发展的需要。深圳越来越意识到教育在人才培养中的重要作用，坚持教育优先发展，奋力探索科技创新人才培养的深圳路径，为深圳的创新驱动发展注入新鲜的活力（见图6-7）。

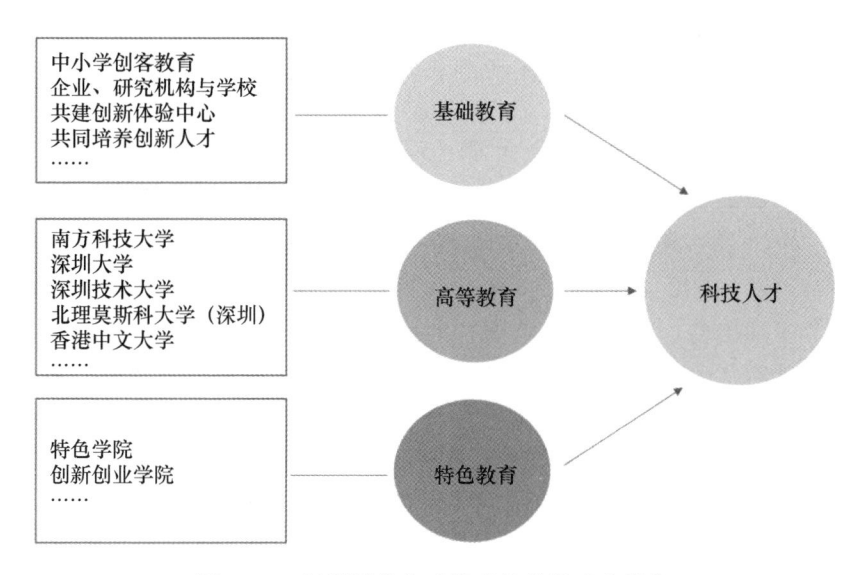

图6-7　深圳科技人才教育培养模式全链条

1. 创新基础教育人才培养模式

近年来，作为"创新之都"的深圳为了回应"钱学森之问"，在基础教育阶段进行了一系列探索。作为首批国家级课程改革试验区，深圳积极践行"德育为先、能力为重、全面育人"的理念，形成了以课程创新推动学生综合素养培养的深圳路径。培养创新型人才是一项系统工程，为此，深圳市教育局印发了《深圳中小学创客教育课程建设指南》《深圳中小学创客实践室建设指南》等一系列文件，从环境、课程、教师队伍等多方面协同推进。这一系列举措极大地激发了学生们的研究和创新意识，在近些年的各类国内外创新类比赛中，深圳学生屡获佳绩。与此同时，走进深圳校园，你会发现华为、腾讯、比亚迪等一批知名企业和研究机构与学校共建的创新体验中心，这些创新体验中心通过与企业或者机构在师资、课程、硬件等方面的合作，共同培养拔尖创新人才。在深圳市教育部门的大力支持和鼓励下，深圳越来越多的中小学"敞开大门"，依托深圳的创新型企业集群和优质社会资源的优势，为科技创新人才的成长成才创造更多更大的平台和良好的生态环境。

2. 积极探索高等教育创新人才培养之路

高等教育的水平往往决定一个城市的竞争力能达到何种程度。深圳已经建成南方科技大学、深圳大学、深圳技术大学、北理莫斯科大学（深圳）、香港中文大学（深圳）等众多高校，为高端人才的培养创建了更广阔的平台。

2022年，南方科技大学入选"双一流"，这也是深圳第一所"双一流"高校。创办仅10年的南方科技大学，瞄准人才培养关键环节主动出击，走出了一条独特的创新人才培养之路。明确提出创知、创新、创业办学特色的南方科技大学，招生不唯分数论，实行"631"综合评价录取选拔模式，挑选具有学科特长和创新潜质的优质学生，学校专门设立创新创业学院，培养创新型高端科技人才。还为学生的创新创业提供诸多支持，如开办一系列创新创业课堂，举办创新创业大赛，建设创新创业工作室，并配有创业导师指导、支持、服务学生的创新创业活动。

深圳大学作为全国深化创新创业教育改革示范高校，一直坚持创新创业的人才培养特色，培养出了马化腾、史玉柱、李书福等诸多知名的企业家。围绕创新人才发展规律，深圳大学积极构建"通识教育、专业培养、特色发展"三位一体的人才培养体系，设计了学术研究创新班、复合人才培养班、创业精英培育班等一系列特色班，培养复合型创新型一流人才。同时还搭建了深港大学生创新创业基地、创业者联盟等"梦想加油站",每年投入1000万元支持学生创新创业。目前,深圳大学已经孵化了学生企业300多家,千万以上规模企业30多家,其中市值亿元企业有5家。事实上,这些高校只是深圳积极探索创新人才培养模式的代表。随着近些年深圳大力支持高等教育发展,高等教育的规模和质量都有所提升,深圳的高等教育生态圈初具形态,未来对深圳创新驱动发展的支撑作用将会更加明显。

3. 特色教育人才培养范式

为了适应城市发展重大需求,深圳重点发展高新技术产业、现代服务业、战略性新兴产业等需要的特色学院。2012年4月特色学院建设与创新人才培养研讨会在深圳召开,提出建设产学研用相结合的特色学院,是促进深圳高等教育跨越式发展、打造战略性新兴产业重要基地、增强深圳城市创新能力、促进发展方式转变的有效途径。特色学院可以充分依托深圳高新科技产业发达的本土优势及国内外高校、科研机构的学术优势,积极推动协同创新,培育满足深圳发展需求的国际化一流创新人才,为深圳建设国家创新型城市和全球化大都市提供人才支持和智力支撑。

为了增强深圳高端创新创业人才培养和辐射能力,构建满足先行示范区建设需求的拔尖创新人才培养能力,推动实现更多"从0到1"的突破,深圳探索建立全新的深圳创新创业学院机制,打造中国的"卡文迪什实验室",以培养更多的科技创新人才。深圳创新创业学院设了六大创新人才塑造机制,如以问题为导向的全新人才培养体系;以需求为导向的"新工科"全新教育体系;独立相容的新品类教育模式全新集群;兼容现有高等教育招生体系的全新选才机制;探索向中小学延伸的全新早期选培机制等。这六大"创新塑造"全新机制构成了"政府引导、多方参与"的全新教育——创新闭环生态。

深圳创新创业学院还设立了深圳零一学院和深圳科创学院两个独立运作学院来践行以上理念。零一学院以人的无限潜力为出发点,打破基础教育、高等教育、学术研究、产业实践之间的壁垒,致力于探索全球领先的拔尖创新人才培养范式①。深圳科创学院则致力于以人才为抓手，培育科技创新企业，全力打造人才培养、创新项目孵化的创新生态系统。

三 科技人才配套服务系统完善下人才发展生态不断优化

这十年，深圳不断完善人才配套服务体系，优化人才发展生态，如2008年深圳市政府出台了《深圳市高层次专业人才认定办法》《深圳市高层次专业人才住房解决办法（试行）》《深圳市高层次专业人才子女入学解决办法（试行）》等一系列政策。深圳集中在人才安居、教育医疗、文化服务等方面，为高层次创新人才提供配套服务，切实解决人才后顾之忧。

（一）多元人才安居计划的实施

深圳不断完善"4+2+2+2"住房供应与保障体系，投入1000亿元，设立人才安居集团，专责筹集建设人才住房，统筹解决各类人才的住房问题。对于符合深圳产业发展的各类人才，尤其是紧缺人才，可以按规定享受一定的住房优惠。对于"高精尖缺"人才，持续提供高品质的人才住房，实行一定年限内的人才住房封闭流转，在人才租售方面加大优惠力度。到2020年，已累计供应人才配租（售）房近10万套，发放住房补贴约24亿，为将近47万的人才及家庭成员提供住房保障。

（二）优质教育医疗资源的供给

高标准办好学前教育，加大公办义务教育学位供给，处理好人才子女入学问题。在国际化程度较高的区域，也就是国际化人才和企业集聚较为集中的地方，配置具有国际水平的医院，为国际人才提供预约服务、外语服务等良好就医服务。此外，特聘岗位奖励每年在基础教育、医疗卫生这两个领域的经费投入，都不低于当年特聘岗位经费总额的20%，进一步扩大优质教育医疗资源供给②。

---

① 孔明：《深爱人才，圳等您来》，http://sz.cnr.cn/gstjsz/20211002/t20211002_525622179.shtml，2022年5月27日。
② 杨丽萍：《深圳未来5年将引逾百万青年人才》，http://www.sz.gov.cn/cn/xxgk/zfxxgj/zwdt/content/post_8805150.html，2022年6月5日。

（三）尊重人才的文化氛围浓厚

为了让人才有归属感，深圳出台深圳经济特区人才工作条例，颁发鹏城杰出人才奖、创新人才奖，设立人才荣誉和奖励制度，让人才在收获名誉的同时还能获得利益。以立法形式将每年11月1日确立为人才日，并设立全国首个人才主题公园，使人才有归属感，营造出爱才敬才、引才聚才、用才成才的浓厚氛围，体现了深圳这座城市对人才的最大尊重。

此外，深圳还发放高层次人才可享受礼遇，开通绿色通道的"鹏城优才卡"，为人才提供创新创业、生活保障等各方面服务；设立总规模100亿元的市人才创新创业基金和首期规模50亿元的天使投资引导基金，2020年投资引导规模增至百亿元；2016年在全国首创设立人才研修院，为人才提供培训、体检、疗养等服务，共举办人才研修活动362场，高层次人才约1万人参加，在高层次人才中逐渐形成了品牌效应；在全国率先开展新引进人才"秒批"改革，2018年以来"秒批"新引进各类人才超过58万人，数据化的审批方式，为人才节省了大量的时间。这一系列措施，都体现了深圳"爱才、惜才"的城市温度。

总之，作为一座移民城市，深圳的奇迹离不开人才要素，深圳创新驱动的发展更得益于科技人才队伍的不断壮大。近些年来，为了适应城市发展战略，引进和留住更多的人才，深圳为各类人才提供全周期服务，人才的幸福感和获得感得到满足，越来越多的高端人才齐聚深圳。

四 科技人才评价制度改革不断深化下人才活力有效激发

激发人才的创新活力，需要坚持对人才发展机制的改革创新，其中，人才评价制度改革是一个关键环节。深圳，以改革激发人才活力的做法有很多走在全国前列。近年来，深圳着力破除"四唯"，突出用人主体作用和市场激励导向，由"以帽取人"转向"以岗择人"，不断深化科技人才评价制度改革。

（一）重构人才分类评价体系

为了提升人才评价的完整性和科学性，深圳率先重构人才政策体系，改进人才评价方式，对从事基础研究、应用研究、关键技术研究、成果转化等不同活动的人才建立分类评价制度。

同时，推行简政放权，全市取消、转移、下放129项与人才相关的市级行政职权。通过给予用人单位、企业充分的自主权，构建以"能力+业绩"为导向的人才评价体系，坚持市场化方向，有效激励人才投身科技创新活动。例如，在深圳华大基因等企业单位开展职称自主评审试点，服务实体经济发展和产业结构优化升级。

在评价标准方面，注重评价指标权重的合理性，从不同系列、不同专业、不同层级出发，制定定性与定量评价相结合，涵盖品德、知识、能力、贡献等要素的人才评价标准；在评价方式方面，按照社会和业内认可的要求，简化人才评价材料流程，丰富人才评价手段。同时，通过优化拓展职称评审专业项目，满足重点专业、新兴领域专业技术人才评价需求。

(二) 建立实施"特聘岗位"制度

深圳突出以事择人，赋予用人主体更大自主权，支持其设立"特聘岗位。"特聘岗位"制度可以为科技领域的"高精尖缺"人才发展提供有力支持。根据事业发展需要和专业领域特点，用人单位通过特聘岗位设置，根据需求精准引才。

此外，为了破除"只进不出""低效引才"等突出问题，"特聘岗位"制度还强调"全周期管理"，建立健全人才退出机制。比如，事前通过设置特聘岗位评聘的"门槛"，明确各单位每年用于新引进人才的特聘岗位比例，对人才结构和质量重重把关；事中通过建立严格的考核、绩效评估及经费管理等制度，加强对用人单位和人才的规范管理；事后根据考核评估情况，对用人单位的引才经费进行适当调整，有效提高引才的实际效果。

深圳的人才评价制度不断优化，但人才评价环节还存在诸多问题。要想激发各类科技人才的发展活力，促进科技人才的可持续发展，必须进一步深化科技人才评价制度改革，建立完善的人才分类评价制度。

五　科技人才激励相容机制下创新效益日益明显

这十年深圳创新生态的提升的一个重要标志就是高层次科技人

才的流入与集聚，这在很大程度上得益于深圳对科技人才在物质和精神上的有效激励，形成虹吸效应。

(一) 科技人才激励政策引领人才发展

党的十八大以来，深圳科技创新加速，逐渐从"跟跑"向"并跑""领跑"转变，对于科技人才的需求不断增大。为了进一步促进人才的长效发展，深圳陆续颁发了一系列科技人才激励相关政策（见表6-4），不断激发科技人才的创新力、创造力和鲜活力，引领国家重大科技和关键领域实现跨越式发展。

表6-4 2011—2020年深圳科技人才激励相关政策（部分）

时间	政策/文件名称	主要激励措施	激励对象
2011年	《关于印发深圳市产业发展与创新人才奖暂行办法的通知》	设立深圳市产业发展与创新人才奖，奖励在产业发展与自主创新方面做出突出贡献的创新型人才	企业高管、总部型企业中高管、特殊高端专业人才
2011年	《深圳市人才安居暂行办法》	提供公共租赁住房，享受租房补贴、购房优惠政策。人才安居采取实物配置和货币补贴两种方式实施	符合深圳市认定标准的人才与杰出人才
2012年	《深圳市科学技术奖励办法》	设立市科学技术奖，包括市长奖、自然科学奖、技术发明奖、科技进步奖、青年科技奖、专利奖、标准奖，奖励在科技创新过程中具有突出贡献的组织或自然人	在科学技术前沿、科技成果转化、基础研究、技术发明等方面具有重大发现或卓越贡献的组织或自然人
2016年	《深圳市博士后资助资金管理办法》	对在深圳市流动站、工作站、创新基地以及其他单位从事博士后研究工作的人员进行资金资助	博士后科研流动站、博士后科研工作（分）站、博士后创新实践基地以及在站、出站博士后

续表

时间	政策/文件名称	主要激励措施	激励对象
2017年	《深圳经济特区人才工作条例》	注重加大对用人单位和人才的物质奖励和精神激励，包括对高层次人才进行资助补贴、明确科研人员成果转化的奖励和报酬、建立人才荣誉和奖励制度，对有重大贡献的各类人才授予荣誉称号、设立"人才伯乐奖"等	在人才培养、引进过程中具有突出贡献的单位和个人

资料来源：深圳市政府、深圳市科技创新委员会。

(二) 注重对用人单位和人才的物质和精神激励平衡

近些年来，深圳越来越注重对科技人才在物质和精神上的双重激励，充分体现人才价值，激发人才活力，体现出了深圳对于科技人才的重视。

在物质激励方面，不断完善鹏城杰出人才认定办法，加大支持力度，给予每人100万元经费支持。支持深圳科技人才参加本行业本专业国际或国家最高荣誉奖项评选，对于获得奖项的人才给予10万—50万元的奖励，符合条件的还可以认定为深圳高层次人才并享受相关待遇。同时，完善市长奖、技术发明奖、青年科技奖、专利奖等奖励颁发。市政府每年安排专项资金不少于10亿元，对在产业发展与自主创新方面做出贡献的人才给予奖励。

在精神激励方面，深圳明确每年的11月1日为"深圳人才日"，并打造人才主题公园和人才星光大道，以建立长期性人才激励阵地。同时，建立特区勋章和荣誉制度，对有卓越贡献和重大贡献的杰出人才，可以提请授予深圳经济特区勋章或荣誉称号。并设立"人才伯乐奖"，对深圳在人才培养、引进过程中做出贡献的单位和个人给予表彰和奖励。

总体来说，这十年深圳的科技人才规模明显壮大，截至2018年年底，深圳海外高层次人才"孔雀计划"累计引进4304人，高层次创新创业团队共143个，科技人才集聚创新平台成立64个，科技人才总量也达到了200多万人次。深圳市科学技术协会计算表示，深圳科技人才数量与深圳常住人口总数按照比例来算，每10个深圳市民当中，就有1.5个是科技工作者。根据《深圳统计年鉴（2020）》显示，2019年深圳R&D人员数量约13.28万人。深圳科技人才数量迅速增长的背后，终究得益于深圳对科技人才的引进、培养、服务、评价、激励等各环节的不断探索，其科技人才"强磁场"效应正在凸显。

第四节　深圳成为全球一流科创人才向往集聚地的短板所在

经过近十年的发展，深圳在科技人才改革方面逐步走向成熟，积累了丰富的经验，也取得了良好的成效。然而，当前深圳在科技人才链环节还存在科技人才综合吸引力有待提升、科技人才发展机制不畅和科技人才配套政策滞后等问题，这是深圳成为全球一流科技创新人才向往聚集地亟待补齐的短板。

一　对科技人才的综合吸引力以及持续黏性有待提升

之前一个时期，深圳的人才发展模式被评论为过于"拿来主义"，与北京、上海、广州等高校集聚城市相比，对外依赖性较强。但是，面对逆全球化倾向、国际人才引进难度大、国内地区间同质化竞争激烈等诸多挑战，加上房价的高企、教育医疗资源相对缺乏、创新载体承载力不足等不利因素，深圳对于人才尤其是高层次人才的综合吸引力有所下降，使高层次人才引进效果无法适应创新驱动和产业发展的需要，亟须强化综合吸引力，提升对人才的持久黏性。

（一）地区间人才同质化竞争日益激烈

在全球竞争愈演愈烈的情况下，争夺资源的压力越来越大，群聚效应也会越来越强。如果一个地方无法保持持续充足的吸引力和竞争力，就会在全球竞争中失去发展优势，甚至被抛下。面对这种情况，国内各大城市都意识到科技人才对于地区经济发展的重要性，纷纷推出各类揽才政策。理论上谁提出最优厚的条件，谁就会在竞争中抢占先机。但在实践中，各地引人政策和激励手段存在严重同质化现象，重物质许诺，轻后续服务，"内卷化"现象突出。这种不科学、不合理的引才补贴政策，没有综合考虑科技人才发展与城市产业的匹配度，在一定程度上造成资金和人才资源的双重浪费。深圳在人才引进方面的先发制度优势不断递减，面对同质化竞争未能展示出更多新亮点，政策效力展现出一定的"疲态"，这也成为下一阶段深圳科技人才链环亟待突破的点。

从地区间的竞争态势来看，深圳面临一线城市与"新一线"城市的双线压力越来越大，如杭州、上海、南京等城市近些年的人才净流入率稳步提升（见图6-8）。深圳在科技创新发展过程中，本土人才缺乏、"高精尖缺"人才相对不足等问题一直存在，但对青年科技人才的吸引力一直强劲。但在各地政府纷纷推出竞争性的青年人才补贴政策背景下，深圳房价高、教育资源紧缺、医疗设施不足等问题突出。与近年崛起的杭州、成都等相比，深圳城市生活综合性价比有所降低，对青年科技创新与创业人才的虹吸效应也不再突出。因此，如何进一步提升对科技人才的综合保障力，形成更加独特的吸引力，是未来一个时期深圳人才工作面临的重大课题。

（二）国际化高层次人才引进难度大

根据《国际人才吸引力指数报告（2019）》显示，深圳对于国际人才的吸引力排名位居全球第十四，与位于第二、第三的新加坡、东京这样的全球创新高地还存在较大差距。2019年数据统计，深圳常驻外籍人口占总人口的比重较低，拥有的外籍高层次人才仅有300多人，不足总量的3%；持工作类证件的外国专家1.67万人，仅占全市常住人口的0.2%，远远比不上世界其他先进城市或地区，如硅谷地区（67%）、纽约（36%）等，距离国际化"高精尖缺"人才集聚地还有相当距离。造成这种情况主要有以下几个原因。

一是国际人才发展的"软环境"建设偏弱。深圳一直比较重视人才政策优惠而不是环境营造，偏重物质奖励而弱于精神感召，对

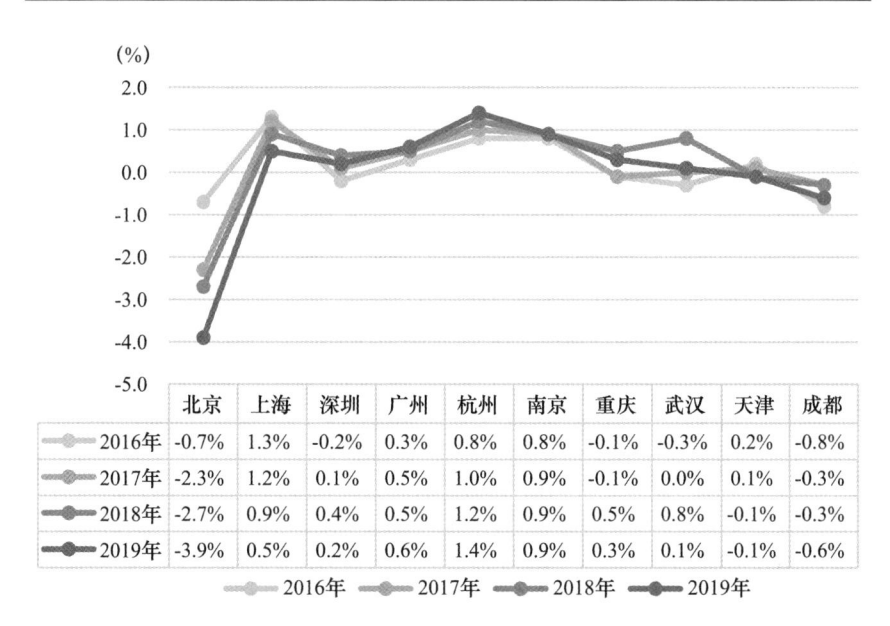

	北京	上海	深圳	广州	杭州	南京	重庆	武汉	天津	成都
2016年	-0.7%	1.3%	-0.2%	0.3%	0.8%	0.8%	-0.1%	-0.3%	0.2%	-0.8%
2017年	-2.3%	1.2%	0.1%	0.5%	1.0%	0.9%	-0.1%	0.0%	0.1%	-0.3%
2018年	-2.7%	0.9%	0.4%	0.5%	1.2%	0.9%	0.5%	0.8%	-0.1%	-0.3%
2019年	-3.9%	0.5%	0.2%	0.6%	1.4%	0.9%	0.3%	0.1%	-0.1%	-0.6%

图6-8　2016—2019年各城市人才净流入率

资料来源：恒大研究院。

于国际人才引进后的一系列发展生态因素缺乏全面的考虑，导致国际人才在深圳发展不畅。在满足国际人才服务需求上，具有较浓的行政色彩，服务的供给者仍然以政府为主。但仅仅依靠政府的"一站式"服务难以满足日益多元化、高层次的服务需求。深圳市政府还未推出有关国际化高层次人才教育、医疗、配偶就业等成系统的配套政策，社保体系也未实现与国外的有效衔接，在养老保险、医疗保险等方面对外籍人才还未形成有效的保障。

二是深圳缺乏国际化人才信息采集数字化治理手段。一般来说，在筛选和引进国际人才的过程中，考虑到用人单位、市场绩效、社会影响等综合考量，需要获取国际人才的学历、职业、薪资、奖项、出入境等各种信息。因为只有获得外国人才安全可靠的信息，才能保证在引进国际人才过程中各项决策的有效性和结果的正确性。目前，深圳的数字化手段在政务服务领域已有运用，但仍未在关键领域真正实现互联互通，由于国际人才的信息无法有效获取和共享，将不利于评估和筛选目标导向领域的高科技人才。

(三) 承载高层次人才的创新载体建设仍需加强

战略科学家、领军人才等高层次人才的集聚需要高端的创新载体承载。深圳经过最近十几年的建设，重大科学研究平台和载体相对缺乏的状况已大为改观，成功引进和培育了一批高水平创新团队。但也必须清醒地认识到，现有载体与高层次人才规模与深圳高质量发展的内在要求还有相当差距，激流勇进，不进则退。目前，深圳拥有国家重点实验室14家，分别是北京（136家）、上海（47家）、南京（29家）的10%、30%、48%。全市高校仅有8所，"双一流"高校仅有南方科技大学，而北京、上海、广州分别有高校92所、68所、83所，"双一流"高校34所、15所、7所。据统计，深圳2万名高层次人才中，以院士、引进高层次专家等专家为代表的"高精尖缺"人才仅占3.6%；全职院士72人，仅为北京的1/15，上海的1/4。深圳A类外国高端人才也远低于北京、上海。北京、上海之所以能够在高层次人才引进中保持较大的优势，一个重要的原因就是拥有完备的科研平台和载体，可以支撑人才的科技创新活动，所以国内外的科技人才从研究平台支撑上，往往都首选北京、上海从事科研工作。因此，深圳需在国家实验室、重大科技基础设施与综合性创新载体建设上持续发力，为各类高水平创新团队有效发挥自身价值和创新活力提供硬件支撑，这也是深圳今后一个时期提升对高层次人才吸引和黏性的重要抓手。

二 科技人才发展体制机制中的一些固有难点仍待突破

科技人才发展机制在科技人才的培养、开发和使用中发挥了重要的作用，是其软件支撑，必须不断完善和发展。当前，深圳科技人才发展机制不畅主要表现在人才评价趋向同一化和人才激励走向失衡两个方面，亟须进一步完善。

(一) 科技人才评价机制改革有所滞后

合理的人才评价机制对于激发科技人才的创造力具有决定性作用。作为科技活动的指挥棒，人才评价体系是否完善，会对科研生态、科技产出与创新效益产生直接影响。当前，深圳科技人才评价机制在准入限制、评价标准、评价内容等方面存在一定问题。

准入限制过多，影响评价结果的有效性。深圳在人才评价的政策对象上，主要集中于高层次人才，对于中低层次人才的评价，政策文本及详细标准涉及很少，这在一定程度上限制了对其他科技人才的评价。如《深圳市高层次专业人才任期评估》《深圳市海外高层次人才评审办法（试行）》等政策，都是针对高层次人才颁发的。还有一部分具有评价性质的政策规定则是存在于人才扶持及人才认定标准里，如《深圳市青年创新创业人才选拔支持实施方案》，对具体操作流程进行了规定。此外，在高层次、高技能人才评价中，要先经过人才确认环节才能入围人才评估，而在这一环节存在过多的限制条件，如工作经历、年龄、成果奖项、职称等要求，这严重缩短了科技人才评价的对象范围，影响了人才评估的效果。

评价标准单一，影响评价结果的公平性。当前，深圳人才评价体系在不断革新，在评价标准以及覆盖面上不再执着于论文等硬标准。但是，根据已经颁发的人才评价政策文本，科技人才评价标准相对单一的问题并没有太大突破，主要还是以奖项、职称、论文等评价标准为主。例如在《深圳市人才认定标准（2015年）》《深圳市高层次人才认定办法（2018年）》中，都有具体规定人才教育背景及奖励级别，如要求获得科学技术奖、担任国家科技重大专项组长等。一般来说，科技创新成果的产生极具偶然性，不可多得的人才将会因为过分强调资历、成果而挡在门外，影响到人才评价的公正性。从长远来看，奉行单一的评价标准，将会扼杀科技人才的创新思维，导致形成盲目追求论文数量而忽视论文质量的不良科研风气，并最终影响到科技人才研究创新的持续性。

评价内容缺乏德性标准影响评价导向。一般来说，德性标准的缺失，容易出现急功近利的科技人才创新氛围，形成不良的科创风气。近些年来，深圳逐渐加大了在人才评价标准方面的道德审核，但是在道德评价方面依然存在行政指导为主、道德规范内容简单、缺乏具体的监管和考核机制等问题。并且道德规范的内容多为一般性禁止规范，如违反法律、法规行为、有不良诚信记录等，这类道德评价对规避风险的作用不够强效，也很难为科技人才将道德标准内化提供根本遵循。同时，在道德评价标准上，缺乏团体科学思维对科技人才的道德规范。随着深圳科技人才数量的增加，科技创新领域的竞争越来越激烈，如何保障科技创新研究底线不被打破，防止学术造假、套取项目经费等问题的出现，需要科技人才遵循科学有机体基本道德规范要求，进而形成自觉的行为准则习惯。

此外，深圳的人才评价体系还存在一些其他的问题，如：评价程序设置不合理，缺乏公开透明的运行和监督机制；评价手段雷同，过分依赖定性方法，难以对科技人才进行全面、科学的评价；评价社会化程度不够，没有有效发挥第三方和市场作用……

总的来说，深圳在人才评价机制改革上还未取得重大的突破，人才的活力还没有被全面激发，距离打造全球影响力的创新高地还有很长一段路要走。

（二）科技人才激励机制仍需优化

新时期我国高质量发展成效在很大程度上取决于科技创新的有效支撑，而科技创新的核心要素则是科技人才，因此，必须尊重科技人才的主体权益，激发科技人才的创新活力。深圳作为"科创之城"，虽然在科技人才队伍建设方面取得了显著的成就，但是在科技人才激励方面，激励机制单一化造成的激励功能失调问题仍较为突出。

具体来看，深圳在人才激励方面，注重于高层次人才的激励，对于中低层次人才的关注太少，导致深圳人才激励的结构失衡。比如"鹏城英才计划""孔雀计划""境内境外高层次人才奖励补贴"等，更多的资源投向了顶端人才、高层次人才，对中低层次技术型人才关注不够[①]。本章定义的科技人才是整个生态链中对创新活动有贡献的人，比如掌握特定技术的一线工人，创造性解决了技术瓶颈的核心骨干等，深圳人才激励未能做到层次全覆盖。

当然，为进一步完善人才激励机制，深圳市政府也积极制定并出台相关人才政策来破解难题。如2019年2月实施《深圳前海深港现代服务业合作区境外高端人才和紧缺人才个人所得税财政补贴暂行办法》，直接将个税补贴返补到个人，即通过从税收优惠角度

---

① 李海宾：《深圳打造人才高地的几点思考》，《特区经济》2021年第6期。

来提高海外科技人才的薪资收入；2021年7月印发了《深圳市产业发展与创新人才奖实施办法》，提出继续设立深圳市产业发展与创新人才奖，奖励本市在产业发展与自主创新方面做出突出贡献的创新型人才，对获奖人员给予物质奖励。

然而，招揽高科技人才，不能仅仅依靠税收优惠、物质激励这样单一简单的方式，还应该从晋升激励、情感激励、精神激励等方面进行综合规划。当前，深圳科技人才的激励机制及政策的设置仍然无法覆盖不同层次人才、不同发展阶段的激励需求。例如，深圳目前房价高，那么对科技人才的住房激励则要放在重要位置，但是目前深圳在住房激励政策的落实和执行上还存在诸多问题。

此外，科技人才激励机制还应该进一步细化，发挥收入分配在其中的激励导向作用。如落实科研项目资金管理问题、科技成果产权分配问题、科技人才薪酬结构问题等都需进一步提出具体措施。

三 科技人才公共服务配套仍需进一步优化以提升获得感

深圳对于海外高层次科技人才、科技领军人才、"孔雀计划"人才等科技人才推出了一系列有针对性的保障服务，但整体上与深圳建设"全球一流科创人才向往集聚地"的要求还有差距。对于科技人才而言，一套完善的公共服务配套可包括住房保障、子女教育、配偶就业、医疗服务、养老保险等多种形式。然而当前深圳文体设施数量和服务不足且分布不均，国际化程度横向比较起来也不算高，尤其在住房保障方面存在购买和租住成本高企的问题，公共服务配套难以满足科技人才多元需求。

在住房保障方面，住房保障体系难以满足科技人才软性需求。深圳要吸引和留用人才的关键要素除了具备具有竞争力的薪酬，解决好人才安居问题也是其主要动力。但是近些年来，深圳的高房价问题、住房建设供不应求等有关住房保障的问题成为影响科技人才扎根深圳最突出的问题。2020年深圳在全国的人才安居吸引力排名仅第五，远不如新一线城市成都、重庆对人才安居的吸引力（见表6-5）。根据国家统计局显示，近五年来深圳房价在全国稳居前三，住房成本在生活总成本中的比重持续加大，人才归属感和幸福感相对较低，这已成为科技人才流出深圳的首要原因。根据深圳市社会科学院发布的丛书显示，有75%的科技人才出于房价考虑而选择离开深圳。因此，科技人才的住房保障体系也成为深圳生活配套设施中最突出和最难以解决的问题，难以满足科技人才的软性需求。

表6-5　　　　　　2020年国内人才安居吸引力指数排名

序号	城市	人才安居吸引力指数
1	成都	99.8
2	重庆	98.8
3	上海	94.8
4	长沙	94.6
5	深圳	93.5
6	沈阳	93.3
7	贵阳	91.8
8	东莞	91.7
9	广州	91.6
10	郑州	91.2

资料来源：《2020年城市人才安居吸引力报告》。

虽然深圳市政府出台多个政策文件来致力于解决人才安居问题，但在科技人才住房保障方面主要存在两个问题：一是科技人才对于住房保障的需求与住房建设规划矛盾突出。"十三五"规划以来，深圳筹集的人才安居项目约18万套。但是在常住人口密度较高的关内仅开发5万套，仅占比28%；反之在土地资源相对丰富且人口密度较小的龙岗、龙华等地区开发人口保障房13万套，占比为72%。因此，通勤拥堵问题成为影响科技人才满意度的主要因素。二是科技人才的保障性住房供应分配不合理。政府部门出台的人才安居政策文件内容虽然兼顾各类科技人才，但多侧重于解决杰出科技人才和科技领军人才住房保障问题，而对于企事业单位的科技人才未能给予过多的重视。且对于不同层次的科技人才，其保障性住房的面积和标准差距较大,当然供不应求的问题持续突出。因此,如何在科技人才保障性群体之间找到利益平衡,做到合理分配成为当前亟须解决的问题。

在子女教育方面,主要是国际化的教育资源短缺。中小学优质学位紧张、升学率低、国际教育水平还不够高等问题依然突出。在国内一线城市当中,深圳因起步较晚,其基础教育体系成熟度不高,但深圳对于海内外高层次人才的需求量较大。从当前深圳的学位供给数量来看,供需矛盾亟待解决。

在配偶就业方面,深圳出台的优惠政策尚未有效实现落地。虽然市政府确实有采取积极措施解决高层次科技人才配偶就业问题,但在实际解决过程中却相当复杂和困难。有的单位甚至根本不解决配偶就业问题,很多单位在引进人才时对配偶就业有口头承诺,但过后则敷衍了事。

在医疗服务方面,深圳也缺乏国际化高质量的社区环境。2017年深圳市《政府工作报告》中指出,深圳基本公共医疗服务还存在突出短板,与北上广等国内其他一线城市丰富的医疗资源相比相差甚远。深圳医疗资源总体不足,医生缺、床位紧,基层医疗服务能力不强,千人床位数仅为3.6张,低于全国5.1张的平均水平,三甲医院只有18家,远低于北上广等城市。

在养老保险方面,深圳个人养老以及家属安置条件不足。国际人才在离开本国原来的工作单位后,自己和单位随之就停止缴纳养老保险。中国现有政策规定,养老保险要至少交满15年,到退休的时候才能终生享受养老金。这意味着来中国工作不满15年的国际人才不能享受养老保险。这样,国际人才到深圳来工作,很有可能损失本来退休之时应该享受的养老保险。这笔钱对于来中国工作的国际人才而言,可能是一笔很巨大的损失。

总之,一个城市的配套公共服务支撑直接影响着科技人才的获得感,这不是仅用金钱能够代替的。要想提升科技人才的获得感,留住人才,就必须不断强化住房保障、子女教育、医疗服务、养老保险等配套公共服务支撑。

第五节　科技人才发展的国际经验借鉴

为抢占新一轮科技革命制高点,全球各大城市纷纷将招才引智作为城市发展的战略举措,以人才的引进、培养、使用等多方面为抓手,不断强化人才链的支撑。《2021年全球人才竞争力指数报告》显示,在人才竞争力方面,瑞士、新加坡和美国继续傲居榜首,中国位于第37名,这也是中国第一次进入全球前50名,在人才竞争力方面中国与其他国家相比还具有一定差距(见表6-6)。而在全球城市人才竞争力指数排名中,深圳一直位于前50名开外(见表6-7)。本章将选取几个具有代表性的国家,对其人才发展战略进行综合分析,为深圳完善科技人才发展战略提供国际经验借鉴。

表6-6　　　2019—2021年全球人才竞争力指数排名前15

国家	2021年	2020年	2019年
瑞士	1	1	1
新加坡	2	3	2
美国	3	2	3
丹麦	4	5	5
瑞典	5	4	7
荷兰	6	6	8
芬兰	7	7	6
卢森堡	8	8	10
挪威	9	9	4
冰岛	10	14	13
澳大利亚	11	10	12
英国	12	12	9
加拿大	13	13	15
德国	14	11	14
新西兰	15	16	11

表 6-7　　　　"全球城市人才竞争力指数"的深圳

年份	排名前 10 城市	深圳排名
2017 年	哥本哈根、苏黎世、赫尔辛基、旧金山、哥德堡、马德里、巴黎、洛杉矶、埃因霍温、都柏林	—
2018 年	苏黎世、斯德哥尔摩、奥斯陆、哥本哈根、赫尔辛基、华盛顿特区、都柏林、旧金山、巴黎、布鲁塞尔	73
2019 年	华盛顿、哥本哈根、奥斯陆、维也纳、苏黎世、波士顿、赫尔辛基、纽约、巴黎、首尔	94
2020 年	纽约、伦敦、新加坡、旧金山、波士顿、香港、巴黎、东京、洛杉矶、慕尼黑	78

一　美国经验借鉴

作为世界上最发达的国家之一，美国从 20 世纪 60 年代起，就开始重视科技创新人才的引进和培养，在各个领域引进和培养了大批创新型、应用型科技人才，成为世界各国一流人才的向往集聚地。在国家科技发展战略的指导下，美国相继出台了一系列适用性和吸引力较强的创新人才发展的战略措施。

（一）独具特色的人才培养模式，为国家战略发展提供持续人才输出

美国创新型人才培养的一个重要方式就是制定和实施各种人才培养政策，以培养富有创新意识和创造能力的顶尖优秀人才，为国家的战略发展服务。在创新型人才培养计划和项目上，美国政府各部门非常注重有针对性地开展行动，例如，美国国家科学基金会设立了"总统青年研究奖"，每年颁发 200 个名额，目标是将最优秀的创新人才吸引到国家急需的科学和工程领域中来。美国海军设立了"青年研究计划"，该计划通过在一些大学和研究机构设立基金，培养最近五年获得博士学位的青年研究人员。此外，美国还设立了包括"诺贝尔热身运动奖""科学奖摇篮奖"等在内的科学奖，每年对学识超群者进行重大奖励。

同时，美国还非常注重教育创新，坚持实施独特的教育人才培养模式。20 世纪 90 年代以来，各大高校在坚持以课内与课外相结

合、教学与研究相结合、科学与人文相结合的原则下,逐渐形成了独具特色的创新型人才培养模式。此外,实施系统完善的实践体系,包括工程实践和创业实践,在推动学生自主创新能力的提高上有着非常重要的作用。美国拥有世界上最发达的高等教育和最先进的人才发展体制,创新型人才的培养一直是美国教育的突出特点,促进学生独立思考、大胆实验、不断进取、有所创新。

(二)完善的移民签证政策,为高科技人才进入美国搭建了桥梁

美国作为一个移民国家,移民已经融入美国的基因脉络,在国家创新发展中发挥着关键性的作用。为此,《创新战略》指出改进移民制度,实施"绿卡"政策,便于引进高技术工人、毕业生、企业家等。同时,美国各城市也充分发挥移民和签证政策效应,例如,2012年纽约提出"纽约人才引进草案",企业高管在政府的资助下可以在全美高校引进电脑和工程专业的毕业生。建立优先移民制度,对取得突出成果的高层次人才,允许优先进入美国工作,并增加H1B的签证数量。还有伦敦最近推出的"全球人才签证",取消以往每年的签证配额限制,放宽了对外国技术移民的法律限制,这一举措加大了全球技术型人才的引进。

根据《2022年美国竞争法案》,美国新设了W签证,绿卡将对人才移民松绑。同时美国考虑对STEM(科学、技术、工程和数学类)专业博士毕业生绿卡申请进行国别配额限制豁免——不再限制生活和工作在美国的外国科学家(及其配偶、子女)的数量。

(三)优质的教育资源,为美国科技后备队伍吸引了源源不断的人才

美国作为世界留学生首选的国家,每年都有超过50万来自世界各地的优秀学生到美国学习深造,这得益于美国一直实施的友好留学政策。世界名校排名前100的高校中,美国有27所;前50名的高校中,美国有17所,美国高校的实力在全球可谓是一骑绝尘。优质的教学资源使美国汇集了世界上最优秀的留学生,庞大的留学生群成为美国创新型人才的重要来源。

美国能够吸引大量的海外留学生,不仅是依靠世界领先水平的

教育和科研条件，留学生补贴政策也是一个重要原因。美国各大学制定了各自的留学补贴政策，以政府和诸多的公司、个人、慈善机构等设立的高额奖学金吸引了世界各大名校的学生和学者赴美留学或访问。

首先，美国政府为学生提供了种类齐全的奖学金学习项目，如富布赖特项目为在美国攻读硕士或博士学位的国际学生提供全额奖学金，吸引国外优秀学生赴美留学。1961年，美国推出了《美国教育及文化平等交流法案》，通过合作研究、讲座等方式邀请外国专家、学者赴美进行科学研究，增加与外国交换留学生计划。1965年，美国推出了《国际教育法》，为学生设立资助项目，为高等教育设施提供资助。

其次，美国几乎所有高校都会为留学生提供慷慨的经济救援，包括优惠贷款、奖学金等，还有少数私人奖学金能够申请，为海外潜在的高科技人才免去后顾之忧。例如，美利坚大学向有学术资格的本科国际一年级学生颁发优异奖学金。国际学生也可以申请经济援助，并不受任何条件限制。由于较为完善的政策，留学生在美国可以申请到的奖学金和资助远远超过其他国家。

最后，美国还有一些特殊机构会为留学生提供资助。如日本世界银行联合研究生奖学金计划，为世界银行成员国的学生提供全额奖学金，以便在世界各地的特定大学开展相关研究，美国与该项目合作的院校有哈佛大学、芝加哥大学等8所院校。通过丰富的渠道获得奖学金或其他方式的资助，有效减轻了海外留学生在美留学的负担。

（四）优良的科研环境，为美国留住科技人才提供了长效保障

技术过硬的国外科技人才，是美国的重要战略资源。为了留住这些人才，美国采取了一系列措施为科技人才提供优良的生活和科研环境，使世界各地的科学家和工程师都愿意到美国从事科研工作，为美国服务。

首先，高度重视对研究与开发的投入。为了给科研人员营造良好的科研环境，美国在各大学建立工程研究中心、设立世界一流的实验室、提供充足的科研经费和保障服务、投资更新科研仪器设备

等，为研究人员提供优越的工作条件。而且美国的科研经费大多是由各级政府出资以及大量的民间基金会投入等构成，这有效弥补了政府投资的不足，为科技创新活动提供了充足的资金来源。

其次，提供高薪待遇和激励奖励。为了能够为高科技人才提供具有吸引力的薪资，美国政府在经济上大力增加工资福利待遇，进行各种高额奖励。在美国，从事科学与工程领域工作的人员薪资明显要高于其他领域。除了高薪引才，一些科技公司也会采取其他的激励方式来吸引人才，如实行股票期权制度，根据工作重要程度给高科技人才额外发放股票期权。

最后，设置各种人才奖项。为了鼓励科研人员的创新研究，美国政府及各科技、工程基金会在各领域设置了丰富的奖励，如美国国家科学奖、美国国家技术奖等，极大提高了科研人员的积极性和创造性（见表6-8）。

表6-8　　　　　　　　美国主要科技人才奖项

科技人才奖项	起始时间	奖励颁发频率	奖项概要	奖励性质
美国国家科学奖	1959年	每年	授予在行为与社会科学、生物学、化学、工程学、数学及物理学领域做出重要贡献的美国科学家	侧重于荣誉性和精神鼓励，没有任何奖金
美国国家技术奖	1980年	每年	主要授予那些具有美国式创新精神，并在提升国家的全球竞争力方面有着杰出表现的个人与集体。每次获奖人数不超过10名	侧重于荣誉性和精神鼓励，没有任何奖金
美国青年科学家与工程师总统奖	1996年	每年	奖励领先科学技术领域的精英，是给予独立研究的青年科学家的最高荣誉。每位得奖者将会获得勋章及未来五年内30万美元的研究奖助金。	物质奖励和精神奖励兼备

总体来说,美国独具特色的人才培养模式、完善的移民签证政策、优质的教育资源、优良的科研环境等优势,培养和吸引了大量的创新型科技人才,锻造了强韧的人才链环。而美国极具韧性的人才链也不断赋能国家的创新发展,保障了美国在经济、科技等领域的世界领先地位。

二 英国经验借鉴

英国在各类科技人才和专业人才比例名列前茅,一直是创新型科学研究的发源地。20世纪以来,英国政府对培养和开发优秀人才的重要性有着清醒的认识,政府陆续出台多项战略计划,并采取一系列有效措施,推动本土科技创新人才的培养和引进。

(一) 适应以创新为核心的国家战略的人才发展战略

为了提升国家的创新实力,英国确立了以创新为核心的国家发展战略。1994年,英国政府发布首个以创新为主题的白皮书《实现我们的潜能——科学、工程和技术战略》。一直到现在的20多年时间里,政府白皮书一直以创新为主题(见表6-9)。

表6-9　　　　　　　　英国主要创新战略和政策

时间	创新战略和政策名称	主要内容
1994年	《实现我们的潜能——科学、工程和技术战略》	明确以创新为核心的新的国家科技发展战略
2000年	《卓越与机遇——21世纪的科学和创新白皮书》	指明了英国面向21世纪的科学和创新政策
2001年	《变革世界中的机遇——创业、技能和创新》	阐述了科学和技术创新的重要手段是鼓励人才创业,发挥个人技能,从而推进科技创新的发展
……		
2014年	《我们的增长计划:科学和创新》	指出优先重点、人才培养、科研设施、一流研究、刺激创新和国际化这六项战略要素

续表

时间	创新战略和政策名称	主要内容
2017年	《现代产业振兴战略：绿皮书》	提出十大举措促进经济发展，其中九大举措涉及科技创新，包括加大科研与创新投入、促进各地区科研投入等内容
2019年	《2019年实施计划》	该计划从鼓励新思想和新创意、培养人才、开展国际合作等方面阐述了UKRI重点领域和关键行动规划
2021年	《英国创新战略：创造未来 引领未来》	旨在通过做强企业、人才、区域和政府四大战略支柱打造卓越创新体系，到2035年将英国打造成为全球创新中心

进入21世纪后，英国政府敏锐地认识到创新在经济发展中的驱动作用，开始重视科技人才队伍的建设。为此，英国政府部门制定了一系列人才发展政策。这些政策都体现了英国对于科技创新和人才培养与引进的重视，也反映了英国政府在21世纪关于人才发展战略的整体规划（见表6-10）。

表6-10　　英国21世纪以来主要的人才发展政策

时间	名称	主要内容
2002年	高技术移民计划（HSMP）	旨在吸引国外高科技人才，没有严格的职业限制，不要求申请人必须获得英国雇主提供的工作，以计分方法确定申请者是否达到准许移民计划的标准
2003年	高等教育的未来	确定了英国政府对高等教育的投入和改革战略，包括创造公平的入学机会、提出自由和拨款制度等
2004年	科学与创新投资框（2004—2014）	提出了科学创新10年内29个子目标和40项指标，其中就包括高素质劳动力的培养
2008年	创新国家	指出了为将英国建设成为创新型国家，政府及其合作伙伴应当采取行动；还指出人才对于英国未来实现创新的关键作用

续表

时间	名称	主要内容
2010 年	10 年 10 项计划	旨在扩大研发投资、强化人才培养
2019 年	英国国际研究与创新意识	人才被放在重要位置，增加对研究人员的吸引力，在全球范围内吸引研究人员、创新者、投资家等，充实英国的人才队伍，建立未来全球人才网络

（二）英国拥有吸引和培育科技人才的天然基地

大学是英国知识和创新的主要源头，也是支撑英国经济增长和科技创新的重要资产。英国拥有众多老牌世界一流大学、研究机构及充满活力的企业，这些都为英国打造科技人才队伍提供了先决条件。在世界排名前 100 的大学，英国拥有 17 所，有 5 所排名前 20。这些大学通常都处于英国创新研究系统的中心，形成了与企业、研究机构相联系的创新生态系统。英国的国际教育排名一直名列前茅，拥有各种各样的高等教育机会，本土有超过 100 所大学为来自英国和世界各地的学生提供多样化的学位课程。在英国，大约三分之一的学生接受过高等教育。充足的名校资源不仅培养了大量的创新人才，更吸引了成千上万的国际学生和社会各界的学者，这些涌入的人才为英国的创新发展做出了重要贡献。

英国拥有世界级的科研基地，其研究机构配备了世界领先的设备，为优秀学生和早期职业研究人员提供了宽松灵活的创新条件，形成了培育人才的独特环境。英国在教学和研究方面的优异表现吸引了许多重要研究机构的支持，这些无形的投资可供大学进行更广泛的科学研究，培养和吸引来自全球的优秀研究人员。此外，来自各国的留学生也给英国带来了巨大的经济效益和创新效益，推动着英国的产业发展。

（三）政府十分重视对科技人才及其科研活动的投入

为了吸引国际优秀创新人才，英国政府先后设立了一系列科技人才奖励和资助计划，这些奖励和计划针对不同对象，吸引国外优秀学生和顶尖人才到英国接受高等教育或从事科学研究，覆盖了支持创新人才的全过程（见表 6-11）。

表 6-11　　　　　英国主要科技人才奖励及资助计划

科技人才奖项	起始时间	奖励颁发频率	奖项概要
海外研究生基金计划	1980年	每年	为研究生提供与英国顶尖学术机构进行合作交流的机会，吸引国外高质留学生来英国从事科研工作
沃尔夫森研究价值奖	2000年	每四年	为大学提供额外的资金支持，使大学能够吸引、聘用世界著名的科学家来到英国从事研究。每年提供1万—3万英镑的资金支持，连续提供5年
牛顿国际人才计划	2008年	每年	旨在吸引国际科学家到英国从事研究，全世界最优秀的准博士后研究人员，可以在英国工作2年。2年任期之后，可能有资格获得连续10年、每年6000英镑的资金支持
伊丽莎白女皇工程奖	2011年	每两年	奖励在工程学领域有创造性、有影响力的科技人才，获奖者不限国籍。同时该奖还获得英国一些顶级工程公司的大方资助。

随着全球竞争的加剧，英国政府深刻认识到创新和研究对于国家发展的重要性，宣布将研发投入作为国家生产力投资基金的一部分。英国科技创新至今还能保持较强的竞争力，一个重要原因就是高度重视对科研经费的投入。一方面，英国对基础研究进行了长期、稳定的投入。英国拥有领先世界的原始创新能力，在2018年英国R&D投入中，基础研究占18%，比同年的中国高出约12个百分点。而对基础研究的长期稳定投入，极大地提高了英国基础研究的质量和效率，为科技创新提供了源头之水。另一方面，英国的科研经费来源具有多元化。最主要的渠道是英国的政府、企业和慈善机构。多元化的资金链条支撑着英国的科学研究与开发活动，使英国在科学研究和产出方面始终保持在突出地位。

（四）实行针对精英人才的移民和签证政策

近年来，全球"抢人大战"愈演愈烈，为了吸引全球科技人才，英国政府制定了专门针对精英人才的移民政策和签证制度。为了保持全球科技竞争力，英国在 2002 年推出了高技能移民计划（HSMP），该计划与英国工作许可证不同，没有严格的职业限制，获得该许可可以在英国工作 1—4 年。这一计划吸引了大量的高科技人才到英国工作，为英国的科技创新服务。2008 年，英国政府建立了记点积分制移民系统，该积分系统由五个层级组成：高技能人士、技能人士、低技能人士、学生和临时工人，申请人根据不同指标获得积分申请签证。其中第一层级的高技能人士能够直接获得英国长期签证，里面还有一个特殊人才子类别，适用于那些已经被认可或可能在科学、工程、数字技术等领域做出突出贡献或发挥领导才能的人。

此后，为了确保能够吸引和留住人才，英国对积分制签证制度进行了多次调整，如 2020 年英国推出无须担保的积分制科技人才签证，以吸引最出色、最有前途的国际科学、研究和技术人才。同时宣布将改进企业家签证，吸引有技术含量的实业投资企业家。作为英国脱欧后的新移民政策的一部分，"科技人才签证"快速通道，将为全世界科技行业的专业人才提供快速获得来英国工作、生活和安家落户的广阔机会。

通过以上研究，我们可以知道，英国适应创新驱动的人才发展战略，体现了英国对人才的渴望和重视。英国教育资源与美国不相上下，世界知名高校为英国吸收和培养了大量的高科技人才。英国完善的资金链和政策链就是科技人才发展的两翼，驱动着高科技人才和创新要素的汇聚，为英国成为世界科技强国奠定了扎实的基础。

三　日本经验借鉴

日本政府基于对本国人才结构和产业发展的考虑，把知识创新作为国家进步和人才战略的基本方向，制定了科技立国战略。在该战略的指导下，日本先后出台了一系列相关报告，坚持基础科学及科技人才培养和开发的理念，以推动日本未来经济的发展。

通过培养和吸引应用型与创新型科技人才，日本成为继美国之后利用全球科技人才资源受益最大的国家。进入 21 世纪，日本自然科学系的诺贝尔奖获奖人数位列世界第二，体现了日本科技实力在世界的强大影响力。近十年来，虽然日本的科技人才队伍建设基本保持稳定态势，但在高层次人才上遥遥领先，在国际上具有很强的核心研发竞争力。

（一）建立官产学一体化的人才培养机制

为了缓解人口老龄化所带来的劳动力不足的问题，日本试图通过提高科研人员的创新能力来缓解这一现象。日本政府强调要增强高校、企业和公共研究机构的创新能力，推动在创新活动中发现的新知识、创造的新技术等的社会性应用。日本政府所推行的官产学一体化的人才培养模式，促成了政府、企业和学校良性互动的局面（见图6-9），加速了科学研究能力的提升和科研成果的产业化，逐渐形成了一个良性循环的科技创新体系。

政府：
制订政策计划
提供资金支持
促进国际交流
授予科技荣誉

企业：
提供实践基地
资助科研设施
资助科研项目

学校：
基础教育
研究生教育
在职科研人员教育

图6-9 日本官产学一体化人才培养模式

注：张豪、张向前：《日本适应驱动创新科技人才发展机制分析》，《现代日本经济》2016年第1期。

日本政府通过制订与科研创新相关的政策和计划，为科研机构、企业、学校提供资金支持，对科研成果卓著及促进国际学术交流的个人和团体授予荣誉或奖励。这些措施极大地调动了科研机构、企业和学校的创造性和积极性，为日本国内的科技创新人才与国际水平科研人员接轨创造了条件。

日本企业积极参与学校的人才培养，为学校提供便利的研究场地、实验设备和资金支持，以培养更多的创新人才。在硬件方面，企业为学校的研究生教育提供"工业实验室"，成为理工科研究生教育的重要科研中心。企业还在海外设立科研机构和实验室，直接在海外培养创新型人才。日本企业对科技的投入相当于政府投入的一半。在软件方面，日本企业为高校的科技人才提供了科研实践的机会，其中师徒制在科研交流和知识的转移中发挥了重要作用，为日本培养了一大批科技创新人才。

日本高校是培养创新科技人才的摇篮。在培养适应国家创新驱动发展的科技人才过程中，日本对基础教育、高等教育及在职研究人员采取了不同的培养模式，分别取得了良好的效果。在基础教育方面，日本的中小学十分注重对青少年科学兴趣的培养，并采取了一系列措施，如推行生存能力教育、派遣科研人员到中小学讲学、资助青年教师的创新教育实践等，对于科学技术的启蒙教育发挥了重要的作用。在高等教育方面，学校具有较强的自主性，采取灵活有特色的办学模式。日本大学的学生可以根据自己的需要选择课程，教师可以开设许多跨学科的课程，各大学之间还可以实现专家资源的共享，这一切都有利于学生思考能力的提升。在在职研究人员方面，日本主要从鼓励在职研究人员之间的竞争和促进研究成果的转化这两方面入手。通过建立科学公正的人才评价机制，引入竞争性研发资金，鼓励在职研究人员之间的良性竞争。通过实行大学教员兼职许可制度，成立专门的技术成果转化机构，促进和保护科技人才的成果转化。

（二）实施标准化准入的移民政策

日本对于海外人员就业具有严格的准入限制，但对于企业高管、从事研发的学者及其他从事先进技术的人员较为宽松。2012年5月，日本正式引入"高度人才积分制度"，为高技能的外国专业人才提供优惠的移民待遇。按照该制度，高技能外国专业人才进入日本的活动可以分为三类：高度学术研究活动、高度专业/技术活动和高度经营/管理活动。制度会根据申请人的"学术背景""年收入""工作经验"等项目设立评分点，如果分数超过70分，就会被认定为"高度专业人才",享有取得日本永久居留权期限从5年缩至3年,超过80分再缩短到1年。在这些政策的影响下,日本吸引了一大批外来人才。2015年年底,日本外国居民人数超过223万人,常住外国人口约占总人口的1.75%。

(三)改进留学生政策以吸引国外潜在人才

日本的教育水平在全球一直处于领先地位。为了吸引人才,日本政府将接受国际留学生政策作为一项长期的国家政策。2008年,日本推出"留学生30万人计划",致力于在2020年将外国留学生人数增加到30万人。该计划的目的是吸引海外人才来日本进行学术交流与进修,鼓励本国学生和科研人员出国留学深造,培育具有国际发展潜能和国际水平的科技人才。为了激发国际学生赴日留学的兴趣。日本采取了一系列的措施。一是邀请国际学生到日本学习并提供奖励,为赴日学习的学生提供一站式服务。如通过网站和其他方式为留学生提供日本留学信息、对国外学生开展咨询服务等。二是改进入学考试、入学和进入日本的程序,为赴日留学提供便利。为此,日本专门建立了一个系统,方便申请者获得相关资料、完成入学申请、预定住宿等。三是促进大学和其他教育机构的全球化,创建具有吸引力的大学。为此,日本在众多高校设立用英语可以获得学位的专业,建立更加被国际学术认可的学习制度。

日本在促进科技人才发展上,最大的特色是坚持以"官产学一体化"教育人才培养模式为基础,对内加大教育培养力度,对外积极吸纳海外优秀人才,形成了科技人才引进和培养的良性循环机制,为日本的创新发展提供了坚实的人才支撑。

综上,虽然发达国家在创新型科技人才的培养与开发上做法各有侧重,但我们仍可以发现诸多共性。第一,美国、英国、日本等发达国家科技人才具备较强的自由流动性。主要发达国家遵循国际人才流动市场规律,建立起了开放宽容、畅通有序、多跨融合的科技人才大市场,鼓励支持科技人才合理高效流动。通过实施开放包容的人才政策,打造多向流动、良性循环的科技人才网络生态圈,在更大范围、更高层次上激发了科技人才的认同感、归属感和获得感。第二,主要发达国家在科技人才激励方面强调保障与容错机制相容。一方面，通过法律规范约束大学和研究机构的教学与研究人员的人事管理方法，明确和保障科技人员的地位、使命、责任和权益。同时，提供充分和稳定的经费保障，如美国研究机构人均事业费一般在10万—20万美元，除了支付人员的工资福利，还能够为科研人员提供较好的科研条件。日本、英国和美国等国家为大学提供了有效的间接成本补偿机制，包括科研经费的定期拨付、以科研质量评估为基础给予的拨款资助等。另一方面，主要发达国家科技事业长期稳定发展与其宽容的科研环境是密不可分的。社会为科学家提供了良好的工作和生活条件，鼓励他们的自由发展，宽容他们的失败，容忍他们长期没有成果。第三，主要发达国家为保持和提升全球科技创新领先优势，始终坚持开放包容的人才国际化发展理念，不断完善人才签证和居留许可制度，多管齐下增强科技人才招揽力、吸引力和会聚力，包括通过留学生资助计划、开放资助项目、国际科技奖励、全球人才招聘、国际研究基地、海外研究机构等途径广泛发现、圈定、选聘、留住和利用各类精英人才。

理性分析各主要发达国家科技人才的发展战略，不难发现美英日等发达国家在创新科技人才的开发利用上无不是从教育支撑、政策支撑、环境及制度支撑、政产学研支撑等方面入手的。通过教育支撑、政策支撑、环境及制度支撑等方面的系统工程和协同发展，主要发达国家生成了科技人才成长成才的优质生态圈，在人才链、知识链、价值链与技术链等各链的交织融合更加紧密，并成为全球创新资源和科技人才的集聚地。中国深圳在人才支撑链环的优势与发达国家相比显然还存在不足，尤其是在教育支撑和政产学研支撑等方面，还没有形成全方位的人才发展生态。因此，深入研究这些共性，对于深圳强化科技人才链环的韧劲、提升全过程创新生态链的能级具有重要借鉴意义。

第七章　深圳科技创新走向全球创新网络的必然路径

科技创新是全球合作的重要媒介和持久动力。全球创新网络正是指在科技创新全球化过程中围绕产业发展而形成的全球范围内创新主体、创新要素、创新制度之间建立起各类正式和非正式的跨国关系的总体结构。① 当今世界正迎来新一轮科技革命，全球科技创新进入密集活跃期，协同联合、交叉融合、包容聚合的特征越发明显。我们应将融入全球创新网络作为巩固和提升国际竞争主动权、话语权的重要战略途径，在全球创新网络中强化前沿知识创造及技术迭代升级应用，形成国内外科创生态双循环格局，进而支撑经济高质量发展。

改革与开放是深圳这座城市的基因，是其跨越发展的密码，缺一不可。深圳全过程创新生态链的构建，固然有以自主创新应对外界打压的危机应对意涵在，但自主创新绝不是自我封闭，而是更高水平对外开放下的自强不息。这就意味着深圳的基础研究、成果转化、人才支撑等链环，应该借助外脑支持、市场共享、技术转移等方式延链至全球，有效提升深圳创新链的生态活力和辐射能力。坚持改革开放，推进全过程创新生态链与全球创新网络的对接，强化亚太重要创新网络节点地位，是深圳打造全球科技创新高地的必经之路。

---

① 郭茜茜、刘云：《全球创新网络研究热点、学科分布及主要国家/地区研究潜力评估》，《世界科技研究与发展》2021年第43卷第4期。

第一节 全球创新网络理论研究与发展现状

全球创新网络的形成，有助于高效整合国内外以及行业内外创新资源，从而满足创新需求和全球科技资源融合。

一 全球创新网络的内涵界定

近十年来，对全球创新网络的研究逐渐成为学术界的研究热点，学者们主要从区域经济发展、企业管理与创新管理等领域进行探讨。国外学者 Ernst 是最早提出"全球创新网络"这一概念并进行界定的人，认为它是一种在跨组织边界、跨区域边界上整合分散化的工程应用、产品开发以及研发活动的网络形态。[①] Barnard 和 Chaminade 提出，全球创新网络是由从事知识生产与创新有关的组织之间互动形成的网络。[②] 国内学者马琳和吴金希从价值属性出发，提出全球创新网络主要是指企业在全球范围内建立合作伙伴关系，共同利用知识资源，关注资源使用的开放创新战略，是一种实现自身创新价值的商业模式。[③] 陈志明借鉴了以往概念，将其界定为基于产业组织方式及技术应用的全球化，是由封闭发展转向开放式网络之后出现的创新组织新方式[④]。

综上，全球创新网络是以企业为起点，集结政府部门、科研院所、大学、中介机构等创新主体，在跨区、跨组织边界上通过线上线下交流合作的方式，将全球分散的创新资源整合利用起来，以实现创新价值的一种组织方式（见图 7-1）。由于全球创新网络具有

[①] Ernst D., "Innovation Offshoring: Asia's Emerging Role in Global Innovation Networks", *Honolulu: East-West Center*, No. 10, 2006, pp. 1-48.

[②] Barnard H., Chaminade C., "Global Innovation Networks: Towards a Taxonomy Retrieved from Lund", *Sweden*, No. 4, 2011, pp. 1-59.

[③] 马琳、吴金希：《全球创新网络相关理论回顾及研究前瞻》，《自然辩证法研究》2011 年第 1 期。

[④] 陈志明：《全球创新网络的特征、类型与启示》，《技术经济与管理研究》2018 年第 6 期。

全球性、创新性、多样性等特征，企业通过全球创新网络开展创新活动可以不用完全依赖于传统产业链的"嵌入"关系，而是可以采取更为多元化的合作与价值实现机制。

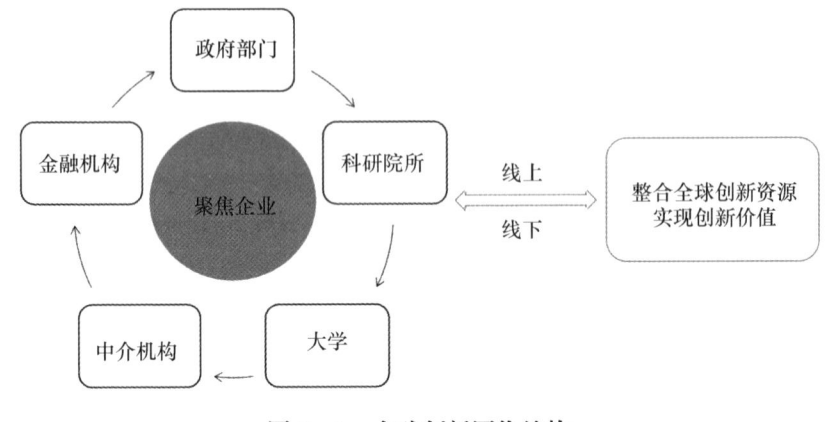

图 7-1　全球创新网络结构

二　全球创新网络的主要特征

一般来讲，全球创新网络具有功能创新性、要素流动性与主体多样性等特征。从全球创新网络治理视角来看的话，其具有权利的非对称性、治理结构的多样性、知识分享的开放性等特征。

第一，权利的非对称性。从全球范围的产业分工格局来看，发达国家在全球创新网络中通常决定着全球创新的分工格局以及技术发展方向。美国、日本等发达国家依靠其强大的创新要素和动力条件在许多领域处于全球创新网络的中心位置，集聚了大部分的创新行为和研发机构，具有强悍的原始创新能力，从而带动全球创新网络中其他节点区域的发展。而中国、印度等国家还处于追赶者的位置。

第二，治理的结构多样性。全球创新网络的治理结构是多样化的，由正式和非正式形式构成。依托合同约定、企业组织等形成的正式治理结构，包括外包研发网络、海外研发网络、企业创新联盟等，正式治理结构对所有权与控制权的要求更高。依托某一平台、临时团队及社交渠道等方式形成的是非正式治理结构，包括虚拟开发团队等，相对来说更松散，对使用权的关注度比较高。近些年来，新兴技术不断应用到创新过程中，如物联网、大数据、区块链、人工智能等技术。全球创新网络的治理结构的趋势正不断向着开放化、数据化、平台化演变。

第三，知识分享的开放性。在全球创新网络中，各个区域可以通过更低的成本快速获取其他地区或者组织的知识、技术和能力，以对其核心竞争力形成有利的帮助。不同区域通过全球创新网络的链接，整合分散的创新中心或创新集群的方式，极大提高基础知识的广度与深度，从而降低创新成本，增强自身创新体系的创新活力。同时，全球创新网络不仅能够创造知识，还能在创造过程中促进知识、技术等创新要素的交流与传递。

三 全球创新网络的整体态势

全球创新网络同样是个生态链，在某种意义上来说，正是由基础研究、关键技术、成果转化、人才支撑等环节的跨区域链接与融合组成。事实上，当前全球创新网络的重要节点也都是在这几个环节拥有较强竞争力的国家或地区。

基础研究是整个创新网络的源头之水。从基础研究能力分布来看，美国、英国、日本等发达国家具备较强的原始创新能力，处于全球创新网络的中心位置。2018年，法国、日本、韩国、英国、美国5个国家用于基础研究的经费占其国内研发总投入的12%—23%，而中国基础研究投入占国内研发总投入的比重仅为5.54%，与主要创新型国家投入还有一定差距。

关键技术是产业控制能力的集中体现。只有掌握关键核心技术，才能掌握产业链与创新网络的主导权。从关键技术的掌握情况来看，美国依然处于全球高新科技产业链的核心位置。其次是中国，依靠全产业链优势，也处于全球创新网络的重要节点位置。目前，在世界十大关键技术中，中国领先了4项，主要是5G、量子通信卫星、高铁和移动支付，像深圳已经实现5G独立组网全覆盖，率先进入5G时代。而在芯片半导体、飞机发动机、人工智能等领域，美国仍然具有主导地位。

科技成果转化的效率决定了科技创新的最终效益。当前，美国的硅谷、日本的筑波科学城、芬兰的奥卢科技园、法国的格勒诺布尔科学中心等是全球成果转化的中心，成果转化率高达60%—70%，而中国科技成果平均转化率仅为30%。显然，在科技成果转化方面，美国、日本、法国等发达国家在全球创新网络中处于第一层级，中国大概位于第三层级的位置。

科技人才是创新发展的重要原动力。在全球范围内，中国的R&D人员全时当量的年均增速超过7%，连续多年居世界第一，但"高精尖缺"人才仍显不足。瑞士、美国、丹麦等欧美国家以及新加坡、日本等亚洲国家在全球人才竞争力方面位居前列，中国在全球人才竞争力上正奋起直追。必须看到，发达国家仍然是全球高端人才的主要集聚地，是全球创新网络的集中分布地，广大发展中经济体和落后地区则往往经历着人才匮乏、智力外流的状况，处于全球创新网络的末端。

总体来说，全球创新网络的整体态势呈现较为集中的空间分布走向，主要分布在美国、加拿大、英国、丹麦、荷兰、德国等发达欧美国家或地区，以及中国、日本和韩国等亚洲国家或地区，这些国家或地区掌握着全球大部分创新要素的流动与聚集，成为全球创新的重要高地。其中，美国在全球创新网络中整体处于中心地位，在科技创新上仍然具有压倒性的优势，并与各国或地区形成了辐射性的合作关系。欧洲城市的创新生态也有其鲜明特色，德国、英国和法国都处于全球创新网络的重要节点位置。而亚洲城市在全球创新网络中展现新的活力，在科技创新领域的上升态势持续增强，中国也处于全球创新网络的重要节点位置，一大批中国城市作为国际科技创新中心的新兴力量正在崛起[1]。

需要警醒的是，当前逆全球化趋势愈演愈烈，对全球创新网络的发展带来不小冲击。但从世界的交互过程来看，知识、技术、信息、人才等要素组成的全球创新网络的趋势是可逆的，就看谁来主

---

[1] 郭茜茜、刘云：《全球创新网络研究热点、学科分布及主要国家及地区研究潜力评估》，《世界科技研究与发展》2021年第4期。

导、基本规则是什么以及要素如何流转等问题。尤其是进入科技竞争时代，全球创新网络在短期内呈紧绷状态，并越来越表现出多中心的趋势。挑战与希望并存，在这种态势下，深圳要如何把握住机遇，以更高水平走向全球创新网络，是当前深圳面临的一大挑战。

第二节 深圳走向全球创新网络的优势与愿景

深圳要建设具有全球影响力的科技和产业创新高地，就必须坚定融入全球创新网络，通过深圳创新链与产业链的跨域延伸与拓展，吸纳整合全球创新要素，实现原始创新能力跃迁，为深圳高质量发展提供引领支撑。

一 深圳走向全球创新网络的优势分析

（一）深圳高新技术产品国际贸易增长势头强劲

高新技术产业是深圳经济的支柱产业，高新技术企业是自主创新的主体。党的十八大以来，深圳高新技术产业保持强劲的发展态势。2012—2020年，深圳高新技术产业产值增长率保持在10%左右，2012年深圳高新技术产业产值为11875.61亿元，至2020年产业值达到25454亿元，与2012年相比，实现了翻番。

近十年来，深圳高新技术产品的出口额在2012—2015年保持较高水平，2015年之后有所下降，2020年后又稳步回升。其间虽有所波动，但深圳高新技术产品出口额占总额的比重始终稳定在50%左右（见表7-1）。由此可以看出，高新技术产业在深圳经济中的重要地位，是深圳出口贸易的"巨头"，是深圳发展的"定盘星"。

表7-1 2012—2020年深圳高新技术产品出口额占出口总额情况

年份	高新技术产品出口额（万美元）	占出口贸易总额（%）
2012	14122000	52.04
2013	16900557	55.28

续表

年份	高新技术产品出口额（万美元）	占出口贸易总额（%）
2014	13674080	48.09
2015	14033773	53.15
2016	12154291	51.17
2017	11420191	46.74
2018	12460737	50.58
2019	11716242	48.39
2020	14023264	57.17

资料来源：深圳统计局。

高新技术产品出口量在 2012—2017 年始终高于高新技术产品进口量，在高新技术产品出口贸易中保持较大优势。从 2017 年开始，深圳高新技术产品出口量低于进口量，但整体差距不大，并在 2020 年实现反超，体现了深圳高新技术产品出口贸易的强韧性（见图 7-2）。

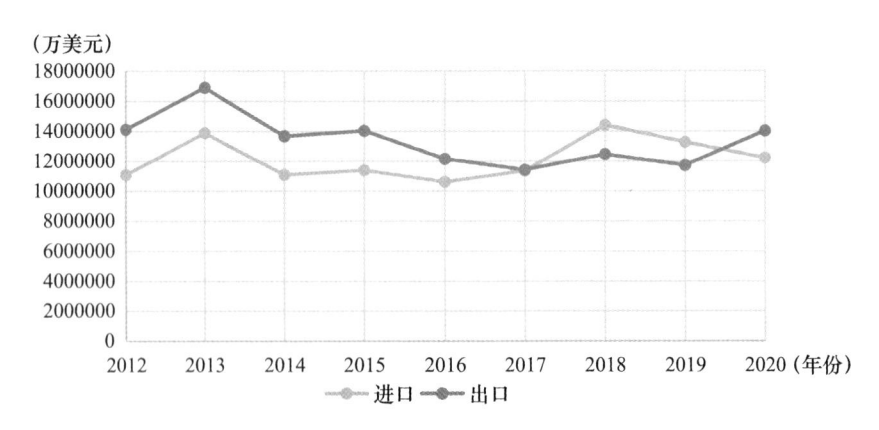

图 7-2 2012—2020 年高新技术产品进出口情况

资料来源：深圳统计局。

根据 2020 年数据统计，深圳高新技术产品出口主要以计算机与通信技术产品和电子技术产品出口为主，其中计算机与通信技术产品在出口贸易中占据主导地位，出口额所占比重超过 60%。电子技术产品出口位居第二名，出口额所占比重约为 24.38%。而生命科学技术、光电技术、计算机集成制造技术等出口额所占比重较低，比如生命技术、航空航天技术等所占比重不足 6%（见图 7-3）。这几类产业都是技术密集型产业，产品对于研发投入的要求很高。在这些领域出口额较低，说明这正是深圳产业相对薄弱之处，同时也是产业未来发展的空间和潜力所在。

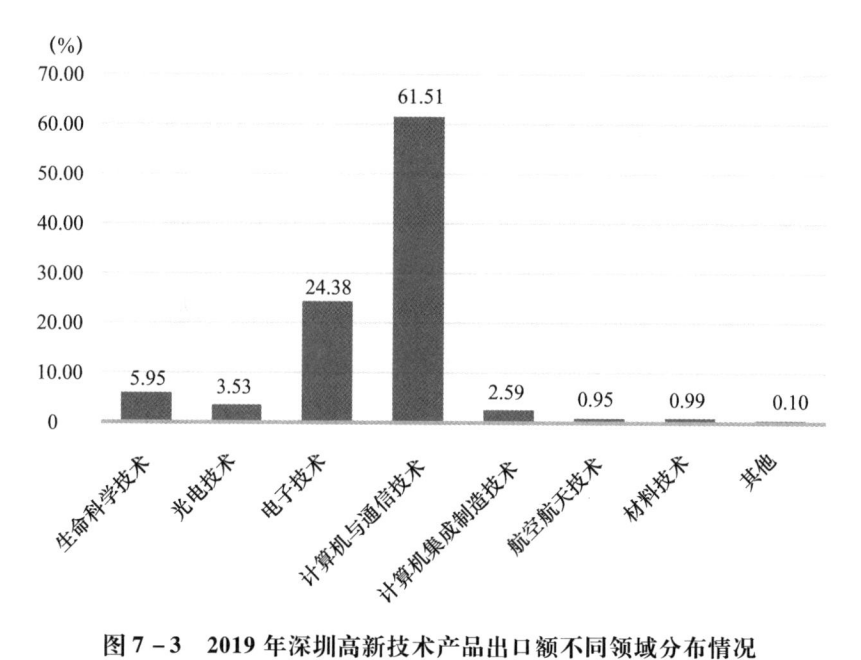

图 7-3　2019 年深圳高新技术产品出口额不同领域分布情况
资料来源：深圳统计局。

根据以上分析可知，深圳高新技术产业离不开广阔的国际市场，同样国际市场对深圳高新技术产品也有巨大需求。深圳高新技术产业在全球形成了较大范围的辐射力，相应地，深圳也受到国际产业链与供应链的牵制，在某些高新技术领域严重依赖进口，表明深圳在走向全球创新网络时机遇与挑战同在。

（二）深圳与全球的科技交流日益密切

近些年来，为了加强与世界技术知识链的交融，提升深圳在全球范围内整合创新资源的能力，深圳一直坚持举办中国国际高新技术交流会、中国（深圳）国际人才交流大会、国际创新合作交流会等多渠道科技交流活动。

2020年11月11日至15日，第二十二届中国国际高新技术成果交易会（高交会）在深圳举行。此次高交会有24个国家和国际组织线下参展，有29个国家和国际组织线上参展，有平安科技、华为、大疆、中兴、英飞拓等深圳龙头企业参与，海内外展商带来了5G商用、脑机芯片、存算一体芯片等一大批高精尖产品，共有1790项新产品和767项新技术首次亮相，引领行业和技术风向标。近400家海内外科研机构、高校和创新中心亮相展会，356次项目在展会进行配对洽谈活动。深圳的深创投、高新投、深圳天使母基金等机构参加了展览及对接活动。经过多年发展，高交会已经成为深圳高新技术产业对外开放的重要窗口，在推动深圳高新技术成果商品化、产业化、国际化以及促进深圳与世界经济技术交流与合作中发挥了越来越重要的作用。

中国（深圳）国际人才交流大会是我国面向国际科技创新和国际人才交流资源的国家级、国际化、综合性展洽活动。2021年4月24日至25日，第十九届中国国际人才交流大会在深圳成功举办，全球科技精英在深圳集聚。此次交流大会吸引了来自世界各国的1000多家专业机构、组织和企业，1万余名海内外专家学者、高端人才等现场参与。据不完全统计，此次交流大会有885个项目、322款产品在现场进行展示交易，达成合作意向近700项。此次大会为深圳与国际组织、国际企业和国际人才展开更深入的交流提供了契机。

（三）深圳知识产权国际影响力日益突出

专利的申请量，在一定程度上代表了一个国家或地区的科技创新水平。据2021年统计，深圳专利申请总量超过26万件，国内发明专利授权量超20万件，两项指标居全国第一，较去年增长35.1%，与北京、上海、广州等大城市相比遥遥领先，并呈现逐年上升的趋势（见图7-4）。获得中国专利金奖5项，占全国1/8。深圳PCT国际专利申请量2.02万件，约占全国申请总量的30%，约占广东省总量的72%，连续17年居全国各大城市首位。其中，华为公司以6348件居全球企业第一，这也是华为第4年独占鳌头。

深圳大学 PCT 国际专利申请 252 件，在教育机构申请量排行榜中位列世界高校第 3 名，中国高校第 1 名。这充分体现了深圳在创新产出质量和国际竞争力上的强大，在知识产权主导能力和国际创新产出上呈现较强的优势。

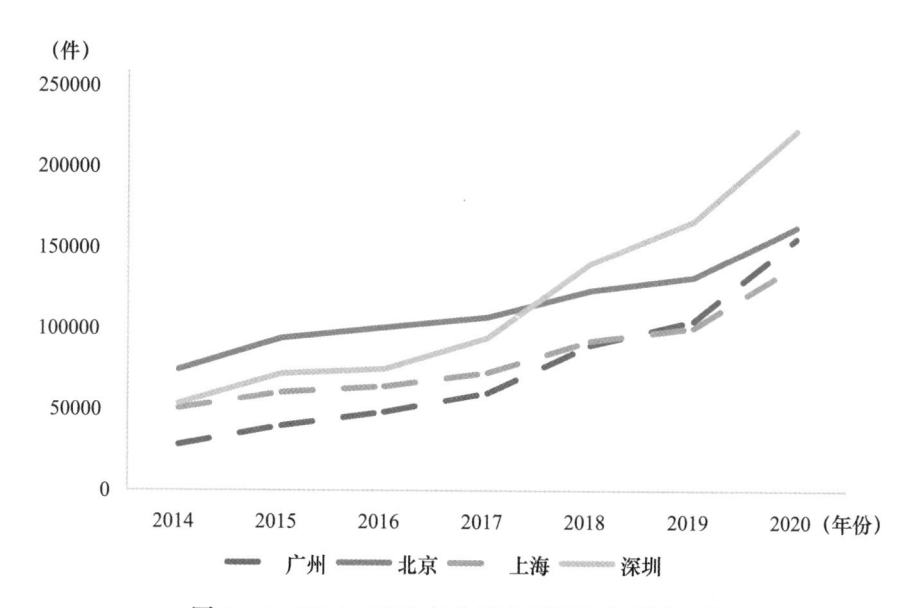

图 7-4　2014—2020 年全国主要城市专利授权量

资料来源：国家统计年鉴、地方统计年鉴。

（四）深圳的全球创新重要节点地位日益凸显

经过几十年的发展，已有众多世界 500 强公司在深圳投资高新技术产业，如计算机产业的 IBM、希捷、康柏，通信产业的菲利普、朗讯科技等。2019 年，世界 500 强之一的航空航天巨头空中客车在深圳启用其在亚洲的首个创新中心。另一家世界 500 强企业埃森哲在深圳启动了全球创新研发中心，希望深圳创新产业优势和埃森哲技术人才优势强强联合，构建生态链伙伴关系，共同聚焦于人工智能、机器人等领域的前沿应用研究。此外，还有德国英飞凌中国创新中心，欧绿保集团运营中心等多个项目也相继落地鹏城，充分展现了深圳广阔的投资空间以及深圳高新技术产业对外资较强的吸引力。外商企业对深圳高新技术产业投资和高新技术产品出口具有重大的推动作用，同时也为深圳高新技术产业的发展带来了大量的资金、世界先进的技术和国际人才，促进了全球创新要素在深圳的流动和集聚。

总之，深圳作为科技创新城市和全球创新网络的新兴节点，具有打造全球有影响力的产业科技创新中心的基础和优势，为深圳全过程创新生态链与全球创新网络的链接提供坚实支撑。

二 深圳走向全球创新网络的愿景

站在新的历史起点，对标具有全球影响力的创新创业创意之都、全球创新高地、现代化国际化创新型城市的目标定位，深圳需要在更大范围、更广领域、更高层次上走向全球创新网络，使深圳成为全球创新需求的发布地、全球创新成果的集结地和全球技术要素市场的重要节点，与世界顶尖科技圈接轨，加快构筑国内国际双循环的全过程创新生态链，全面提升科技创新能力。

（一）成为全球创新需求的发布地

一个完整的创新链应该是从创新需求到产业化扩散的全过程。一般来说，创新是从实验室到企业，而采用逆向思维，从需求出发，直击科技创新的痛点，则能够更准确地找到创新的通道。一边是有创新需求的企业，一边是能够提供科技服务的企业、高校、科研院所，这两边就是一座连接供需双方的创新桥梁，科技创新资源借此得以在全球范围"按需"流动。

深圳拥有发达的高新技术产业和超2万家的高新技术企业，对应着全球较庞大的科技创新市场规模和需求潜力。深圳作为中国特色社会主义先行示范区，一直尊重市场经济规律，强调科技创新过程的需求导向原则。走向全球创新网络同样要抓住国际创新需求这个"牛鼻子"，为产业发展和技术突破的方向"导航"，才能保持与国际市场不脱节。

为此，深圳应该积极参与各类全球性交易平台的建设，加强国内国际的双向互动，打造全球创新需求发布的多元载体。同时，充分利用线上线下的资源，跟踪并凝练国际科技与产业最新动向，使深圳成为全球创新需求的发布地，是深圳建设国际高水平科技创新中心的题中应有之义。

(二) 成为全球创新成果的集结地

创新成果是指通过科学研究与技术开发，将创新的知识、新技术、新工艺等加以应用，在实现新发明和新创造的过程中所产生的具有实用价值的成果。创新成果的产出在一定程度上体现了一个国家或地区的科技创新实力，创新成果的数量和质量是地区科技竞争力的集中体现。

深圳的科技创新成果频频在国家科技奖评选中脱颖而出，成为这座创新之城的最佳诠释。自2010年以来，深圳已连年斩获国家科技奖项达148项，彰显了深圳科技创新硬核实力。在2020年度国家科技奖名单中，深圳13个项目获奖，其中企业获奖达12项，占深圳获奖总数的92.3%。如中兴牵头完成的"宽带移动通信有源数字室内覆盖QCell关键技术及产业化应用"项目，推出了全球首个以太网有源数字分布式基站系统。中国科学院深圳先进技术研究院参与的"高场磁共振医学影响设备自主研制与产业化"项目，成功破解了国际公认的磁共振成像研发难题。近些年来深圳科创成果质量大幅跃升，有目共睹。

科技创新成果还可以以专利、计算机软件著作权等为代表的知识产权产品来衡量。近十年来，深圳各类专利申请量和授权数量持续快速增长，多项指标居全国前列。2020年，深圳专利申请总量超过26万件。2021年，深圳计算机软件著作权登记量达到15.06万件，居全国第三。这有力地体现了深圳在创新成果产出方面的突出能力。

党的十八大以来，科技创新对高质量发展的支撑和引领作用日渐增强。深圳始终坚持创新驱动发展战略，创新成果不断涌现。站在新的历史起点，深圳应该继续发挥成果转化链条的优势，吸引全球科技成果与深圳的产业链相融合，使全球技术资源为深圳的创新链注入源源不断的能量，成为全球创新成果的集结地。

(三) 成为全球技术要素市场的重要节点

技术要素，是指在物质生产和价值创造中发挥关键性独立作用的科学知识、技术经验和信息等。科技是第一生产力，技术市场在众多要素市场的"队列"中具有先导性，发挥着其他要素市场无法替代的关键性作用。当今世界，高新技术产业迅速崛起，知识、技术、信息和数据等技术要素市场化规模达到空前水平。根据数据显示，2019年知识产权使用费全球进出口总规模达到8743.19亿美元，是2005年的2.5倍。技术要素的配置效率成为直接影响国家经济发展的关键。

深圳从产权激励制度入手，建立了一个有利于科技人员创新创业的技术要素市场体系。通过一系列技术要素配置市场化改革，深圳形成了市场化、法制化、国际化的营商环境，吸引了各类技术要素在深圳流动。同时，高新技术产业的蓬勃发展，使深圳具有技术要素资源丰富且流动顺畅的突出优势。然而，全球技术要素市场主导权更多还是被美国等发达国家所掌握，在国际科技竞争空间激烈的当下，国际技术要素向深圳的流动已经出现被恶意阻断之势。因此，面临外界打压，深圳更应练好内功，继续完善技术要素市场配置机制体制，强化科技金融对技术要素配置的支撑作用，在全球技术要素市场重要节点版图上更进一步。

第三节 当前深圳走向全球创新网络面临的挑战

深圳经历了"三来一补、模仿创新、引进吸收再创新、集成创新、自主创新"的历史性跨越，在全球创新网络中的节点地位逐步上升。然而当前逆全球化思潮不断蔓延，全球产业链、供应链波动加剧，"脱链""重构"的苗头已现，深圳建设全球影响力的科技和产业创新高地面临着诸多挑战。

一　逆全球化浪潮下面临的脱钩断链压力巨大

近十年来，少数国家举起了"逆全球化"的大旗，以各种理由对我国的高科技产业进行打压。特别是从特朗普政府时期开始，美国通过贸易摩擦，推动对华经济贸易脱钩。到了拜登政府时期，将脱钩主战场转移到了科技领域，希望通过"小院高墙"战略，精准卡住中国高新产业进阶之路。尤其是随着欧美等西方发达国家之间的零关税、零壁垒自由贸易谈判成功，世界经济格局将面临重大调整，给未来深圳高新技术产业发展带来极大的不确定因素。对此，一方面我们应认识到，以引领"全球化"应对"逆全球化"，以更高水平的开放应对打压和封锁是未来发展之道。另一方面，对于深圳来讲，也必须正视风险，对产业链、技术链与知识链面临的脱钩态势和影响具有正确认知和必要准备。

首先，深圳高科技产业的国际供应链不稳定问题突出，部分关键产品的断链危机有长期化趋势。近两年新冠肺炎疫情冲击与地缘冲突引起的全球供应链震荡对深圳产业链形成了不小冲击，而经过一系列的稳外贸政策后，深圳创新产业链的韧性得以验证，新能源汽车等产业增长强劲，全球重要的消费电子商品供给地角色得到进一步加强。但是悬在深圳主导产业供应链上的"达摩克利斯之剑"却并未消失——美国主导下的"芯片战争"有愈演愈烈之势。实际上，在2018年中美贸易摩擦之前，美国就开始高度关注中国高科技企业的发展，谋划在关键技术领域对华脱钩，并细化到具体企业和项目。例如，在深圳增长最快的电信产业领域，美国就通过一再变换手法，调整禁令，不断加大封堵力度，试图通过关键产品和服务的断供，彻底封杀华为的芯片业务。禁用EDA软件和相关服务、禁止含有美国技术成分的芯片出口给华为，致使华为的移动终端业务遭受重创。华为作为全球5G技术专利第一大户，却只能卖4G手机，消费者板块营收大幅下滑，至今无法走出阵痛。这几年高端芯片供应链的不稳定，不仅影响的是华为一个企业，而是对深圳整个ICT产业形成巨大挑战。而且在可预见的未来，这种对华关键产品供应的管控，不仅不会缓和，还有加强之势。2022年7月20日，美国主持召开的"2022年供应链部长级论坛"闭幕，其牵头的18个经济体发布了《关于全球供应链合作的联合声明》，不顾'友岸外包'（Friend-Shoring）会增加生产成本和不稳定性的弊端，也要拉拢特定国家在供应链上搞"友链"。① 至此，美国通过把控关键产

---

① 许振华：《美国领衔18个经济体推出供应链倡议，专家："友岸外包"难成功》，https://www.thepaper.cn/newsDetail_forward_19130844。

品的供应链条，以遏制我国产业升级进程的战略目标已非常清晰。因此，如何扎实推进国产化替代进程，并加快国际多元稳定供应链构建，来消除当前在关键产品上对特定供应链条过于依赖的痛点，是深圳未来一个时期面临的重大现实挑战。

其次，深圳高科技企业在海外的运营屡遭打压围堵，市场拓展难度急剧增高。近几年，全球新冠肺炎疫情肆虐，市场震荡，需求收缩，已对深圳企业的海外经营造成不小冲击。而部分国家在国际市场大搞筑墙脱钩，使深圳高科技企业走向全球遭遇前所未有的挑战。深圳是一个以外贸和科技及金融为支撑的城市，其外向型经济定位非常明确，鼓励高科技高附加值产品出口扩展国际市场以促进企业国际化布局。稳定的国际市场会带动产业升级，产业升级意味着产业技术的更新迭代，循此路径，过去十几年深圳高科技产品在国际市场上的竞争力日渐突出。面对中国高科技产品的突破之势，美国尝试组建各种联盟，对中国高科技产品大搞禁入、禁售和禁用，试图从市场端打断中国创新的正向循环。例如为了阻止华为抢先在5G领域站稳脚跟，美国于2019年将华为及其子公司列入出口管制的"实体名单"，在本土禁止使用华为等公司的5G技术，发动其同盟国及能够影响的国家一起封杀华为产品的海外市场。相对于"芯片制裁"对供应链所造成的瞬时震荡，美国采用的"毒丸条款"、原产地规则等市场封杀方式的负面影响也更加深远。兼顾风险和成本，未来全球产业链的区域化特征将进一步凸显，中国企业将直面被排除在某些区域市场之外的风险。[1] 这就对深圳的高科技企业未来在海外的拓展提出了更高的要求，不仅要打造不可替代的技术创新能力，还要切实提高合法合规、多点突破的多元市场生存能力。

最后，深圳在参与全球知识链、人才链合作上也面临越来越多的阻碍。当前全球化正在从"超级全球化"转向"有限全球化"，这一变化也影响到国际知识与人才网络互动，很多国家对国际科研及教育合作交流加强了限制，甚至出现了"阵营化""集团化"趋

---

[1] 袁佳、莫万贵：《全球产业链面临重构，中国如何力避"断链"与"脱钩"》，https://www.sohu.com/na/423263117_115571。

势。近年来，随着美方将越来越多的企业、高校和研究机构列入实体清单（EL），其中的工作人员在正常国际交往中也受到越来越多的限制。例如对参加国际学术会议的中国专家学者加大背景调查，甚至拘押滞留。2018年11月开始，美国政府的司法部和联邦调查局针对"受中国政府支持的科研人员"展开调查，审查其在学术活动中是否给美国带来安全与技术威胁。据《麻省理工科技评论》统计显示，截至2021年年底，在美国司法部"中国行动计划"专题网站上列示了77起案件，150多人被起诉，其中逾九成为华人华裔。虽然2022年美国司法部结束了备受争议的"中国行动"，但这项计划已经造成的损失是无法弥补的，"寒蝉效应"依旧，中美科研合作骤然降温，大量留美人才不得不减少与中国的合作交流。[①] 不仅如此，美国还有目的性地拒签中国留学生，并在重点科技岗位拒绝中国求职者。[②] 一个可以预见的变化是，未来去美国攻读STEM专业硕博学位、进行博士后科研培训的渠道会越来越收窄。以上种种，都会对深圳吸引海外专业人才，建设全球人才高地带来巨大挑战。

从以上梳理可知，全球化格局当前正处在重构的关键时期，深圳高科技产业发展所依托的国际供应链、市场链与人才链都出现断链的风险，这既是挑战也是机遇。这有助于我们正视过去过度依赖单一技术来源的问题，有助于深圳向国内大循环为主体、国内国际双循环相互促进的新发展格局转变，推动产业链供应链的国际合作，以高质量开放实现内外联动。深圳应发挥地缘优势，深入参与到RCEP区域合作的高质量实施中，将其作为摆脱逆全球化趋势的突破口以及致力于保障产业链安全的重要尝试；发挥内外资企业合力，构建互利共赢的产业链供应链合作机制；建立与高水平开放相适配的产业链供应链安全数据库、安全评价体系及预警机制，对突发事件做到提前预判、快速反应。

[①] 肖君拥、王晨：《美国的"中国行动计划"恶行加剧系统性种族歧视》，《光明日报》2022年6月18日第8版。

[②] 操秀英：《中国留学生赴美签证被拒：高科技人才培养交流如何辟新路》，https://baijiahao.baidu.com/s?id=1707713350630693020&wfr=spider&for=pc。

二　技术标准的主导能力亟待加强

近些年来，国际产业竞争呈现"技术专利化、专利标准化、标准许可化"的趋势，技术标准竞争已成为高技术企业竞争的高级阶段。目前，中国在技术标准的制定上与发达国家还存在一定差距，尤其是关键核心技术标准上的落后也导致中国在科技创新上"四处碰壁"。谁制定了标准，谁就能引领这个标准下的技术和产业方向，就能掌握创新发展的主动权。深圳在走向全球创新网络过程中，产业技术标准竞争力亟待提升。

美国、英国、法国、德国以及日本等经济发达国家的大型企业，为主导各细分产业技术发展方向，非常重视自身的标准化能力建设，甚至结成企业联盟，参与各类标准化组织的建设，以强化对产业技术标准开发制定的主导能力。据不完全统计，在国际标准化组织1954个主要部门和负责人中，美国有608个，英国445个，德国481个，法国264个，日本156个，分别占31.1%、22.8%、24.6%、13.5%、8.0%。由此可见，美、英、德等经济发达国家在国际标准化领域中占据着绝对的主导地位，现有的绝大多数国际标准也基本是由这些国家控制制定的，很大程度上反映了它们的标准掌控权和技术水平。

目前，深圳在5G、人工智能、无人机等领域已经达到国际先进水平，在这些标准的制定和应用上拥有一定的国际话语权。以华为为例，华为的5G专利数量世界第一，真正掌握了5G领域的关键核心技术，成为5G技术标准的引领者。反观美国的高通、芬兰的诺基亚、韩国的三星等公司，作为华为的国际竞争对手，其拥有的专利数量远不及华为，技术贡献也远不及华为（见表7-2）。同时，华为对专利进行了很好的保护，作为一个综合性的网络设备制造商，华为在5G芯片领域的专利数是高通公司的3倍以上。值得注意的是，正是看到华为在5G技术标准上的巨大优势，美国才对华为进行打压。甚至提出直接开发6G来摆脱在5G上的落后局面的策略，这也从另一个层面说明技术标准主导权对创新的重要性。

表7-2　　　　　5G标准技术贡献排行榜前十

排名	公司名称	技术贡献
1	华为	11423
2	爱立信	10351
3	海思	7248
4	诺基亚	6878
5	高通	4493
6	三星	4083
7	中兴	3738
8	英特尔	3502
9	LG	2909
10	中国电信科学技术研究院	2316

但是，当前深圳绝大部分高新技术企业的技术标准竞争力较弱甚至缺失，即使一些拥有核心技术且市场占有率高的企业，在这一领域仍需迎头赶上。如大疆占据了全球民用无人机超过80%的市场份额，也拥有行业内众多的专利，但前期在行业技术标准方面着力不多。可喜的是，大疆已认识到这一点，当前在向工业无人机市场进军时，开始加大对行业技术标准化的投入，以保证更持久的竞争力。

我们要清醒地认识到，中国与西方发达国家在技术标准化领域的差距，不比在关键核心技术领域的差距小。国际竞争中利用技术标准排挤对手的案例并不鲜见，因此，深圳高质量发展急需强大的技术标准竞争力支撑。迈入新发展阶段，深圳应该积极促进标准创新与推广，实现标准化与科技成果的紧密结合，不断深化标准国际化合作，打造国际标准化活动聚集高地，加强多层次标准化人才队伍建设，不断提高深圳标准国际化影响力。

三　深圳高新技术企业在国际市场外扩空间较大

深圳虽然是以外向型经济为主的经济特区，也孕育了华为、比亚迪、中兴等一批高新技术企业，这些企业在海外市场也占有一席之地，如大疆无人机、华为手机等。但整体来说，比起同领域顶级水平的海外企业，在对市场的拓展和把控能力上，显然还有不小差距。

以华为为例，华为虽然在5G专利上取得第一名，技术上的优势使华为能够迅速取得更多的5G设备合同。但这一切在2020年开始发生转变，随着美国对华为的技术封锁，华为在海外市场难以获得5G设备合同，国际市场份额也开始"缩水"。根据数据显示，华为在全球5G设备市场以35%的份额高居第一，但主要市场都在中国，在除中国以外的5G设备市场，华为仅以15.12%的份额排名第四。在国际贸易秩序不稳定的当下，如何突破"无形的墙"还需我们守正出奇，创新制胜。

再比如在新能源汽车领域后来居上的比亚迪，虽拥有自己很多独到的技术，具有核心技术自研自产能力，但是比亚迪的品牌影响力依然比较弱，国际化水平也低。要想在全球市场的品牌调性上赶超BBA、丰田、特斯拉，还需要一定时间，国际化水平也需要提高。当前比亚迪的电动大巴在国外已攻占了不少市场，"汉""唐"等车型也有一定知名度，但最终品牌力被全球市场认可，还需要在家用汽车领域长期突破，非一日之功。

还有一个关键的问题，深圳前期是典型的外向型经济体，但长期以来跟着发达国家的市场网络走。高新技术产品的出口市场较多集中于欧美地区，即使是销往第三世界等其他地方，很大部分也还是借助欧美的销售渠道。再加上中美贸易摩擦以来，国际上针对深圳高新技术产业的技术性贸易壁垒层出不穷，在很大程度上也压缩了深圳在国际市场的外扩能力和长远发展空间。因此，深圳在非洲、中东等海外新兴市场的开拓力度上还亟待增强。

四 深圳创新型人才的国际化水平较低

一座移民城市，未必一定就是国际化城市，但一座国际化城市必定是移民城市。目前，深圳作为一座国际化城市，面临着"移民而欠国际化"的现象，特别是创新型人才国际化水平不高。重要原因就在于人才市场国际化机制不健全和"移民"的"同质化"。

一个城市的外籍人口占有量在一定程度上决定了城市的国际化水平。深圳的常住外籍人口无论是总量还是其占比，与北京、上海、广州、香港相比，都存在一定差距，尤其是与毗邻的香港相比差距就更大了。从深圳国际人口的占比来看，发达国家外籍人口的比例大多超过20%，而深圳2015年常住外籍人口仅8255人，常住人口11378900人，占比只有0.07%，国际人口的占比非常低。从深圳国际化人才占比结构来看，截至2019年，深圳累计认定的高层次人才中外籍人才仅有328人，占总量的2.4%；常住外籍人口占总人口比重低，持工作类证件的外国专家16700人，仅占全市常住人口的0.2%，远低于硅谷（67%）、纽约（36%）、新加坡（33%）和香港（8%）等世界先进城市。

由此也可以看出，深圳尚未成为国外高知识、高技术人才和精专人才的集聚地。相对于物质生活的国际化，深圳在人才的国际化方面并未处于领先优势。长此以往，"移民而欠国际化"创新型人才国际化水平低，将在内在上约束、限制深圳继续持久保持创新文化与精神的发展。因为，最终能够成功招揽全球人才的，不仅是政府鼓励创新的政策，更是充满包容、开发和自由的创新生态，以及具有创新思想、知识与技术的人的大脑。

第四节　深圳高水平走向全球创新网络的未来路径

深圳高水平走向全球创新网络，既是增强深圳创新驱动发展能力、建设具有全球影响力的科技创新高地的重要路径，也是深圳塑造科技创新引领新优势、加快构建新发展格局的战略支点。坚持以粤港澳大湾区城市群为主阵地建设世界级创新平台，以东盟为突破口逐渐引领科技产品全球市场，以国际化视野开展高层次的科技合作，实现全过程创新生态链对外延展，进一步提升深圳创新生态位是深圳走向全球创新网络的必经路径。

一 以粤港澳大湾区城市群为主阵地建设更高水平开放型创新体系

粤港澳大湾区是继纽约湾区、旧金山湾区、东京湾区之后,世界第四大湾区,成为全球经济新的增长极,其中"深圳—香港—广州"科技集群蝉联全球第二位。粤港澳大湾区作为中国综合实力最强、开放程度最高、经济最具活力的区域之一,初步形成了"两点""两廊"的开放创新发展格局,具备创新资源优质、创新业态丰富、创新链条完整等优势,在科技创新方面可以形成强有力的引擎带动作用。

以粤港澳大湾区城市群为主阵地,以打造创新创业多元化平台、引进与集聚全球高端创新人才、加速科研成果转化等为抓手,提升在全球创新网络中的关键纽带地位,是深圳高水平走向全球创新网络的重要路径,也是进一步完善全过程创新生态链、增强深圳科技创新实力的重要支撑。

(一)深化广深合作,打造"中国硅谷"

广深合作一直是一个常谈常新的问题,科技创新已成为新时期两座城市合作的有效切入点。广州更多的是在工业3.0层面上从1到n的创新,而深圳则是在工业4.0层面上从0到1的创新,正如广汽出现在广州,中兴、华为这些企业也只在深圳出现。深圳虽然已成为综合性国家科学中心,但在本地科技顶尖人才、原始创新能力不足等方面还比较薄弱,而广州丰富的科教资源可以为深圳提供有效输出。广州则在技术攻关、科技金融支撑等方面比较薄弱,深圳强大的高新技术产业群可以弥补广州在这些方面的不足。因此,两座城市在科技领域具有很强的互补性。

为此,广深两座城市将继续联手打造粤港澳大湾区的核心引擎,努力成为全球创新发展最具活力和最有竞争力的"双子城"。广深科技合作要充分发挥广州、深圳在广深港澳科技创新走廊中的核心节点城市作用,聚焦关键共性技术、前沿引领技术、颠覆性技术,加强基础研究与应用基础研究合作。

一是共建共享重大科技创新平台。立足广深两地发展需要,努力构建"2+2+N"战略科技创新平台体系,为共建大湾区综合性国家科学中心、打造世界重大原始创新策源地提供强有力的支撑。加强广州科学城、中新广州知识城、南沙庆盛科技创新产业基地等与深港科技创新合作区、西丽湖国际科教城、光明科学城等重大创新载体的对接合作,集中优势科研力量,共建共享科技创新平台。

二是开放共享科技创新资源要素。根据"中国城市人才吸引力排名"显示,在广州的流出人才中,有18.5%流向了深圳,而深圳的流出人才中,有15.1%流向了广州,深圳和广州互为人才外流目标城市的第1位。可见,作为科技创新的要素之一,人才在广深之间流动非常频繁。支持广州发挥高校、科研院所集聚等优势,支持深圳发挥高新技术企业集聚、创新创业活跃优势,凭借着互补的优势,双方可以从制度供给、就业创业、人力资源配置、社保互联互通等七大领域,加速创新要素的流动,不断开放共享科技创新资源要素。

三是推动"科技+金融"创新合作。近十年来,深圳金融业发展迅速,在2020年全球金融科技中心中排名第6,国内排名第3。充分发挥广州科技企业众多且估值低的"价值洼地"优势和深圳风投创投机构集聚优势,依托南方创投网及其投资联盟,合作构建多元化、跨区域的科技创新投融资体系,建立两地科技企业与创投机构信息对接机制,推动广深两地共建金融科技生态链,进一步发挥风投创投领域的力量为产业发展赋能。

四是深入建设广深科技创新走廊。广深科技创新走廊构建起了"一廊十核多节点"的空间格局(见图7-5)。这条走廊借鉴的是美国硅谷101公路与波士顿128公路,相当于一条"创新链",串联起广深之间的创新资源。广深科技创新走廊的诞生,对标美国硅谷、东京—横滨—筑波等区域,通过实施创新驱动发展战略,全力将其打造成为"中国硅谷"。深入推进广州—深圳科技创新走廊建设,以共享创新要素、共建创新平台、共促成果转化等为抓手,集中突破一批关键核心技术,协同推进原始创新、技术创新和产业创新,让两地人才、技术、信息、资本等创新要素得以更高效、更便捷地流通,共同对接和集聚全球创新资源,共建粤港澳大湾区大数据中

图7-5 广深科技创新走廊

心和国际化创新平台。

(二)深化深港合作,联合携手出海

多年来,深港科技交流与合作日益紧密,早在2007年,双方就签署了《深港创新圈合作协议》,在建设产学研基地、培养科技人才、设立科技研发机构、青年人才创新创业等领域开展了深入合作,对双方也产生了良好的效应,为深港科技合作打下了坚实的基础。截至2018年年底,众多香港高校已经在深圳设立44个创新载体、72家科研机构,累计承担了1300多项省、市和国家级科技项目,一批优秀的创新型企业在深圳蓬勃发展。

深化深港合作,相互帮衬形成对双方有利的影响,将在共建"一带一路"推进粤港澳大湾区建设、高水平参与全球创新网络方面发挥更大作用。加强科技合作，是深港两地的共同需求，也是实现更好发展的必要选择。为此，深港科技合作必须要立足长远利益、全局利益，突出优势互补、共建共赢，联手开创深港科技合作的新局面。

一是推动深港科技创新特别合作区高标准建设，打造离岸创新特区。坚持制度创新，促进深港规则衔接、机制对接，积极探索对接香港及国际先进规则，按照离岸创新模式，探索在科研物资流动、人员出入境、金融科技监管等方面的新制度、新规则，以制度创新最大限度释放科技创新的强大动能。在这方面值得一提的是，香港2021年提出的建设"北部都会区"构想以及"双城三圈"空间概念。"双城三圈"空间概念的确立，有利于进一步促进深港在科技方面的合作，产生"1+1＞2"的效果，为深圳和香港寻找新的增长点。积极对接香港"北部都会区"发展策略，深圳不断加强与香港洪水桥新发展区交流合作。目前在深圳与香港一线，西有前海深港现代服务业合作区、中有河套深港科技创新合作区、东有深港口岸经济带，正全面积极对接香港"北部都会区"发展策略，拓展深港合作新空间。此外，还要加强南山发展规划和前海总体规划的衔接，配合做好前海合作区国土空间规划编制工作。

二是促进创新要素在更大范围内的优化配置和自由流动，形成科技创新的多重效应。在科技资源配置中，最大限度发挥市场的决定性作用，让人才、技术、资本、信息等创新要素充分活跃起来，为双方创新提供动力源泉。探索实施有利于深港两地人员的出入境政策，简化出入境手续，方便两地人员科研交流往来，提高科技工作者的工作效率。完善深港科研项目的跨境资助体制，研究建立科技创业投资基金出入境绿色通道，保障深港科技资金能够实现畅通流动，真正发挥资金为人的创新活动服务的功能。

三是推进深港青年创新创业基地建设，打造孵化优秀科技项目的"梦工厂"。在市场运作、政府引导、共享共建的原则引导下，依托现有双创基地、创业孵化基地等载体，鼓励高校、科研院所、企业等建立一批具有示范性的深港青年创新创业基地，促进深港两地优秀青年联手创新创业、加强深港技术合作。持续完善技能培训、创新创业辅导、成果产业化展示等长效机制，建立优质的、高效的、多元化的科技创新服务体系，提升创新创业团队的孵化质量。

四是推动深港产学研基地优化升级，建设高效运转、体制灵活、互惠互利的科技合作共同体。构建从人才引进、项目推广、政策指导、投融资服务、咨询管理服务等完备的一站式、一条龙服务体系。发挥香港科技大学等香港高校与南方科技大学等深圳高校的科研优势和人才培养优势，共建重点实验室、科研院所、创新创业园、孵化中心等科技创新平台，鼓励双方在关键核心技术攻关上开展合作，形成强大的创新科技能力和高新技术产业化能力。支持双方在科技体制创新、项目补贴、人才培养、成果转化等方面先行探索，健全"基础研究＋技术攻关＋成果产业化＋科技金融＋人才支撑"全过程创新链的完整链条，实现创新链、产业链、服务链资金链、政策链、人才链的融合互通。

五是协同香港开展国际科技合作，以更加积极的姿态融入全球创新网络。充分发挥香港"超级联系人"作用，依靠与国际接轨的营商环境优势、知识产权保护的法治优势和专业服务优势，共同提升对海外高层次科研人才的吸引力，在更高领域、更深层次联手推进一批重大国际科技合作项目。支持设立国际化的科技促进联盟、知识产权保护联盟、标准创新联盟等枢纽型组织，加速科技成果的跨境转移转化。

香港作为全球知名的自由贸易港和国际金融中心，在国际化资源上拥有强大的集聚能力，会集了世界上大量的优秀科研人才。优越的营商环境、完善的法律框架、强大的知识产权保护等，形成了一套健全的服务体系。拥有多所如香港大学、香港科技大学等全球一流大学，拥有深厚的教育资源和基础科研实力；深圳作为首个以城市为基本单元的国家自主创新示范区，高新技术产业发达，民营经济活跃，逐渐形成了以企业为主体、以市场为导向的科技创新优势。深化深港科技合作，有利于将深圳和香港双方的优势更好发挥出来，通过深圳科技创新破解香港发展的障碍，以香港国际化水平高、学术条件好等长项对接深圳，将会形成"1＋1＞2"的协同效应，进一步增强深港社会经济发展，夯实高质量发展的基础。

(三) 强化粤港澳大湾区的辐射带动作用

粤港澳大湾区拥有支撑高水平创新的经济基础、完备的产业体系、强大的创新驱动能力。深圳要高水平融入全球创新网络，必须要抓紧抓实办好粤港澳大湾区建设这个改革开放的大机遇、大文章，发挥粤港澳大湾区的辐射带动作用，最大限度激发创新这个第一动力。

第一，构建开放型融合发展的区域协同创新共同体。深入推进大湾区科技基础设施共建共享，围绕重大科学装置打造大湾区科技资源共享平台，以"主阵地作为"开展与东莞松山湖科学城的合作，加强与香港科技合作，共建大湾区综合性国家科学中心，以对接香港科技创新为突破口，推进开放创新，融入全球科技创新网络。

第二，健全综合性创新服务体系。强化与国际创新网络和研究平台的合作，共建大湾区共享开放式技术平台，鼓励分布式、网络化创新和全社会微创新。深化跨部门、跨行业开放合作，促进公共科技资源共建共享。完善知识产权服务体系，加快知识产权服务业发展，培育一批具有国际竞争力的知识产权中介服务机构。建立健全无形资产评估、技术入股、技术分红、重大发明专利奖励等配套制度，加强知识产权运用和保护。通过健全粤港澳大湾区综合性创新服务体系，能够进一步强化创新服务链对城市创新发展的支撑作用。

第三，加强产学研深度融合。建立以市场为导向、企业为主体、产学研深度融合的技术创新体系，支持粤港澳高校、科研院所、企业共建高水平的协同创新平台，促进科技成果转化。支持设立粤港澳产学研创新联盟，实施粤港澳联合创新资助计划和粤港澳科技创新合作发展计划。

第四，深化区域创新体制机制改革。实施有利于粤港澳大湾区科技人才生产生活得更加高效便利的政策措施，鼓励粤港澳大湾区科技创新人才加强交往交流。支持粤港澳设立联合创新专项资金，推动科研资金跨境使用便利化，设立科技创新投资资金出境绿色通道。允许符合条件的科研机构、香港和澳门高校申请内地的科技项目，并按照要求在港澳及内地使用相关费用。允许香港、澳门在深圳设立的研发机构享有与内地研发机构同等的待遇，享受国家和广东省支持创新的各项政策，支持和鼓励其参与广东科技计划。

第五，促进科技成果转化，将粤港澳大湾区建设成为具有国际竞争力的科技成果转化基地。在创业孵化、成果转化、科技金融、国际技术转让等领域，支持粤港澳开展深度合作。支持珠三角九市建设国家科技成果转移转化示范区，建设一批面向港澳的科技企业孵化器，为港澳科研机构和高校的先进技术成果转移转化创造便利条件。充分发挥香港、澳门、深圳和广州等资本市场和金融服务的优势，共同构建国际化、多元化、跨区域的科技创新投资融资体系。

二 以东盟为突破口逐渐引领科技产品全球市场

东盟一直是中国最重要的合作伙伴。中国与东盟国家在经济、科技方面互补性强，各方在科技政策、合作机制、工作模式等方面达成多项共识，一批批科技项目在双方合作中实现落地转化。在中国与东盟的贸易和投资往来中，在科技产业创新的诸多环节，中国与东盟国家形成了价值链的上下游合作关系。而东盟作为深圳的第三大贸易伙伴，截至2020年10月，深圳对东盟出口3781.5亿元，占深圳市总量的比重超过10%，成为拉动深圳外贸增长的显著动力，也是距离深圳最近的新兴市场。可想而知，东盟将成为深圳开拓并引领科技产品全球市场的重要突破口与"海外腹地"。

作为沿21世纪海上丝绸之路的经济发达城市，深圳拥有得天独厚的地理区位优势、经济产业优势、科技创新优势和交通枢纽优势，已成为我国与东盟经贸合作的"领头羊"。目前深圳对东盟的投资涉及领域广泛，既有高新技术项目、资源开发类项目，也有传统商品的加工类和服务贸易项目。今后，在科技创新合作方面，深圳将积极构建科技合作平台、引导深圳本土优秀企业"走出去"、加强创新资源整合共享和高效利用，不断开拓东盟市场。

一是构建科技合作平台。现阶段，深圳与东盟国家的科技合作与交流要远低于欧美、日韩等发达国家。在管理体制与合作平台上也有所欠缺，不利于深圳—东盟的科技合作。因此，在"一带一路"倡议的大背景下，深圳应顺应时代背景，整合国家平台的资源，打造强有力的平台支撑。科技合作平台的建设应从信息交流、金融支持、服务体系等不同角度同步推进，使合作平台全方位地为双边科技合作提供支撑。可以利用信息技术，如大数据处理技术，建立网络科技资源局和数据库，为双边合作突破地域限制，提高双边沟通的效率[1]。此外，应建立科技型人才培养机制，深圳高校可以与东盟国家的高校进行科技项目合作，开展留学交流活动等，培养更多高素质的人才。

二是加强创新资源整合共享和高效利用。积极推动中国与东盟的人才交流与创新合作，加强与东盟各国基础研究和联合攻关。吸引日韩企业到深圳设立研发中心，鼓励深圳企业赴日建立海外研发中心，采取互派专家、技术项目对接等方式促进成果流动和转移转化。探索设立深圳东盟协同创新示范区，充分对接东盟科技发展战略，鼓励创新型国企联合产业链上下游企业向东盟国家布局具有特色的科技园区，深化5G、人工智能、大数据、区块链等领域务实合作，积极推动深圳—新加坡智慧城市合作。

三是鼓励深圳科技企业"走出去"。深圳—东盟科技合作是双向的，在引进外来先进技术的同时，也应积极发展本地区科技，进行科技输出。因此，深圳应大力发展科技型企业，推动其走向东盟，进一步确立深圳在东盟合作圈的主体地位。深圳应积极引导科技企业选择与东盟合作相适应的科技领域与方向，制订科学合理的合作方案。深圳—东盟的科技合作可以依托于经济贸易合作，将相关创新活动落实到企业层面，通过强化科技与贸易的相互合作，做到科技协同融合发展，在贸易合作的同时有效建立科技合作关系，这样双方经济在健康发展的同时产业结构不断升级，产业结构链也会得到质的提升。

此外，还可以加强深圳高校与东盟之间的科研合作。如"深圳

---

[1] 李林杰：《"一带一路"建设下广东—东盟科技合作圈建设研究模式探究》，《产业与科技论坛》2021年第24期。

大学大湾区—东盟研究中心"在深圳成立，专注于东盟国家的政治、经济、商贸等领域的学术研究，以及大湾区与东盟之间的国际关系、政府对话、产业与科技合作等领域的应用研究。身处粤港澳大湾区和先行示范区，深圳大学始终处于中国改革开放的最前沿。国际化是深圳大学始终坚定不移推行的发展战略，也是深圳大学服务先行示范区、粤港澳大湾区及中国对外战略的重要内容。因此，深圳大学将大力支持大湾区—东盟研究中心等国际问题研究机构的发展，发挥学校的独特区位优势，主动承担先行示范区、粤港澳大湾区更高水平国际合作及更高层次对外开放的全新使命，在服务国家对外战略中做出自己的贡献。

三 以国际化视野开展高层次的科技合作

当前，新一轮科技革命和产业变革方兴未艾，世界经济在深度调整中曲折复苏，全球治理体系发生深刻变革，以创新推动可持续发展已成为全球共识。科技创新活动不断打破地域、组织、技术的限制，创新要素在全球范围内呈现空前活跃的流动。开展持久、广泛、深入的国际合作，成为各国积极应对全球性挑战、实现经济增长和可持续发展的必要途径。

未来的国际化竞争，已经不仅是产品的竞争和龙头企业间的竞争，更是各国产业链的竞争。深圳要实现建成国际科技、产业创新中心的目标，必须具备更强的创新能力、更优的产业结构、更足的内生动力，以及一流的国际竞争力。为此，深圳更应该以国际化视野开展高层次的科技合作，建设具有国际竞争力的行业产业链集群，高水平融入全球创新网络，从顶层设计上有效加强深圳科技产业国际竞争力，有效提高科技创新水平。

第一，促进国际技术双向转移合作，以全球视野配置创新资源。建议一方面积极"引进来"，从一流国际化城市建设的角度审视深圳国际技术双向转移不足的缺陷，加大国外先进科技的引进力度，利用创新资源改善深圳的劣势和短板，尤其是改善深圳基础性研究和原始性创新方面的不足。建议支持国际技术转移产业园区的建设和发展，鼓励外资企业、国际知名大学在深圳设立技术转移机构与合作办公室，可在产业园区内低价或免费向其提供办公场地，并定期召开学术研讨会等交流活动。另一方面积极"走出去"，充分发挥深圳龙头企业在科技创新中的主体作用，在全球范围进行科技资源布局，扩大企业国际影响力和竞争力。建议鼓励和支持龙头企业到新加坡、美国硅谷、英国伦敦等地建立研发中心、产业基地，启动专项资金支持中国企业进行并购国外企业、承包海外项目等海外扩张行为。同时建议有关职能部门对此项建议的具体内容能够尽快出台相关计划，并力争在1年内得到具体推动，并且产生示范效应。

第二，实施国际学术合作品牌战略，营造一流的国际科技交流的良好学术氛围。建议在深圳高校和研究机构主办的国际性学术会议中挑选部分合适的会议进行重点扶持，将之打造成国际性的、定期召开的高端学术会议，聘请国内外有号召力的知名学者参会，提升会议级别，打出国际知名度。同时，聘请世界知名专家、学者，如诺贝尔奖获得者，来深圳担任高级科技创新顾问和经济发展顾问，为深圳科技创新发展提供咨询服务，并协助招揽海外人才，通过营造一流的国际科技交流的良好学术氛围，将深圳建成国际科技、产业创新的人才集聚高地。同时建议此项建议的具体内容能够在1年内得到具体推动，通过尽快试点，培育产生一批品牌高端学术会议。

第三，加大与新兴市场国家的科技交流和经济往来。一方面，加强与俄罗斯、巴西等国家技术交流，推动航空航天、海洋产业发展。俄罗斯和白俄罗斯等国家在航空航天、海洋等领域有着先进的技术和人才团队，在全球范围内优势明显。但是，近些年来这些国家经济状况一直低迷，这正是深圳引入世界先进水平研发团队和关键技术成果的最好时机。充分使用这些高科技人才和优势技术资源，可以迅速提升深圳在航空航天、海洋等领域的核心技术研发能力和水平，将深圳打造成为世界级的航空航天、海洋产业等领域技术高地。另一方面，鉴于国外人才输出的限制，以及复杂的国际局势等原因，政府不适合直接出面，建议由政府提供支持，在遵守国家保密制度和保障国家信息安全的前提下，由行业领军企业牵头，组织专家顾问团队到俄罗斯、巴西等国家考察，引进科技人才、对接产业资源、深化双方合作。

四 总结

从深圳的创新发展史来看，深圳高科技产业的发展既是依靠"深圳人"的创新积极性，更是依靠融入全球创新网络，学习、借鉴和引进国外先进的知识、技术、人才和管理经验，享受经济全球化带来的红利。深圳长期以来坚持对外开放和积极融入全球发展网络的方略，高科技产业逐渐与世界接轨，正加快步伐向全球科技创新高地迈进。

展望未来，深圳在供应链、产业链、创新链等环节还存在诸多问题，深刻影响深圳创新势能的可持续发展。为此，深圳必须继续坚持以全球化视野谋划和推进创新，从融入全球创新网络向更高水平走向全球创新网络迈进，打造国际科技开放合作的重要枢纽。最大程度链接海内外优质创新资源，实现对全过程创新生态链的延链、展链，做大做强国际创新生态圈，为建设具有全球影响力的科技创新高地探索新路径，助力深圳高质量发展和科技自立自强的实现。

主要参考文献

白积洋:《"有为政府+有效市场":深圳高新技术产业发展40年》,《深圳社会科学》2019年第4期。

包云岗:《Alpha Fold算基础研究吗 "把问题底层原理搞清楚"就是基础研究》,《中国科学报》2021年10月25日第2版。

陈建勋:《上海各区在科创中心建设中应发挥各自优势错位竞合》,《科学发展》2018年第9期。

陈志明:《全球创新网络的特征、类型与启示》,《技术经济与管理研究》2018年第6期。

代明、梁意敏、戴毅:《创新链解构研究》,《科技进步与对策》2009年第3期。

范旭、李瑞娇:《美国基础研究的特点分析及其对中国的启示》,《世界科技研究与发展》2019年第6期。

方荣贵、王敏:《半导体产业共性技术供给研究——基于日、美、欧典型共性技术研发联盟的案例比较》,《技术经济》2010年第11期。

冯昭奎:《日本半导体产业发展的赶超与创新——兼谈对加快中国芯片技术发展的思考》,《日本学刊》2018年第6期。

高汝熹、纪云涛、陈志洪:《技术链与产业选择的系统分析》,《研究与发展管理》2006年第6期。

高雅丽:《腾讯科技升级:往前一步,迈向基础研究"无人区"》,《中国科学报》2019年11月19日第2版。

郭茜茜、刘云:《全球创新网络研究热点、学科分布及主要国家及地区研究潜力评估》,《世界科技研究与发展》2021年第4期。

郝丽、暴丽艳:《基于协同创新视角的科技成果转化运行机理及途径研究》,《科学技术哲学研究》2019 年第 2 期。

贺德方:《对科技成果及科技成果转化若干基本概念的辨析与思考》,《中国软科学》2011 年第 11 期。

胡旭博、原长弘:《关键核心技术:概念、特征与突破因素》,《科学学研究》2022 年第 1 期。

黄鲁成:《关于区域创新系统研究内容的探讨》,《科研管理》2000 年第 2 期。

姜桂兴:《国外基础研究投入呈现显著新趋势》,《光明日报》2020 年 11 月 13 日第 6 版。

李海宾:《深圳打造人才高地的几点思考》,《特区经济》2021 年第 6 期。

李林杰:《"一带一路"建设下广东—东盟科技合作圈建设研究模式探究》,《产业与科技论坛》2021 年第 24 期。

李万等:《创新3.0 与创新生态系统》,《科学学研究》2014 年第 12 期。

李钟文:《硅谷优势创新与创业精神的栖息地》,人民出版社 2002 年版。

李作学、张蒙:《什么样的宏观生态环境影响科技人才集聚——基于中国内地 31 个省份的模糊集定性比较分析》,《科技进步与对策》2022 年第 10 期。

林森、苏竣、张雅娴、陈玲:《技术链、产业链和技术创新链:理论分析与政策含义》,《科学学研究》2001 年第 4 期。

刘刚、王宁:《突破创新的"达尔文海"——基于深圳创新型城市建设的经验》,《南开学报》(哲学社会科学版)2018 年第 6 期。

刘洪久、胡彦蓉、马卫民:《区域创新生态系统适宜度与经济发展的关系研究》,《中国管理科学》2013 年第 S2 期。

刘美玲、孟祥霞:《深圳打造创新生态环境的举措及对宁波的启示》,《宁波经济(三江论坛)》2017 年第 10 期。

刘志迎、何婷婷:《有关科技成果转化的基本理论综述》,《科技情报开发与经济》2005 年第 4 期。

吕红星:《中国科学院副院长、中国科学院院士高鸿钧:新工业革命推动基础研究呈现五个新特征》,《中国经济时报》2021年9月28日第1版。

马琳、吴金希:《全球创新网络相关理论回顾及研究前瞻》,《自然辩证法研究》2011年第1期。

毛冠凤、陈建安、殷伟斌:《综合创新生态系统下"创新、创业、创投和创客"联动发展研究:来自深圳龙岗区的经验》,《科技进步与对策》2018年第1期。

梅亮、陈劲、刘洋:《创新生态系统:源起、知识演进和理论框架》,《科学学研究》2014年第12期。

任文华:《钱学森技术科学观视域下关键核心技术"卡脖子"问题研究》,《科学管理研究》2021年第3期。

盛楠、孟凡祥、姜滨、李维桢:《创新驱动战略下科技人才评价体系建设研究》,《科研管理》2016年S1期。

施嵘、姜田、徐夕生:《关于"基础研究"的探讨》,《中国高校科技》2017年第8期。

汪云兴、何渊源:《深圳科技创新:经验、短板与路径选择》,《开放导报》2021年第5期。

王海荣:《深圳原始创新能力持续增强》,《深圳商报》2021年11月2日第3版。

王炼:《美国企业基础研究投入情况分析》,《全球科技经济瞭望》2018年第33期。

王娜、王毅:《产业创新生态系统组成要素及内部一致模型研究》,《中国科技论坛》2013年第5期。

王苏生、陈博:《深圳科技创新之路》,中国社会科学出版社2018年版。

魏立才、张雨晴:《新形势下世界科技人才流动规律与趋势研究》,《成才之路》2021年第3期。

吴兰波、吕拉昌、许慧:《城市创新生态指标体系构建及广州—深圳比较研究》,《特区经济》2010年第9期。

徐治立、赵若玺:《贝尔纳科技成果产业化思想探析》,《科学管理研究》2017年第3期。

杨柳：《催化与裂变　科技联姻金融》，海天出版社2017年版。

杨正平、王淼、华秀萍：《科技金融创新与发展》，北京大学出版社2017年版。

姚娟、李雪琪：《常州创新生态链构建的现状和优化对策》，《中国市场》2021年第24期。

叶玉江：《持之以恒加强基础研究　夯实科技自立自强根基》，《中国科学院院刊》2022年第5期。

袁智德、宣国良：《技术创新生态的组成要素及作用》，《经济问题探索》2000年第12期。

张凡勇、杜跃平：《创新链的概念、内涵与政策含义》，《商业经济研究》2020年第22期。

张国初：《关于科技人才、高技能人才相关内涵的探讨》，《北京观察》2008年第2期。

张国锋：《深圳：引进逾百国家级领军人才》，《人才资源开发》2011年第7期。

张豪、张向前：《日本适应驱动创新科技人才发展机制分析》，《现代日本经济》2016年第1期。

张治河、苗欣苑：《"卡脖子"关键核心技术的甄选机制研究》，《陕西师范大学学报》（哲学社会科学版）2020年第6期。

赵昌文、陈春发、唐英凯：《科技金融》，科学出版社2009年版。

赵伟、包献华、屈宝强、林芬芬：《创新型科技人才分类评价指标体系构建》，《科技进步与对策》2013年第16期。

钟江顺：《人才生态环境评价指标体系构建与测度——以浙江省为例》，《生产力研究》2014年第3期。

Adner R., "Match your Innovation Strategy to Your Innovation Ecosystem", *Harvard Business Review*, Vol. 84, No. 4, 2006.

Aghion P. and Howitt P., "Research and development in the growth process", *Journal of Economic Growth*, No. 1, 1996.

Bamfield P., *The Innovation Chain, Research and Development Management in the Chemical and Pharmaceutical Industry*, 2004.

Bennett D., "Transferring Manufacturing Technology to China：Supplier

Perceptions and Acquirer Expectations", *International Journal of Manufacturing Technology*, Vol. 8, 1997.

Barnard H. and Charminade. C. , *Global Innovation Networks: Towards a Taxonomy Retrieved from Lund*, Sweden, No. 4, 2011.

Coancil on Competitiveness, *Innovate America: Thriving in a World of Challenge and Change*, National Innovation Initiative Interim Report, 2004.

Ernst D. , *Innovation Offshoring: Asia's Emerging Role in Global Innovation Networks*, Honolulu: East-West Center, No. 10, 2006.

Frosch R. A. and Gallopoulos N. E. , *Towards An Industrial Ecology in Treatment and Handling of Wastes*, 1992.

Hirvikoski T. H. , *A System Theoretical Approach to the Characteristics of a Successful Future Innovation Ecosystem*, 2009.

Iansiti M. and Levien R. , "The Keystone Advantage: What the New Dynamics of Business Ecosystems Mean for Strategy, Innovation and Sustainability", *Harvard Business Review*, Vol. 3, 2004.

Johansson T. B. and Goldemberg, J. , "Energy for Sustainable Development: A Policy Agenda for Biomass", *General Information*, 2002.

Joseph Schumpeter, *The Theory of Economic Development: an Inquiry into Profits, Capital, Credit, Interest, and the Business Cycle*, Cambridge, Mass: Harvard University Press, 1934.

Judith J. Marshall and Harrie Vredenburg, "An Empirical Study of Factors Influencing Innovation Implementation in Industrial Sales Organizations", *Journal of the Academy of Marketing Science*, Vol. 20, No. 3, 1992.

Teecc D. J. , "Technology Transfer by Multinational Firms: The Resource Cost of Transferring Technological Know-how", *Economic Journal*, Vol. 87, No. 34, 2011.

Timmers P. , "Building Effective Public R&D Programs", *Portland International Conference on Management of Engineering and Technology*, 1999.

后　　记

　　深圳前期在"市场化改革驱动"与"产业升级牵引"下,获得"创新之都"美誉。新时代,深圳再出发,践行"创新驱动战略",由"跟随式"创新向"引领式"创新跃迁。相应地,这十年,随着"全过程创新生态链"构建之路,深圳创新体系也发生了历史性重构:本着务实高效的精神,通过对"基础研究+技术攻关+成果转化+科技金融+人才支撑"各链环的补链、强链、顺链与延链,促进科技创新能力在部分产业实现与国际先进的"并跑",甚至是"领跑"。

　　在深圳构建全过程创新生态链过程中,全方位发力:以地方立法的形式确保政府加大基础研究的载体与资金投入;以"链长制""揭榜挂帅"强化关键核心技术攻关;试行赋予科研人员职务科技成果所有权或长期使用权以更好激励其创新活力。2021年7月,国家发改委发文推广深圳47条经验和创新做法,其中第1条就是建立"基础研究+技术攻关+成果产业化+科技金融+人才支撑"的全过程创新生态链,鼓励各地结合实际学习借鉴。构建全过程创新生态链已成为深圳先行示范的核心内容。

　　在本书整理的这一年中,由于诡谲的国际形势影响和新冠肺炎疫情的长期冲击,深圳在技术交流、贸易往来与金融市场等方面持续承压,经济增速有所放缓,深圳全过程创新生态链正经历着全方位的压力测试。一方面,我们应该看到,经过近几年的完善,深圳的创新生态链韧性和强度都有较大提升。例如比亚迪依靠全产业链优势,在新能源汽车赛道形成弯道超车之势。大疆顶住美国关税及制裁大棒,在全球民用无人机市场高歌猛进;另一方面,由于在EUV光刻机、EDA软件等关键核心技术上被"卡脖子",华为等企业还在承受被无理打压的阵痛。随着近期美国"芯片法案"的通过，相关产业链受到的冲击还有加大之势。以上种种，恰恰从正反两个方面，证明了全过程创新生态链构建的前瞻性与必要性。

从政府有为带动有效市场来看，政府在各节点上已做到靠前发力，提优补缺成效显著。现在重要的是定力和耐力，像基础研究平台搭建完成，需要的是假以时日；关键技术攻关方向确立后，需要的是迭代更新。笔者倒是认为当前在市场主体的创新性上，仍有不少发力点。例如，深圳已拥有一批高科技企业，在自己的细分领域起到头部引领作用，但在上下游企业联合起来进行技术攻关、市场开拓与标准制定方面的意识和能力还不够。在面临不断加大的各种脱钩风险，企业不能靠单打独斗，也不能只靠政府牵头，要在确立一套良性的利益分享与风险分担机制的基础上，组团出海，更好地发挥创新主体作用。

可以预见，只要保持战略定力，秉承"追求卓越"的精神，不断完善全过程创新生态链，深圳必将塑造高质量发展新优势，一步一个脚印地向具有全球影响力的科技和产业创新高地城市迈进。

本书的基本思路是考察政府、市场与科研如何结合，以促进创新生态内的创新链、产业链与价值链的融合强化与拓展赋能。但三者在实践中的协同是动态交错的，因时因事因势而不同。因此，笔者不敢奢谈解决方案，而更多从发现问题出发，对当前各创新链环的薄弱及错位之处进行探析。如能为各位同行及实务人员的工作提供小小铺垫，笔者将感到莫大的满足。

本书由潘梦启、徐锦辉、陈静、卢希林和林家豪等协助我编撰，在此向他们的辛勤劳动与无私支持表示衷心感谢！研究和写作过程中，得到了深圳大学马克思主义学院各位同事的支持与帮助，本书成稿得益于这个集体所拥有的宽松交流氛围和多学科思维碰撞。感谢深圳市委宣传部、深圳市社科联、深圳市社会科学院的大力支持，本书是深圳市人文社会科学重点研究基地"深圳大学生态文明与绿色发展研究中心"的研究成果。

本书是深圳市哲学社会科学规划课题"改革开放以来党领导科技人才制度建设的深圳样本研究"（SZ2022B002）结项成果。